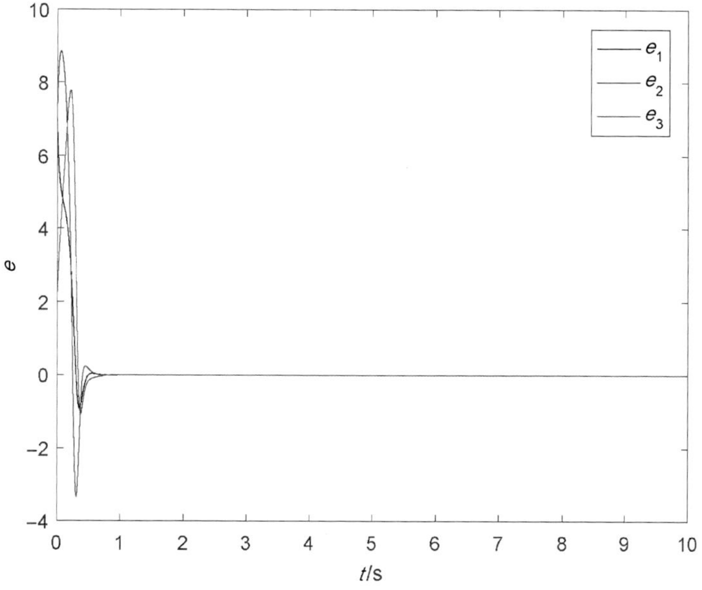

图 3.1　CS 的误差图

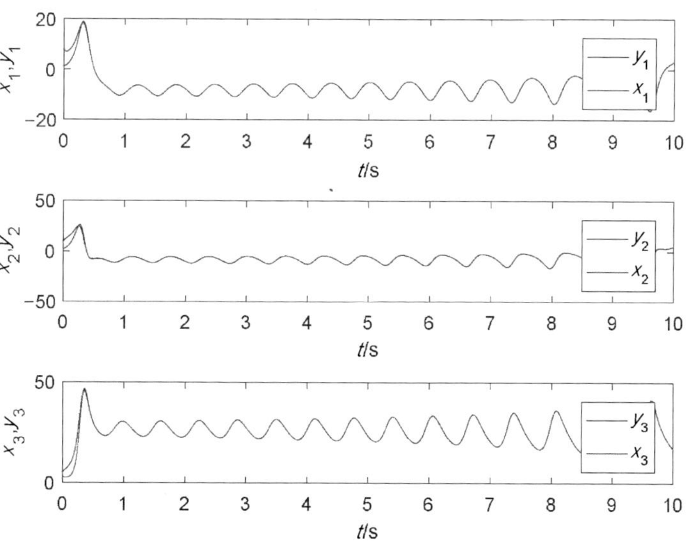

图 3.2　CS 的状态变量图

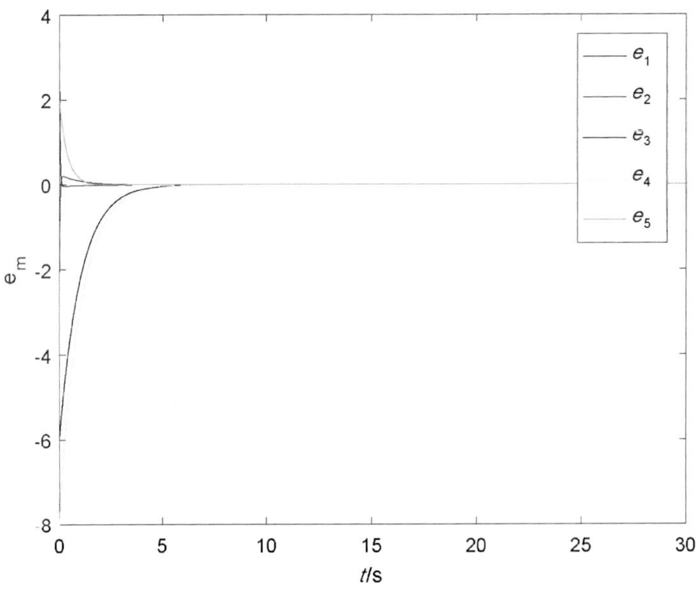

图 3.3　复混沌系统的同步误差图

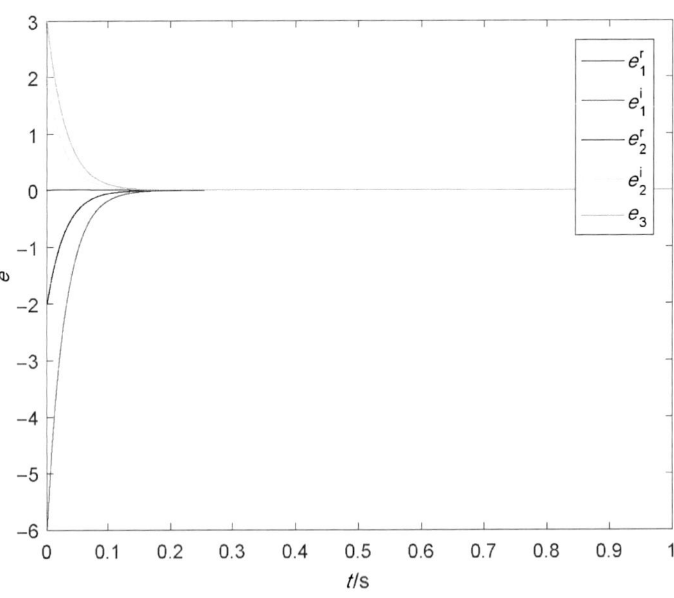

图 3.4　CLS 误差变量图

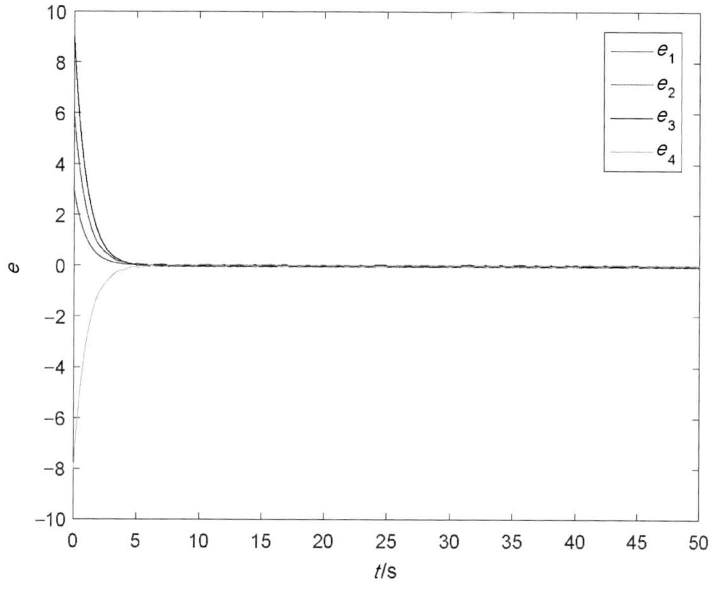

图 3.5　投影同步误差图

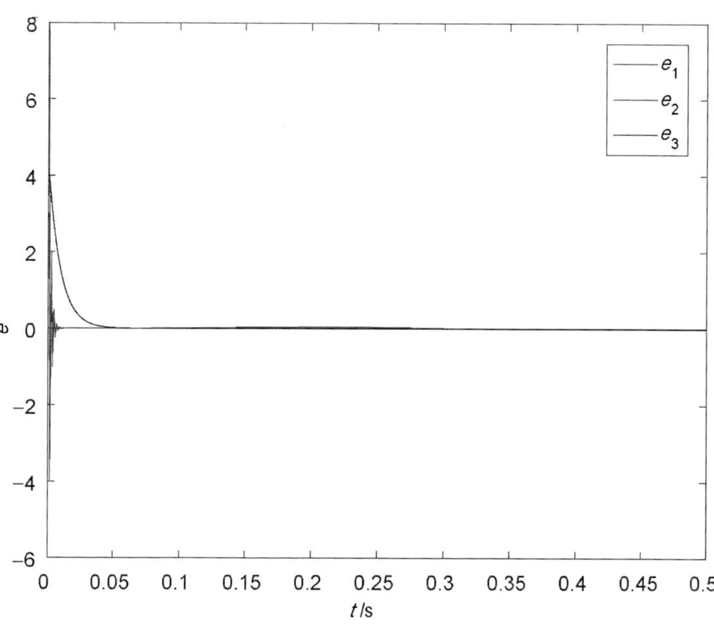

图 3.7　MFPS 误差状态图

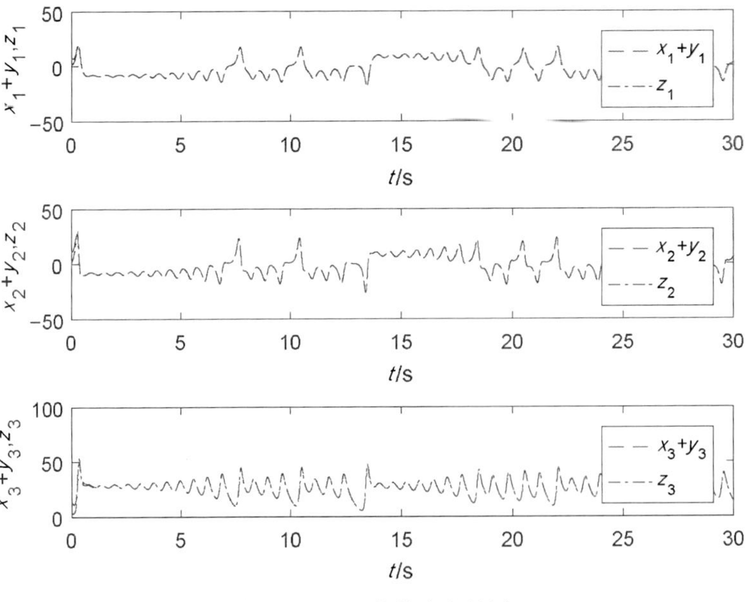

图 3.10　COS 的状态变量图

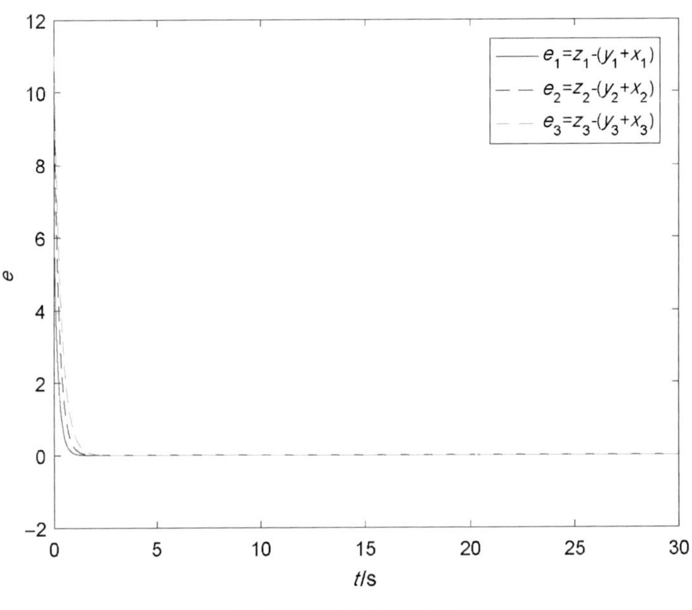

图 3.11　COS 误差图

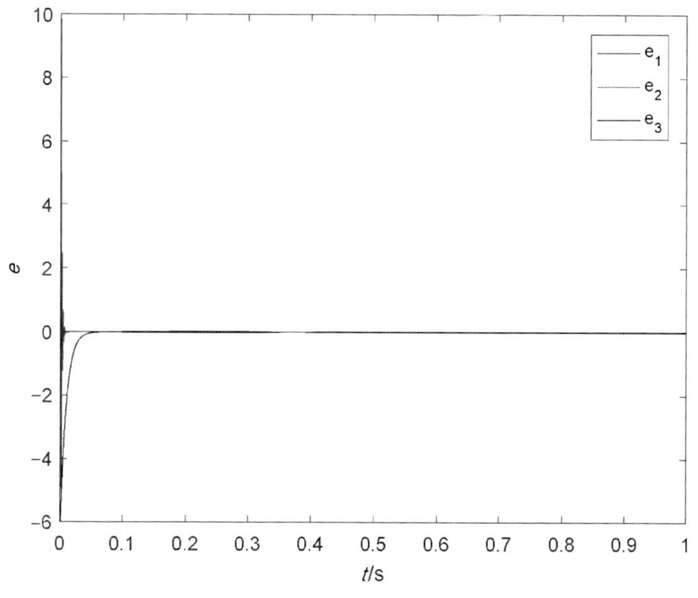

图 3.12　TDFPS 误差图

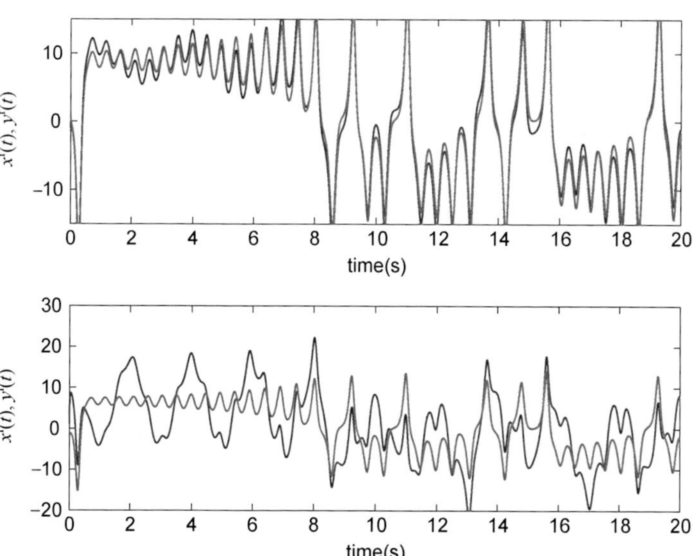

图 4.3　耦合混沌系统状态 $x(t)$ 和 $y(t)$ 时间的演化（无噪声，$k=100$）

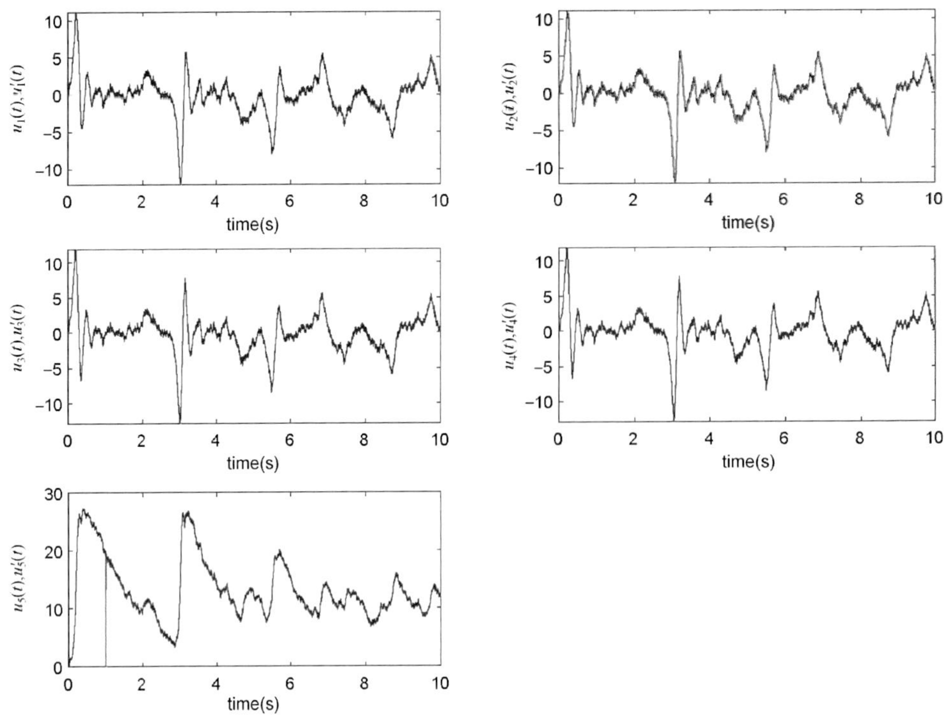

图 5.5　原系统和单时滞复 Chen 混沌系统的状态图

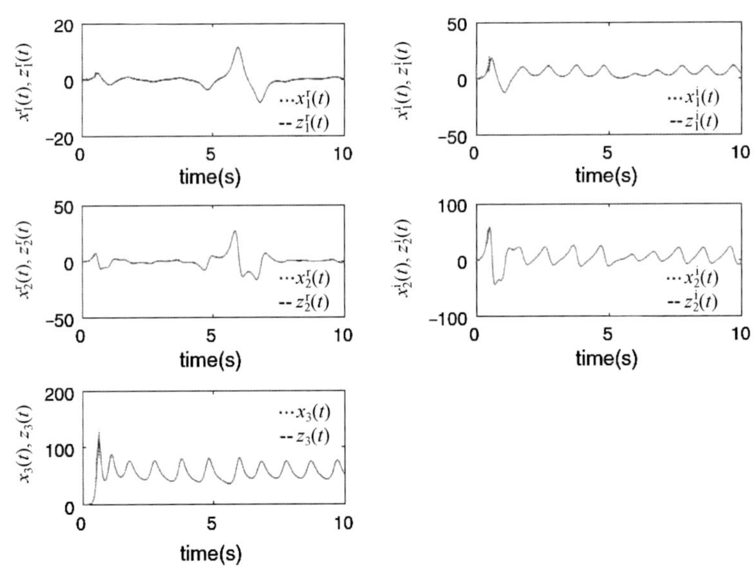

图 6.5　系统（6.4.1）与参考信号式（6.4.2）的状态变量跟踪图（参数 ***B*** 未知）

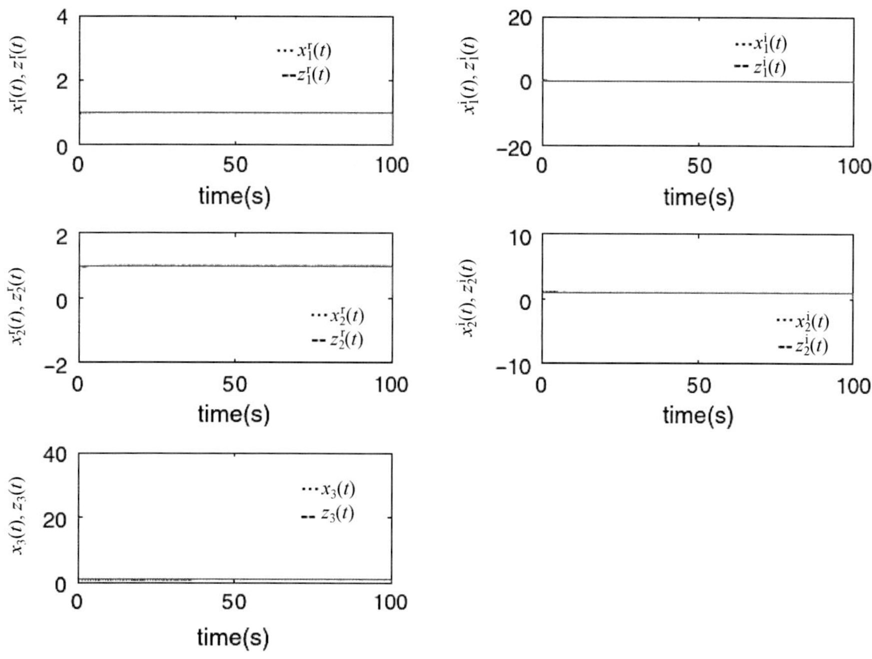

图 6.10　复 Chen 混沌系统稳定到固定点$(1,1+j,1)^T$

复混沌系统及其通信应用

张芳芳 著

電子工業出版社
Publishing House of Electronics Industry
北京·BEIJING

内容简介

本书将复混沌系统分为整数阶复混沌系统，分数阶复混沌系统和混合阶混沌系统三大类，结合反馈控制、自适应技术和 Lyapunov 稳定性理论等，介绍了复混沌系统的同步和控制问题及其应用情况，内容包括：混沌理论的一些基本知识，整数阶复混沌系统、分数阶复混沌系统和混合阶混沌系统的研究现状；几种典型的整数阶复混沌系统、分数阶复混沌系统和混合阶混沌系统及其特性；复混沌系统的各种同步形式及其通信应用，如复修正投影同步（CMPS）、复修正函数投影同步（CMFPS）、复修正混合函数投影同步（CMHFPS）、组合同步、复组合同步，*N* 系统组合函数投影同步等；复混沌系统的复修正差函数同步（CMDFS）及其通信方案；复混沌系统的时滞特性及其通信方案；复参数复混沌系统的自适应跟踪控制和参数辨识；最后总结了全书的研究成果，给出了该领域有待解决的一些前沿问题。

本书可作为高等学校物理学科、控制学科、通信学科等相关专业的本科高年级和研究生的教材或参考书，还可供相关科研单位人员使用。

图书在版编目（CIP）数据

复混沌系统及其通信应用 / 张芳芳著．—北京：电子工业出版社，2020.11
ISBN 978-7-121-38096-9

Ⅰ．①复…　Ⅱ．①张…　Ⅲ．①混沌理论-应用-保密通信　Ⅳ．①TN918.6

中国版本图书馆 CIP 数据核字（2019）第 252787 号

责任编辑：张小乐　　文字编辑：底　波
印　　刷：北京虎彩文化传播有限公司
装　　订：北京虎彩文化传播有限公司
出版发行：电子工业出版社
　　　　　北京市海淀区万寿路 173 信箱　邮编：100036
开　　本：787×1 092　1/16　印张：10.75　字数：309.6 千字
版　　次：2020 年 11 月第 1 版
印　　次：2021 年 11 月第 2 次印刷
定　　价：45.00 元

凡所购买电子工业出版社图书有缺损问题，请向购买书店调换。若书店售缺，请与本社发行部联系，联系及邮购电话：(010)88254888，88258888。

质量投诉请发邮件至 zlts@phei.com.cn，盗版侵权举报请发邮件至 dbqq@phei.com.cn。

本书咨询联系方式：(010) 88254462，zhxl@phei.com.cn。

前　言

混沌（Chaos）是指确定性动力学系统因对初值敏感而表现出不可预测的、类似随机性的运动。Chaos 源于希腊语，原始含义是宇宙初开的景象，基本含义主要指混乱、无序的状态。混沌的出现使人们原来限于简单系统的观念发生了革命性的转变，使人们更清楚地认识了简单与复杂、确定与随机的内在联系，成为 20 世纪继相对论与量子论之后的第三次科学革命。

法国天文学家和数学家拉普拉斯曾说过："我们可以认为目前宇宙的状态是过去的果、未来的因。一个能够在任何时刻知道所有对自然产生作用的力以及所有物体位置的天才，如果他能够分析所有的数据，就会得到一个描述宇宙中最庞大的物体和最微小的粒子的运动方程。对于这样的一个人来说，不确定性消失了，未来就如同过去，尽在眼前。"然而，正如我们现在所知道的，一切没那么简单。混沌的出现，仿佛给我们带来了一个新时代，这个时代是那么荒诞，却又那么神秘诱人。目前，混沌科学与其他科学互相渗透，在生物学、物理学、电子学和信息科学等领域都有了广泛的应用。

自从 1982 年 Fowler 等提出了复 Lorenz 方程以来，复混沌系统被用来描述失谐激光和液体的热对流现象、磁盘发电机、电子电路以及高能加速器中的粒子束动力学系统等。复混沌系统是指状态变量处于复空间的混沌动力系统，与实数域混沌系统相比，因为复混沌系统状态变量虚部的存在，所以其动力学行为更加复杂，并且在物理学的众多分支领域发挥着重要的作用，尤其是混沌保密通信系统。复变量增加了所传输信息的内容，也提高了保密效果。复混沌系统的研究扩展了以前的研究成果，更好地促进了混沌学理论的发展，同时为其广泛应用奠定了理论基础，具有重要的研究意义和应用价值，是当今研究的热点问题之一。因此，本书详细介绍了复混沌系统的特性、同步控制及其在通信中的应用情况。

本书分为 7 章：第 1 章介绍了混沌系统的基础知识、研究现状及常用的数学定理；第 2 章介绍了几类典型的复混沌系统；第 3 章介绍了混沌同步的发展及其从实数域到复数域的推广过程；第 4 章介绍了复混沌系统的复修正差函数同步及其通信方案；第 5 章介绍了复混沌系统的时滞特性及其通信方案；第 6 章介绍了复参数复混沌系统的自适应跟踪控制和参数辨识；第 7 章对全书进行了总结并对该领域进行了展望。

混沌方面的书籍有很多，但是详细介绍复混沌系统及其同步控制的书籍几乎没有。由于作者水平有限，文中存在的不足之处，恳请各位读者和同行批评指正。

著者的主要研究方向为复动力系统的同步控制及混沌通信。本书是著者将多年的研究成果所整理出来的完整的科学体系。因此，本书既是科研工作的一个系统总结，也为投身该领域的科研工作者提供必要的参考，希望更多的同行在复混沌及其应用领域共同探索。

最后，对支持著者工作的所有国内外同行，特别是陈关荣、刘树堂、刘坚、姜翠美、齐国元、骆超、王兴元、Yawen Chen、Haibo Zhang、Emad Mahmoud 等教授和各位朋友们表示深深的感谢。他们多年来为著者提供了许多宝贵的资料。感谢国家自然科学基金

（61603203、61773010）、齐鲁工业大学（山东省科学院）青年博士合作基金（Grant No. 2018BSHZ001）、齐鲁工业大学（山东省科学院）国际合作研究专项资金计划项目（QLUGJHZ2018020）等对本课题的资金资助。

在本书的编写过程中，齐鲁工业大学研究生冷森、刘加勋、李正峰、张雪、宋增许、黄哲、霍文丽提供了翻译和校对等帮助，在此表示衷心的感谢。向支持本书出版的齐鲁工业大学（山东省科学院）、电子工业出版社及其编辑表示衷心的感谢。同时，深深感谢我的家人长期以来对我工作的理解、支持和关爱。

张芳芳

本书提供部分插图的彩图，请扫二维码查看。

目　　录

第 1 章　绪论 …… 1

1.1　研究背景及意义 …… 1

1.2　混沌的基础理论 …… 2

1.2.1　混沌的定义 …… 2

1.2.2　混沌的特征 …… 3

1.2.3　混沌系统的主要研究方法 …… 3

1.2.4　混沌同步 …… 5

1.2.5　混沌控制 …… 6

1.3　混沌系统的研究现状 …… 7

1.3.1　整数阶复混沌系统的研究现状 …… 7

1.3.2　分数阶复混沌系统的研究现状 …… 8

1.3.3　混合阶混沌系统的研究现状 …… 8

1.4　准备知识 …… 9

1.4.1　相关引理及方法 …… 9

1.4.2　整数阶系统稳定性理论 …… 10

1.4.3　分数阶系统稳定性理论 …… 11

1.4.4　重要符号说明 …… 14

1.5　本书的主要内容及章节分布 …… 14

第 2 章　几类典型的复混沌系统 …… 16

2.1　整数阶复混沌系统 …… 16

2.1.1　复 Lorenz 混沌系统 …… 16

2.1.2　复 Lü 混沌系统 …… 21

2.1.3　复 Chen 混沌系统 …… 23

2.2　分数阶复混沌系统 …… 26

2.2.1　分数阶复 Lorenz 混沌系统 …… 27

2.2.2　分数阶复 Lü 混沌系统 …… 30

2.2.3　分数阶复 Chen 混沌系统 …… 37

2.3　混合阶混沌系统 …… 41

2.3.1　混合阶实 Lorenz 混沌系统 …… 41

2.3.2　其他混合阶混沌系统 …… 49

2.3.3　混合阶混沌系统参数之间的关系 …… 52

2.4　本章小结 …… 52

第 3 章　几类典型的混沌同步 …… 53

3.1　完全同步及其扩展 …… 53

3.1.1 实混沌系统的完全同步和反同步 …… 54
3.1.2 复混沌系统的完全同步和反同步 …… 56
3.2 广义同步 …… 59
3.3 相位同步 …… 59
3.4 滞后同步 …… 60
3.5 投影同步及其扩展 …… 62
3.5.1 实混沌系统的投影同步及其扩展 …… 62
3.5.2 复混沌系统的投影同步及其扩展 …… 65
3.6 函数投影同步及其扩展 …… 67
3.6.1 实混沌系统的函数投影同步及其扩展 …… 67
3.6.2 复混沌系统的复函数投影同步及其扩展 …… 69
3.7 组合同步及其扩展 …… 71
3.7.1 实组合同步及其扩展 …… 71
3.7.2 复组合同步及其扩展 …… 77
3.8 修正差函数同步及其扩展 …… 78
3.9 *N* 系统组合函数投影同步系列 …… 78
3.9.1 *N* 系统组合函数投影同步 …… 78
3.9.2 时滞函数投影同步 …… 80
3.10 本章小结 …… 82
第 4 章 复混沌系统的复修正差函数同步（CMDFS）及其通信方案 …… 83
4.1 整数阶复混沌系统的复修正差函数同步及其通信方案 …… 83
4.1.1 复修正差函数同步（CMDFS） …… 83
4.1.2 基于整数阶复系统 CMDFS 的通信方案 …… 85
4.1.3 数值仿真 …… 85
4.2 分数阶复混沌系统的复修正差函数同步及其通信方案 …… 91
4.2.1 分数阶 CMDFS 定义及控制器 …… 91
4.2.2 基于分数阶复系统 CMDFS 的通信方案 …… 92
4.2.3 数值仿真 …… 92
4.3 本章小结 …… 98
第 5 章 复混沌系统的时滞特性及其通信方案 …… 99
5.1 单时滞复混沌系统及其自时滞同步 …… 99
5.1.1 单时滞复 Chen 混沌系统特性 …… 100
5.1.2 自时滞同步控制器 …… 102
5.1.3 数值仿真 …… 104
5.2 双时滞复混沌系统及其自时滞同步 …… 105
5.2.1 双时滞复 Lorenz 混沌系统特性 …… 105
5.2.2 自时滞同步控制器 …… 110
5.2.3 数值仿真 …… 113

5.3 多时滞耦合复混沌系统的完全同步及其通信方案 …… 114
5.3.1 多时滞耦合复混沌系统的完全同步 …… 114
5.3.2 多时滞耦合复混沌系统的通信方案 …… 117
5.3.3 数值仿真 …… 118
5.4 复混沌系统的滞后同步及其通信方案 …… 121
5.4.1 复 Lorenz 混沌系统的 LS 控制器 …… 122
5.4.2 基于 LS 的通信方案 …… 124
5.4.3 数值仿真 …… 126
5.5 本章小结 …… 129
第 6 章 复参数复混沌系统的自适应跟踪控制和参数辨识 …… 130
6.1 数学模型及问题描述 …… 131
6.2 自适应跟踪控制器的设计 …… 132
6.2.1 复参数已知的目标信号 …… 132
6.2.2 复参数未知的目标信号 …… 133
6.3 参数辨识 …… 134
6.3.1 参数辨识的相关定理及推论 …… 134
6.3.2 参数辨识的充分条件和必要条件 …… 136
6.3.3 一种辨识出真实值的观测器方案 …… 138
6.4 数值仿真 …… 138
6.4.1 所有参数已知的复 Lorenz 混沌系统 …… 139
6.4.2 所有参数都未知的复 Lorenz 混沌系统 …… 142
6.4.3 收敛到真实值的观测器仿真 …… 145
6.4.4 一个简单的目标信号仿真 …… 146
6.5 本章小结 …… 147
第 7 章 结论和展望 …… 148
参考文献 …… 151

第 1 章　绪　　论

1.1　研究背景及意义

20 世纪 80 年代，随着非线性科学的兴起及计算机技术的运用，混沌系统理论蓬勃发展。目前，混沌科学与其他科学互相渗透，在生物学、物理学、电子学和信息科学等领域都有了广泛的应用。

复混沌系统是指状态变量处于复空间的混沌动力系统，与实数域混沌系统相比较，因为状态变量虚部的存在，所以复混沌系统的动力学行为更加复杂。自从 1982 年 Fowler 等[1,2]提出了复 Lorenz 方程，复混沌系统被用来描述失谐激光和液体的热对流现象[3-5]、磁盘发电机[6]、电子电路及高能加速器中的粒子束动力学系统[7]等，并在物理学的众多分支领域发挥着重要作用，尤其是混沌保密通信系统，复变量增加了所传输信息的内容，提高了保密效果[8]。从此，复混沌系统的特性及其同步研究引起了人们的极大关注。另外，实混沌信号是复混沌信号中虚部为零的情形，适用于复混沌系统的各种结论同样也适用于实混沌系统；而且比起实变量，复变量更容易由电容和电感实现，从而具有更广阔的应用前景。因此，复混沌系统的研究扩展了以前的研究成果，更好地促进了混沌学理论的发展，同时为其广泛应用奠定了理论基础，具有重要的研究意义和应用价值，是当今研究的热点问题之一。

分数阶微积分（Fractional Calculus）是经典的微积分在阶次上的广义形式。与传统的微积分相比较，其最大优势在于它的记忆和继承性质，这使得利用分数阶微分方程描述某些物理现象会更加准确和有效。因此，分数阶微积分在流体力学、量子力学、黏弹性、材料科学、生物工程和医学等领域[9]得到了广泛应用。分数阶微积分的发展促进了分数阶混沌系统的研究，很多系统如蔡氏电路[10]、Lorenz 系统[11,12]、Chen 系统[13]和超混沌系统[14,15]等，当阶次为分数阶时系统仍出现混沌现象。

伴随着分数阶混沌系统和复混沌系统的深入研究，两者也在逐渐向对方领域渗透，从而形成交叉模型即分数阶复混沌系统。如在电介质极化领域的交变电场中，介电常数和介电损耗两个重要特性通常用复介电常数来表示[16]；在电磁波的建模分析中，电磁波作为同相振荡且相互垂直的电场和磁场在空间中能量的移动形式，其传播和辐射通常用复数形式表示，相比实数形式更有利于描述和计算系统的偏振、吸收等特性[17]。可见，分数阶复混沌系统具有深厚的物理背景，可以广泛应用于不同研究领域和实际场景中。总之，分数阶复混沌系统是一类十分复杂的非线性系统，既有分数阶动态特性，如分数阶系统的动力学特性与系统阶次相关、历史记忆性等一些独特的性质，还具有复混沌系统的特性，如混沌分形特性、系统轨道的有界性及初值敏感性等。研究分数阶复混沌系统并探索其潜在应用具有极大的理论价值和实际意义。因此，本书除介绍整数阶复混沌系统外，还介绍了典型分数阶复混沌系统的同步特性及其通信方案。

如果一个系统中既有整数阶微分方程，也有分数阶微分方程，那么能否出现混沌现象呢？答案是肯定的。我们把这样的系统称为混合阶混沌系统。故本书提出了混合阶混沌系统，并研究了典型混合阶混沌系统的特性。

1.2 混沌的基础理论

混沌是一种在确定性系统中出现的类似随机而无规则的长期动力学行为，是非线性动力系统特有的一种运动形式，也是自然界普遍存在的复杂运动形式。

在自然界中，混沌现象无处不在，如冉冉上升的炊烟、随风形成的涡卷、风中飘扬的旗帜、大气和海洋的随机运动、股票市场的起伏、心脏和大脑的振动、血液的流动及世界百态人生等。可见，混沌现象遍及世界和宇宙。混沌理论既展现了自然界及社会生活中纷然杂陈现象的复杂性，也增加了人们对客观世界的认知和理解。那么，在数学上，混沌又是如何定义的呢？

1.2.1 混沌的定义

混沌理论起源于20世纪初，逐步形成于60年代后期，发展壮大于80年代。虽然人们对混沌的研究已有半个多世纪，但因混沌具有区别于其他非线性系统的独特性质，从不同的方面理解，混沌具有不同的含义，所以到目前为止，混沌尚无非常严格的标准定义。最具有代表性而又相近的两个定义分别由李天岩和 J. Yorke 及 R. L. Devaney 给出。

最早的、也是目前影响最大的混沌数学定义是由美国马里兰大学博士生李天岩和他的导师 J. Yorke 于1975年在《周期三意味着混沌》中提出的 Li-Yorke 定义。Li-Yorke 定义深刻揭示了从有序到混沌的演变过程，第一次引入“混沌（chaos）”概念，同时指出，对于闭区间上连续函数 $f(x)$，如果满足下列条件，则称为有混沌现象[18]，具体描述如下。

定义 1.1 设 $f:X\to Y$ 是连续映射，X 是紧度量空间，且 f 的周期点的周期的集合 $p(f)=N$，又存在 $S_0\subset X-\mathrm{Per}(f)$，满足：

(1) $\lim\limits_{n\to\infty}\sup d(f^n(x),f^n(y))>0,\ \forall x,y\in S_0,x\neq y$；

(2) $\lim\limits_{n\to\infty}\inf d(f^n(x),f^n(y))=0,\ \forall x,y\in S_0$；

(3) $\lim\limits_{n\to\infty}\sup d(f^n(x),f^n(p))>0,\ \forall x\in S_0,\ \forall p\in \mathrm{Per}(f)$；

则称 S_0 是混沌集合，f 称为在 Li-Yorke 意义下是混沌的，其中 $d(\cdot,\cdot)$ 是 X 上定义的距离，$\mathrm{Per}(f)$ 是 f 的周期点的集合。

定义 1.2 设有连续单峰映射 f: $I\to I$，存在 $a\in I$ 使得 $b=f(a)$，$c=f(b)$，$d=f(c)$ 且 $d\geqslant a<b<c$（或 $d\geqslant a>b>c$），则映射 f 按 Li-Yorke 定义是混沌的。

1989年，R. L. Devaney 给出了一种更加直观的定义[19]。

定义 1.3 设 V 是一个紧度量空间，连续映射 $f:V\to V$，如果满足下列三个条件：

(1) 对初值敏感依赖，存在 $\delta>0$，对于任意的 $\varepsilon>0$ 和任意 $x\in V$，在 x 的 ε 邻域内存

在 y 和自然数 n，使得 $d(f^n(x), f^n(y)) > \delta$；

(2) 拓扑传递性，对于 V 上的任意一对开集 X、Y，存在 $k>0$ 使 $f^k(X) \cap Y \neq \varnothing$；

(3) f 的周期点集在 V 中稠密；

则称 f 是在 Devaney 意义下 V 上的混沌映射或混沌运动。

1.2.2　混沌的特征

非线性科学中混沌现象是一种确定但不可预测的运动状态，它的外在表现和纯粹的随机运动相似，但实际上与随机运动有本质的区别。混沌在动力学上是确定的，它的不可预测性和随机性来源于系统内部运动的不稳定性，具体表现如下[20,21]。

(1) 初值敏感性：指初始条件微小的差别或扰动都将导致系统运动的后续状态出现巨大差异。关于这一点，美国气象学家 Lorenz 在一次演讲中生动地指出：一只蝴蝶在巴西扇动翅膀，就有可能在美国的得克萨斯州引起一场风暴。这句话形象地反映了混沌运动的一个重要特征：系统长期行为对初始条件的敏感性依赖。所以，人们常用“蝴蝶效应”来指代混沌系统的初值敏感性。

(2) 有界性：混沌是有界的，它的运动轨道始终局限于一个确定的区域，这个区域称为混沌吸引域。无论混沌系统内部多么不稳定，它的轨道都不会走出这个混沌吸引域。因此，从整体上来说，混沌系统是稳定的。

(3) 随机性：混沌的定常状态是一种始终局限于有限区域但轨道永不重复且形式复杂的运动。混沌对初值的敏感性造就了它的内随机性和不可预测性，同时也说明混沌是局部不稳定的，它是完全确定性系统内部随机性的反映。

(4) 遍历性：混沌运动在其混沌吸引域内是各态历经的，即在有限的时间内混沌轨道经过混沌区内每一个状态点。

(5) 普适性：指不同系统在趋向混沌时所表现出来的某些共同特征。普适性有两种，即结构的普适性和测度的普适性。前者是指趋向混沌的过程中轨道的分岔情况与定量特性不依赖于该过程的具体形式，而只与它的数学结构有关；后者指同一映像或迭代在不同测度层次之间嵌套结构相同，结构形态只依赖于非线性函数展开的幂次。它不会由于系统的不同和系统运动方程的差异而发生变化，如倍周期分岔通向混沌时所遵循的 Feigenbaum 常数规律。

(6) 分维性：指混沌的运动轨道在相空间的几何形态可用分数维来描述，系统的混沌运动在相空间无穷缠绕、折叠和扭结，构成具有无穷层次混沌吸引子的自相似结构。

(7) 正的最大 Lyapunov 指数：它是初始条件接近的两条轨道最大距离按指数规律的平均增长速率，在工程中是最易于验证的。

(8) 非周期定常态性：混沌的定常态通常是一个非周期性的过程，该过程由确定性的动力系统产生而非因外界扰动才出现。同时，这种非周期性过程在混沌运动中属于定常态行为，不是动力系统在过渡态中出现的行为。

1.2.3　混沌系统的主要研究方法

混沌来自于系统的非线性性质，但非线性只是产生混沌的必要条件而非充分条件。如何判断一个系统是否具有混沌行为，以及如何用数学语言来描述混沌现象并对它进行定量刻画，是混沌学所研究的重要课题。目前，常用的研究思路是：先采用数值仿真来判断动力系统是否存在混沌运动，然后通过工程实验加以验证。下面介绍研究混沌系统的常用方法[22,23]。

1. 直接观测法

直接观测法是利用数值仿真技术描绘出混沌运动在相空间的轨道图，通过对比和分析来确定系统的各类周期及混沌运动。在相空间，周期运动表现为封闭轨道，而混沌运动则对应了一个有限区域的混沌吸引子，在该吸引子内部，轨道折叠、往返而永不封闭。通过对系统相空间运动的观测，可以发现分岔点、吸引域、极限环等丰富的动力学行为。可见，直接观测法是研究混沌的一个重要方法。

2. Poincaré 截面法

19 世纪末，法国著名数学家和物理学家 Poincaré 提出了一种研究多变量系统运行轨道的几何方法，称为 Poincaré 截面法。该方法的具体实现过程为：在多维相空间中选择恰当的截面，即 Poincaré 截面。该截面可以是平面或曲面，但需要有利于观察系统的运动特征，如不能包含相切轨道等。连续变动的轨道在相空间中穿越该截面从而产生一系列离散的交点。考查系统的运动轨道与所选择截面的交点，通过分析所有交点的特性来辨识系统的运行状态。

若不考虑初始阶段的暂态过程，只考虑 Poincaré 截面的稳态图像，可有下面的结论：当 Poincaré 截面上只有一个不动点和少数离散点时，系统运动是周期的；当 Poincaré 截面上是一条封闭连续曲线时，系统运动是准周期的；当 Poincaré 截面上是成片的密集点且有层次结构时，系统运动则是混沌的。

3. 相空间重构法

相空间重构是相图分析、分维和 Lyapunov 指数计算的关键，也是研究非线性系统动力学特性的有效方法。该方法原理如下：首先假设系统某一可观测量的时间序列为 $\{x(k), k=1,2,\cdots,n\}$，选取一个适当时间延迟 τ（τ 一般选为采样周期的整数倍），可视为重构相空间的间距；其次，确定嵌入维数 m，n 为系统的真实维数，则嵌入维数 m 需满足 $m>2n+1$；最后，以 $x(k)$，$x(k+\tau)$，$\cdots$，$x(k+\tau(m-1))$为坐标轴，可绘出重构的相空间轨道。在每个时间点，动力系统中任意一个状态变量的取值包含了该系统其他状态变量的信息，即单个状态变量随时间的变化隐含了整个系统的动力学特征。因此，将其中一维状态变量的时间序列映射到 m 维的欧氏空间中。重构的相空间轨道反映了真实系统吸引子的拓扑特性和演化规律。

4. Lyapunov 指数分析法

Lyapunov 指数是研究非线性动力系统的一个重要的参数指标，是相空间中相近轨道的平均收敛性和平均发散性的一种度量。它定量地刻画了吸引子轨道之间相互吸引和分离的速度，表征了系统各态运动的统计特征。Lyapunov 指数的大小表明了相空间中相近轨道的平均收敛和发散的指数率。一般来说，n 维相空间有 n 个实 Lyapunov 指数，称为谱，并按其大小排列，如 $\lambda_1 \geqslant \lambda_2 \geqslant \cdots \geqslant \lambda_n$。具有正 Lyapunov 指数和零 Lyapunov 指数的方向，都对吸引子起支撑作用，负 Lyapunov 指数对应着收缩方向，这两种因素对抗的结果就是伸缩与折叠操作，从而形成了奇怪吸引子的空间几何形态，即系统呈现混沌状态。当系统具有耗散性时，一个负 Lyapunov 指数是可以保证的，因此非线性动力系统是否具有混沌状态，往往取决于能否找到一个正 Lyapunov 指数。因此，最大 Lyapunov 指数是一个最重要的参数指标，它表征了运动轨道覆盖整个吸引子的快慢。

还有一些其他的分析混沌的方法，如功率谱分析法、频闪法、分形维数法等。在实际应用时，往往采用定性和定量相结合的方法，如利用直接观测法、Poincaré 截面法、Lyapunov 指数分析法和功率谱分析法等相结合的手段来研究混沌特性。

1.2.4 混沌同步

同步（Synchronization）是广泛存在于自然界的一种现象，也是物理学的传统问题，几乎所有合作行为的背后机制都与同步有着直接或间接的关系。如夏日夜晚萤火虫的同步发光与同步熄灭，众多蟋蟀齐声鸣叫，演出结束时人们鼓掌的频率等；还有摆钟、乐器、电子器件、激光、生物生态系统、神经、心脏等都存在同步现象。由于其普遍性，对这一问题的研究涵盖了自然科学、工程甚至社会科学的众多领域。

两个混沌轨道是否同步？同步的条件是什么？有哪些不同类型的同步？这些问题在 1990 年美国海军实验室的 Pecora 与 Carroll 发表两个耦合混沌振子的同步概念和现象[24]后得到了广泛深入而又富有成效的研究。目前，关于混沌同步的理论研究已涉及多种类型的同步现象。这包括最常见的完全同步（Complete Synchronization，CS）[25,26]，反同步（Anti-Synchronization，AS）[27,28]，投影同步（Projective Synchronization，PS）[29-31]，修正投影同步（Modified Projective Synchronization，MPS）[32,33]，全状态投影同步（Full State Projective Synchronization，FSPS）[34]，全状态混合投影同步（Full State Hybrid Projective Synchronization，FSHPS）[35-37]，修正函数投影同步（Modified Function Projective Synchronization，MFPS）[38-41]，广义函数投影同步（Generalized Function Projective Synchronization，GFPS）[42-44]，广义同步（Generalized Synchronization，GS）[45-48]，延迟同步（Lag Synchronization，LS）[49-52]，相同步（Phase Synchronization，PHS）[52-55]，等等。另外，还有不断被发现的同步形式。第 3 章将详细介绍各种同步形式的发展历程及同步控制器设计的一般方法。下面简单介绍几种基础的同步形式。

对于如下的混沌系统，驱动系统（主系统）为

$$\dot{\boldsymbol{z}} = \boldsymbol{g}(\boldsymbol{z}),\ \boldsymbol{z} \in \mathbb{C}^n \tag{1.2.1}$$

响应系统（从系统）为

$$\dot{\boldsymbol{x}} = \boldsymbol{f}(\boldsymbol{x}) + \boldsymbol{v},\ \boldsymbol{x} \in \mathbb{C}^n \tag{1.2.2}$$

式中，$\boldsymbol{x} = (x_1, x_2, \cdots, x_n)^{\mathrm{T}}$ 和 $\boldsymbol{z} = (z_1, z_2, \cdots, z_n)^{\mathrm{T}}$ 分别是两个系统的状态向量（T 表示转置），$\boldsymbol{v}$ 是同步控制器。$\boldsymbol{f}(\boldsymbol{x}) \in \mathbb{C}^n$，$\boldsymbol{g}(\boldsymbol{z}) \in \mathbb{C}^n$ 和 $\boldsymbol{v} \in \mathbb{C}^n$ 均是 n 维非线性复向量函数。

1. 完全同步（CS）

完全同步是最简单的同步形式，它指两个初值不同的相互作用的混沌系统经过一定的

时间演化之后步调完全一致。通常设计控制器 $\boldsymbol{v}$ 使响应系统（1.2.2）的状态向量 $\boldsymbol{x}$ 同步于驱动系统（1.2.1）的状态向量 $\boldsymbol{z}$，即 $\lim_{t\to+\infty}\|\boldsymbol{x}(t)-\boldsymbol{z}(t)\|=0$。函数形式相同（即 $\boldsymbol{f}=\boldsymbol{g}$）的两个混沌系统完全同步，称为自同步；函数形式不同的两个混沌系统完全同步，称为异同步。

2. 修正投影同步（MPS）

设计控制器 $\boldsymbol{v}$ 使得 $\lim_{t\to+\infty}\|\boldsymbol{x}(t)-\boldsymbol{D}\boldsymbol{z}(t)\|=0$，$\boldsymbol{D}=\mathrm{diag}\{d_1\ d_2\cdots\ d_n\}\in\mathbb{R}^n$，称为修正投影同步。若 $d_1=d_2=\cdots=d_n=\delta$，$\delta\in\mathbb{R}$，称为比例投影同步（PS）。当 $\delta=-1$ 时，称为反同步（AS）；当 $\delta=1$ 时，该问题就简化为完全同步（CS）。

3. 修正函数投影同步（MFPS）

设计控制器 $\boldsymbol{v}$ 使得 $\lim_{t\to+\infty}\|\boldsymbol{x}(t)-\boldsymbol{D}(t)\boldsymbol{z}(t)\|=0$，$\boldsymbol{D}(t)=\mathrm{diag}\{d_1(t),d_2(t),\cdots,d_n(t)\}\in\mathbb{R}^n$，称为修正函数投影同步。CS、AS、PS、MPS 都是其特殊情况。文献［14,42-44］也称其为广义函数投影同步（GFPS）。

4. 广义同步（GS）

设计控制器 $\boldsymbol{v}$ 使得 $\lim_{t\to+\infty}\|\boldsymbol{x}(t)-\phi(\boldsymbol{z})\|=0$，称为广义同步，其中 $\phi\in\mathbb{C}^n$是 n 维非线性复向量函数。

5. 相同步（PHS）

相同步又称锁相，指混沌振子的状态间的相位比是恒定的。一般来说，式（1.2.1）和式（1.2.2）具有相位 φ_1 和 φ_2，存在正数 m 和 n 满足$\|m\varphi_1-n\varphi_2\|<c$，$c$ 为一个无穷小的正常数，则称两系统相同步。

1.2.5 混沌控制

目前，人们对混沌控制的广义认识是：人为并有效地影响混沌系统，使之朝着实际需要的状态发展。这包括[20]：①混沌运动有害时，抑制混沌；②混沌运动有用时，产生所需要的具有某些特定性质的混沌运动，甚至特定的混沌轨道；③在系统处于混沌状态时，通过控制，产生人们需要的各种输出。

简而言之，混沌控制是将混沌系统控制到期望的不动点或期望轨道上。因此，混沌控制的目标一般有两种：一种是利用混沌吸引子内存在无穷多的不稳定不动点或周期轨道，通过控制的方法使其稳定到其中的某一个不动点或周期轨道上，从而抑制混沌行为；另一种控制目标则不要求系统必须稳定到原混沌系统中的周期轨道，而是通过适当的控制方法将混沌系统控制到人们所期望的目标轨道上，也称为跟踪控制[56]。它与同步的物理意义不同，同步一般针对两个混沌系统，而跟踪控制所期望的目标轨道不一定是混沌系统；从一定意义上来说，也可认为同步是一种有特殊物理意义和背景的跟踪控制。本书第 6 章将详细介绍带有未知复参数的复混沌系统的自适应跟踪控制。

1.3 混沌系统的研究现状

1.3.1 整数阶复混沌系统的研究现状

自从 Ott、Grebogi 和 Yorke（OGY）[57] 在 1990 年提出混沌控制，Pecora 和 Carroll 提出驱动-响应同步法[24] 以来，混沌同步与控制一直都受到广泛关注，出现了许多成功的控制方法，如主动-被动同步法[46,58]、反馈控制法[6,59-61]、脉冲同步法[62-64]、观测器同步法[65-68]、back-stepping 方法[69,70]、自适应同步方法[71-76]、神经网络控制[77,78]、模糊控制[79-81]、滑模控制[82] 及任意参考信号追踪控制[56,83-91] 等。

从控制原理上，可将控制方法分为反馈控制法和非反馈控制法两大类。反馈控制的对象可以为系统参量、系统变量及外部参数等，对不同对象的反馈产生不同的控制方法，它们的共同点都是利用与时间有关的连续扰动作为控制信号。当扰动趋向零或变得非常小时就会实现对特定的周期轨道或非周期轨道的稳定控制，一般用于上述的第一种控制目标，即被稳定的周期轨道是原系统混沌吸引子中某条不稳定的周期轨道或不动点。该反馈信号通常较小，因此反馈控制可以保留原系统的动力学性质。非反馈控制则是将系统以外的信号注入到系统中，迫使系统达到某个目标轨道。当系统达到控制目标时，系统的控制输入信号并不趋于零，并且受控后的动力学行为可能与原系统大不相同，一般用于实现第二种控制目标。

1982 年，Fowler 等在研究流体力学中的热对流现象和地球物理流的斜压不稳定问题时，发现了一个与实 Lorenz 系统结构相似，但主要变量在复数域的系统，称为复 Lorenz 系统[1,2,5]。Fowler 等的这一发现，为复混沌系统的研究提供了物理背景，拉开了复混沌系统的研究序幕。

起初，学者们主要关注复混沌系统的近似解和解析解的研究，如埃及学者 Mahmoud 结合物理背景给出了一类自治复非线性动态系统的近似解求法[92]，Cveticanin 研究了复 Duffing 系统的解析解[93] 和一类具有复函数的非线性系统的近似解析解[94]。

自 2004 年开始，埃及学者 Mahmoud 和他的合作者分别研究了复非线性振荡子[95,96]、复 Lorenz 系统[97]、复 Chen 系统、复 Lü 系统[98,99] 和其他一些复混沌系统的动力学特性[100]，利用状态反馈和复周期性强迫构造了一些复超混沌系统，如复超混沌 Lorenz 系统[101,102]、复超混沌 Chen 系统[103]、复超混沌 Lü 系统[104] 等，发现这些复混沌系统具有更加复杂的动力学行为，产生的混沌信号更加难以预测和破解，能够更好地增加混沌保密通信和信息加密的安全性，可以更好地应用在信息工程领域中。因此，复混沌系统的同步及其应用成为了炙手可热的研究课题。

目前，复混沌系统的同步研究主要集中在两方面：一方面，将实混沌系统的同步概念推广到了复混沌系统，如完全同步[97,99,105]、反同步[106,107]、相位同步和反相位同步[108]、投影同步[109]、修正投影同步[109]、延迟同步[110]，还有其他一些同步[111-113,115,199]；另一方面，针对复动力系统自身的特点提出了复混沌系统所特有的一些同步及其特性，如复完全同步[116]、复投影同步[117]、复修正投影同步[118-122]、复函数投影同步[123] 等。随着复混沌系统同步研究的深入，很多研究者将复混沌系统应用到了安全通信等领域，取得了大量可喜的成果[123-128]，在本书后面章节会详细介绍。

1.3.2 分数阶复混沌系统的研究现状

整数阶混沌系统理论的发展已经如火如荼。作为整数阶混沌系统的推广，分数阶混沌系统也引起了国内外众多学者的关注和研究。学者们在对分数阶动力学性质的研究中发现：在低于 3 阶的自治系统中可以存在混沌、在低于 2 阶的非自治系统中可以存在混沌、在低于 4 阶的自治系统中可以存在超混沌。例如，阶数低至 2.7 的分数阶 Chua 系统[10]、阶数低于 2 的非自治分数阶 Duffing 系统[133]、阶数低至 3.8 的分数阶超混沌 Rössler 系统。

分数阶混沌系统同步的研究起始于 2003 年，李春光等在 Physical Review E 上发表了利用主-从同步方法研究分数阶混沌系统同步的论文[134]。自此，分数阶混沌系统控制与同步的理论成果与日俱增。众多学者利用反馈控制、观测器控制、主动控制、滑模控制、脉冲控制、模糊控制等方法研究了分数阶混沌系统的多种同步现象，得到了很多分数阶混沌系统控制与同步的理论成果[135-144]。例如，Odibat 利用线性反馈控制研究了分数阶 Chen 系统、分数阶 Rössler 系统、分数阶 Chua 电路系统的自同步[135]；Xin 等[136]采用线性控制实现了一类分数阶能源供需系统的投影同步；陈立平等利用非线性控制研究了分数阶混沌和超混沌系统的延迟投影同步[137]；彭国俊等设计的非线性观测器实现了分数阶混沌系统的广义投影同步[138]；Taghvafard 等利用主动控制研究了分数阶混沌系统的相同步和反相同步[139]；Tavazoei 和 Haeri 通过利用主动滑模控制研究了分数阶 Lü-Lü 系统、分数阶 Chen-Chen 系统、分数阶 Chen-Lü 系统的同步[140]；中国台湾学者 Lin[141]提出了一种自适应模糊滑模控制器，从而实现了两个不确定分数阶时滞混沌系统的同步。还有很多分数阶混沌系统同步的成果[142-144]，在此不一一罗列。

分数阶复混沌系统具有分数阶系统和复混沌系统的特性，故系统更加复杂，其动力学行为更加丰富，在保密通信和信号处理等领域拥有更加广阔的应用前景。因此，很多学者开始关注并研究分数阶复混沌系统的动力学特性、同步及其应用。2005 年，Gao 等在文献［145］中利用数值仿真分析了分数阶复 Duffing 振荡器的混沌特性；埃及学者 El-Sayed 等于 2012 年研究了分数阶复 Logistic 模型的动力学特性[146]；2013 年，大连理工大学的王兴元教授和他的学生骆超提出了分数阶复 Lorenz 混沌系统[147]和分数阶复 Chen 混沌系统[148]，研究了它们的动力学特性及其同步，并利用分数阶复 Chen 混沌系统设计了数字通信方案，提高了安全通信的保密性能；刘晓军等提出了分数阶复 T 系统并研究了该系统的混沌特性、控制及其同步[149]。

到目前为止，分数阶复混沌系统的研究还处于起步阶段，有很多问题值得我们去进行深入的讨论与探索，如新的分数阶复混沌模型有待于进一步挖掘；阶次不等的分数阶复混沌系统的同步研究较少；多个分数阶复混沌系统作为驱动系统的同步研究极少；不同维数的分数阶复混沌系统的同步研究不够成熟；环耦合分数阶复混沌系统的同步问题有待解决等。

1.3.3 混合阶混沌系统的研究现状

从上述内容可知，分数阶复混沌系统在复杂的密钥空间和动态行为方面比整数阶复混沌系统更有优势。但与此同时，分数阶的存在难以硬件实现，尤其是在电路设计中，分数阶差分电路比整数阶差分电路更为复杂。那么是否可以综合两者的优势呢？一个系统中既有整数阶微分方程，又有分数阶微分方程，是否还能表现出混沌现象呢？我们把这种既有整数阶微分，又有分数阶微分的混沌系统称为混合阶混沌系统，它从形式上像介于分数阶和整数阶复混沌系统的一个中间系统，但又具有自己特殊的性质。

混合阶混沌系统的概念刚刚提出，目前还处于起步阶段。笔者曾通过几个典型混合阶系统的分析，如混合阶 Lorenz 系统、混合阶 Chen 系统、混合阶 Lü 系统和混合阶复 Lorenz 系统，提出了混合度（HD）、总维数、最低阶数之间的假设[150]，具体内容见第 2 章。

1.4　准备知识

1.4.1　相关引理及方法

1. 局部 Lipschitz 条件

定义 1.4　向量函数 $\boldsymbol{\varphi}:\mathbb{R}^n\times\mathbb{R}_+\to\mathbb{R}^n$，$\boldsymbol{\varphi}(x,t)=(\varphi_1(x,t),\varphi_2(x,t),\cdots,\varphi_n(x,t))$，若每个点 $\boldsymbol{x}\in S\subset\mathbb{R}^n$ 都有一个邻域 S_0，具有相同的 Lipschitz 常数 l_0，使得 $\boldsymbol{\varphi}(x,t)$ 在 $S_0\times[a,b]$ 内满足

$$\|\varphi_i(x,t)-\varphi_i(y,t)\|\leqslant l_0(S)\|x-y\|,\ \forall x,y\in S_0 \tag{1.4.1}$$

则称向量函数 $\boldsymbol{\varphi}(x,t)$ 在 $S_0\times[a,b]$ 内对于 x 是局部 Lipschitz 的；如果对每个紧区间 $[a,b]\in[t_0,\infty]$，$\boldsymbol{\varphi}(x,t)$ 在 $S\times[a,b]$ 内对于 x 是局部 Lipschitz 的，则称向量函数 $\boldsymbol{\varphi}(x,t)$ 在 $S\times[t_0,\infty]$ 内对于 x 是局部 Lipschitz 的。

2. 速度梯度法

考虑如下的 n 维实混沌系统

$$\dot{\boldsymbol{x}}=\boldsymbol{\phi}(\boldsymbol{x},\boldsymbol{\theta},t) \tag{1.4.2}$$

式中，$\boldsymbol{x}=(x_1,x_2,\cdots,x_n)^{\mathrm{T}}$ 是一个实向量；$\boldsymbol{\theta}$ 是未知参数的实矩阵。为输出期望信号 $\boldsymbol{x}^*(t)$，考虑误差准则函数 $\boldsymbol{\Phi}(t)=\boldsymbol{\Phi}(\boldsymbol{x},t)$，若 $\boldsymbol{x}(t)\to\boldsymbol{x}^*(t)$，则 $\boldsymbol{\Phi}(\boldsymbol{x},t)\to 0$，它是一个光滑的非负函数。它的时间导数是

$$\omega(\boldsymbol{\theta},t)=\frac{\partial\,\boldsymbol{\Phi}(\boldsymbol{x},t)}{\partial\,t}+\nabla_x\boldsymbol{\Phi}(\boldsymbol{x},t)\boldsymbol{\phi}(\boldsymbol{x},\boldsymbol{\theta},t) \tag{1.4.3}$$

根据速度梯度法，$\boldsymbol{\theta}$ 沿着 $\omega(\boldsymbol{\theta},t)$ 的负梯度方向变化。更常见的是如下所示的速度梯度法的组合形式：

$$\frac{\mathrm{d}}{\mathrm{d}t}(\boldsymbol{\theta}+\boldsymbol{\varphi}(t))=-\boldsymbol{K}\,\nabla_{\boldsymbol{\theta}}\omega(\boldsymbol{\theta},t) \tag{1.4.4}$$

式中，$\boldsymbol{K}$ 是一个相应的正定增益矩阵，$\boldsymbol{\varphi}(t)$ 是一个确定的满足伪梯度条件的向量函数，它满足

$$\boldsymbol{\varphi}^{\mathrm{T}}(t)\nabla_{\boldsymbol{\theta}}\omega(\boldsymbol{\theta},t)\geqslant 0 \tag{1.4.5}$$

式（1.4.4）也可写成有限积分形式

$$\boldsymbol{\theta}=-\boldsymbol{\varphi}(t)-\boldsymbol{K}\int_0^t \nabla_{\boldsymbol{\theta}}\omega(\boldsymbol{\theta},\alpha)\mathrm{d}\alpha \tag{1.4.6}$$

对于组合速度梯度法（见式（1.4.4）），其稳定性定理如下：

定理 1.1[151] 对于式（1.4.2）和式（1.4.4），假设：

（A1）$\boldsymbol{\phi}(\boldsymbol{x},\boldsymbol{\theta},t)$和$\nabla_{\boldsymbol{\theta}}\omega(\boldsymbol{\theta},t)$以及它们的偏导在$(\boldsymbol{x},\boldsymbol{\theta})$的任何有界集上在$t\geqslant0$时是一致有界的（规则性条件）；

（A2）$\omega(\boldsymbol{\theta},t)$关于$\boldsymbol{\theta}$是凸的（凸集条件）；

（A3）存在常矩阵$\boldsymbol{\theta}^*$和在有界区域上一致连续的标量函数$\rho[\boldsymbol{x}\geqslant0,\rho(0)=0$使得不等式$\omega(\boldsymbol{\theta}^*,t)\leqslant-\rho(\boldsymbol{x})$在$\boldsymbol{x}\in\mathbb{R}^n$时成立]（达到性条件）；

（A4）如果$\boldsymbol{\Phi}(\boldsymbol{x},t)$有界，那么$\boldsymbol{x}(t)$有界（有界条件）；

则式（1.4.2）、式（1.4.4）和式（1.4.6）的每条轨道$[\boldsymbol{x}(t),\boldsymbol{\theta}(t)]$有界，且$\lim\limits_{t\to\infty}\rho(\boldsymbol{x}(t))=0$。

3. 几个常用引理

引理 1.1 （LaSalle 定理[152]）设$\Omega\subset D$是方程$x=f(x)$的一个正不变集。设$V:D\to R$是连续可微函数，在Ω内满足$\dot{V}(x)\leqslant0$。设E是Ω内所有点的集合，满足$\dot{V}(x)=0$，M是E内最大不变集。那么$t\to\infty$时，始于Ω的每个解都趋于M。

引理 1.2 （Barbalat 引理[153]）如果$\varepsilon:[0,\infty]\to\mathbb{R}$满足$\lim\limits_{t\to\infty}\int_0^t\varepsilon^2(\tau)\mathrm{d}\tau<\infty$，$\dot{\varepsilon}(t)$存在且有界，那么$\lim\limits_{t\to\infty}\varepsilon(t)=0$。

引理 1.3[154] 在每一行（列）中，如果对角线上的元素大于同一行（列）中其他元素的总和，则称其为行（列）对角优势矩阵。如果$n\times n$实矩阵是对角元素为负的行（列）对角优势矩阵，那么该矩阵的所有特征值都具有负实部。

引理 1.4[155] 对于复矩阵$\boldsymbol{Q}\in\mathbb{C}^{n\times n}$，如果它的所有特征值都具有负实部，记为$\mathrm{Re}(\lambda_i(\boldsymbol{Q}))<0$，$i=1,2,\cdots,n$，那么

$$\lim_{t\to+\infty}\exp(\boldsymbol{Q}t)=0 \tag{1.4.7}$$

成立。

1.4.2 整数阶系统稳定性理论

1. 连续非线性系统稳定性定理

定理 1.2[152] 考虑自治系统$x=f(x)$，其中$f:S\to\mathbb{R}^n$是从定义域$\Omega\subset\mathbb{R}^n$到$\mathbb{R}^n$上的局部 Lipschitz 映射，该定义域包括原点，且原点是其平衡点。设函数$V:S\to\mathbb{R}$是连续可微函数，如果

$$\begin{aligned}&V(0)=0,V(x)>0,\quad x\in\Omega,\ x\neq0\\&\dot{V}(x)\leqslant0,\quad x\in\Omega\end{aligned} \tag{1.4.8}$$

那么原点$x=0$是稳定的。此外，如果

$$\dot{V}(x)<0,\quad x\in\Omega,x\neq0 \tag{1.4.9}$$

那么原点$x=0$是渐近稳定的。

2. 离散非线性系统稳定性定理

定理 1.3[156] 假设存在函数 V 使得

(i) $V:N_{n_0}^{+}\times B_H\to\mathbb{R}^{+}=[0,+\infty)$，$B_H=\{\boldsymbol{x}\mid\|\boldsymbol{x}\|\leqslant H,\boldsymbol{x}\in\mathbb{R}^{s}\}$。$V$ 是正定函数；

(ii) V 沿着系统 $y_{n+1}=h(n,y_n)$ 的导数

$$\Delta V(n,y_n)=V(n+1,y_{n+1})-V(n,y_n) \tag{1.4.10}$$

是负定的。那么系统 $y_{n+1}=h(n,y_n)$ 的原点是渐近稳定的。

3. 时滞非线性系统稳定性定理

定理 1.4[157] 考虑自治时滞泛函微分方程

$$\dot{z}(t)=f(z(t),z(t-\tau)) \tag{1.4.11}$$

式中，$f:C\to\mathbb{R}^n$ 全连续，且该方程的解连续依赖于初始数据。记 $z(\varphi)$ 为过 $(0,\varphi)$ 的解。设 $u,w:R^{+}\to R^{+}$ 为连续非负函数，则 $x\to\infty$，$u(x)\to\infty$。泛函 $V:C\to R$ 连续，满足下列条件：

$$u(|\varphi(0)|)\leqslant V(\varphi),\ \dot{V}(\varphi)\leqslant -w(|\varphi(0)|) \tag{1.4.12}$$

则式（1.4.11）的零解为稳定的，且式（1.4.11）的每个解均有界；若 $x>0$，$w(x)>0$，则式（1.4.11）的每个解在 $t\to\infty$ 时均趋于零，$z(t)\equiv 0$ 是全局吸引子。

1.4.3 分数阶系统稳定性理论

1. 分数阶微积分理论

分数阶微积分是指任意阶次的微积分。从某种意义上讲，它是整数阶微积分的推广。迄今，分数阶导数有多种不同的定义方式，常用的三种定义方式有：Grunwald-Letnikov 定义、Riemann-Liouvill 定义和 Caputo 定义[158]。本文主要介绍后面两种定义。Riemann-Liouvill 定义以多重积分的理论为基础，基于普通导数概念和柯西积分公式来定义，其具体定义为

$${}_{0}^{RL}\mathrm{D}_{t}^{\alpha}f(t)=\frac{\mathrm{d}^m}{\mathrm{d}t^m}J^{m-\alpha}f(t),\quad \alpha>0 \tag{1.4.13}$$

式中，$m=[\alpha]$，即 m 是第一个不比 α 小的整数，J^{β} 是 β 阶 Riemann-Liouville 积分算子，定义为

$$J^{\beta}f(t)=\frac{1}{\Gamma(\beta)}\int_0^t\frac{f(\tau)}{(t-\tau)^{1-\beta}}\mathrm{d}\tau,\quad 0<\beta\leqslant 1 \tag{1.4.14}$$

式中，$0<\beta\leqslant 1$，Gamma 函数 $\Gamma(x)=\int_0^{\infty}t^{x-1}\mathrm{e}^{-t}\mathrm{d}t$。

Caputo 定义又称为右定义，其具体表达式为

$${}_{0}^{C}\mathrm{D}_{t}^{\alpha}f(t)=\frac{\mathrm{d}^m}{\mathrm{d}t^m}J^{m-\alpha}f(t)=\begin{cases}\dfrac{1}{\Gamma(m-\alpha)}\displaystyle\int_0^t\frac{f^{(m)}(\tau)}{(t-\tau)^{\alpha-m+1}}\mathrm{d}\tau, & m-1<\alpha<m\\ \dfrac{\mathrm{d}^m}{\mathrm{d}t^m}f(t), & \alpha=m\end{cases} \tag{1.4.15}$$

从上面两个定义可以看出，Riemann-Liouvill（RL）定义与 Caputo 定义的区别主要在

于微分与积分顺序不同，前者是先积分再微分，后者是先微分再积分。考虑到 Caputo 微积分的工程应用性，本文选取 Caputo 定义，用 D_*^{α} 表示${}_0^C\mathrm{D}_t^{\alpha}$，且主要考虑 $0<\alpha<1$ 的情形。

下面介绍二次函数的 Caputo 分数阶导数的常用性质。

引理 1.5[159] 若 $x(t)\in\mathbb{R}$ 为连续可微函数，则对于任意的 $t>0$，有

$$\frac{1}{2}\mathrm{D}_*^{\alpha}x^2(t)\leqslant x(t)\mathrm{D}_*^{\alpha}x(t),\quad \forall\alpha\in(0,1) \tag{1.4.16}$$

引理 1.6[159] 若 $\boldsymbol{x}(t)\in\mathbb{R}^n$ 为连续可微的，则对于任意的 $\alpha\in(0,1)$和 $t>0$，有

$$\frac{1}{2}\mathrm{D}_*^{\alpha}(\boldsymbol{x}^{\mathrm{T}}(t)\boldsymbol{x}(t))\leqslant\boldsymbol{x}^{\mathrm{T}}(t)\mathrm{D}_*^{\alpha}\boldsymbol{x}(t) \tag{1.4.17}$$

引理 1.7[160] 若 $\alpha\in(0,1)$，$\boldsymbol{x}(t)=(x_1(t),x_2(t),\cdots,x_n(t))^{\mathrm{T}}\in\mathbb{R}^n$，其中 $x_l(t)(l=1,2,\cdots,n)$为连续可微函数，则对于任意的 $t\geqslant0$，有

$$\mathrm{D}_*^{\alpha}(\boldsymbol{x}^{\mathrm{T}}(t)\boldsymbol{P}\boldsymbol{x}(t))\leqslant(\mathrm{D}_*^{\alpha}\boldsymbol{x}(t))^{\mathrm{T}}\boldsymbol{P}\boldsymbol{x}(t)+\boldsymbol{x}^{\mathrm{T}}(t)\boldsymbol{P}\mathrm{D}_*^{\alpha}\boldsymbol{x}(t) \tag{1.4.18}$$

式中，$\boldsymbol{P}\in\mathbb{R}^{n\times n}$为正定矩阵。

2. 分数阶系统的稳定性

1996 年，Matignon 研究了分数阶线性时不变系统的渐近稳定性。

定理 1.5[161] 对于齐次分数阶线性时不变系统

$$\mathrm{D}_*^{\boldsymbol{\alpha}}\boldsymbol{x}(t)=\boldsymbol{A}\boldsymbol{x}(t),\quad \boldsymbol{x}(0)=x_0 \tag{1.4.19}$$

式中，系统的阶次为 $\boldsymbol{\alpha}=[\alpha_1,\alpha_2,\cdots,\alpha_n]^{\mathrm{T}}$（当 $\alpha_1=\alpha_2=\cdots=\alpha_n$ 时，称为齐次系统，否则，称为非齐次系统），$\alpha_l\in(0,2)$，$\boldsymbol{x}\in\mathbb{R}^n$，$\boldsymbol{A}$ 是一个常数矩阵。

(i) 式（1.4.19）是渐近稳定的，当且仅当

$$|\arg(\lambda_l(\boldsymbol{A}))|>\alpha\pi/2,\quad l=1,2,\cdots,n$$

式中，$\arg(\lambda_l(\boldsymbol{A}))$表示矩阵 $\boldsymbol{A}$ 的特征值 λ_l 的辐角。在这种情况下，状态的每一个分量都以 $t^{-\alpha}$的形式衰减至 0。

(ii) 式（1.4.19）是稳定的，当且仅当

$$|\arg(\lambda_l(\boldsymbol{A}))|\geqslant\alpha\pi/2,\quad l=1,2,\cdots,n$$

且满足 $|\arg(\lambda_l(\boldsymbol{A}))|=\alpha\pi/2$ 的临界特征值 λ_l 的几何重数为 1。

2007 年，Deng 等给出了非齐次分数阶线性系统的稳定定理。

定理 1.6[162] 对于非齐次分数阶线性系统

$$\mathrm{D}_*^{\boldsymbol{\alpha}}\boldsymbol{x}(t)=\boldsymbol{A}\boldsymbol{x}(t),\quad \boldsymbol{x}(0)=x_0 \tag{1.4.20}$$

式中，$\boldsymbol{\alpha}=[\alpha_1,\alpha_2,\cdots,\alpha_n]^{\mathrm{T}}$ 且 $\alpha_k\neq\alpha_l(k\neq l)$，其微分方程组表示为

$$\begin{aligned}
\mathrm{D}_*^{\alpha_1}x_1(t)&=a_{11}x_1(t)+a_{12}x_2(t)+\cdots+a_{1n}x_n(t)\\
\mathrm{D}_*^{\alpha_2}x_2(t)&=a_{21}x_1(t)+a_{22}x_2(t)+\cdots+a_{2n}x_n(t)\\
&\vdots\\
\mathrm{D}_*^{\alpha_n}x_n(t)&=a_{n1}x_1(t)+a_{n2}x_2(t)+\cdots+a_{nn}x_n(t)
\end{aligned}$$

式中，$\alpha_l\in(0,1)$是有理数且 $\alpha_l=k_l/h_l$，$(k_l,h_l)=1$，对于特征方程

$$\det(\mathrm{diag}(\lambda^{m\alpha_1},\lambda^{m\alpha_2},\cdots,\lambda^{m\alpha_n})-\boldsymbol{A})=0 \tag{1.4.21}$$

若其所有解 λ_l 满足

$$|\arg(\lambda_l)| > \gamma\pi/2, \quad l=1,2,\cdots,n$$

式中，$\gamma=1/m$，则分数阶系统（1.4.20）全局渐近稳定。

分数阶非线性系统稳定性的判定工具远没有整数阶系统多，很多经典的整数阶系统稳定性理论不能直接应用于分数阶系统。由于分数阶非线性系统的稳定性研究存在较大的难度，所以有关分数阶非线性系统的稳定性研究结果不多且进展非常缓慢。

李岩等提出了引用 K-类函数的 Lyapunov 直接方法，也称为分数阶 Lyapunov 稳定定理，详细介绍如下。

定义 1.5[163,164]　若一个连续函数 $\beta:[0,t)\to[0,\infty)$ 满足 $\beta(0)=0$ 且为严格增函数，则称函数 β 为 K-类函数。

定理 1.7[163,164]　对于分数阶非线性系统

$$\mathrm{D}_*^{\alpha}\boldsymbol{x}(t)=f(\boldsymbol{x},t), \quad \boldsymbol{x}\in\mathbb{R}^n \tag{1.4.22}$$

式中，$\alpha\in(0,1)$。设 $\boldsymbol{x}=0$ 为其系统平衡点，若存在 Lyapunov 函数 $V(t,\boldsymbol{x}(t))$ 和 K-类函数 $\beta_l(l=1,2,3)$，使得下式成立：

$$\begin{aligned}&\beta_1(\|\boldsymbol{x}\|)\leqslant V(t,\boldsymbol{x}(t))\leqslant\beta_2(\|\boldsymbol{x}\|)\\&\mathrm{D}_*^{\alpha}V(t,\boldsymbol{x}(t))\leqslant-\beta_3(\|\boldsymbol{x}\|)\end{aligned} \tag{1.4.23}$$

则式（1.4.22）的平衡点是渐近稳定的。

3. 分数阶系统的数值算法

在后续章节中，采用预估-校正方法进行分数阶微分方程的求解计算与数值仿真分析。该算法是数值逼近最为精确的时域方法，也是一种非常有效的分数阶微分动力系统的分析工具[165]。考虑如下的分数阶微分方程：

$$\begin{cases}\mathrm{D}_*^{\alpha}x(t)=f(t,x(t)), & 0\leqslant t\leqslant T\\ x^{(k)}(0)=x_0^{(k)}, & k=0,1,\cdots,[\alpha]-1\end{cases} \tag{1.4.24}$$

其等价的 Volterra 积分方程为

$$x(t)=\sum_{k=0}^{[\alpha]-1}x_0^{(k)}\frac{t_{n+1}^k}{k!}+\frac{1}{\Gamma(\alpha)}\int_0^t(t-s)^{\alpha-1}f(s,x(s))\mathrm{d}s \tag{1.4.25}$$

令 $h=T/N$，$t_n=nh(n=0,1,\cdots,N,N\in\mathbb{Z}^+)$，可得到上述 Volterra 积分方程的离散化表达形式

$$\begin{aligned}x_h(t_{n+1})=&\sum_{k=0}^{[\alpha]-1}x_0^{(k)}\frac{t_{n+1}^k}{k!}+\frac{h^\alpha}{\Gamma(\alpha+2)}f(t_{n+1},x_h^p(t_{n+1}))+\\&\frac{h^\alpha}{\Gamma(\alpha+2)}\sum_{j=0}^{n}a_{j,n+1}f(t_j,x_h(t_j))\end{aligned} \tag{1.4.26}$$

其中

$$a_{j,n+1}=\begin{cases}n^{\alpha+1}-(n-\alpha)(n+1)^\alpha, & j=0\\(n-j+2)^{\alpha+1}+(n-j)^{\alpha+1}-2(n-j+1)^{\alpha+1}, & 1\leqslant j\leqslant n\\1, & j=n+1\end{cases} \tag{1.4.27}$$

$$x_h^p(t_{n+1})=\sum_{k=0}^{[\alpha]-1}x_0^{(k)}\frac{t_{n+1}^k}{k!}+\frac{1}{\Gamma(\alpha)}\sum_{j=0}^{n}b_{j,n+1}f(t_j,x_h(t_j)) \tag{1.4.28}$$

$$b_{j,n+1}=\frac{h^{\alpha}}{\alpha}((n+1-j)^{\alpha}-(n-j)^{\alpha}) \tag{1.4.29}$$

该方法的误差估计为

$$e=\max|x(t_j)-x_h(t_j)|=O(h^p),\quad j=0,1,\cdots,N,\quad p=\min(2,1+\alpha)$$

1.4.4 重要符号说明

下面介绍几个重要的符号：

(1) D_*^{α}表示 α 阶 Caputo 算子，α 表示分数阶系统的阶次；

(2) $\mathbb{R}(\mathbb{C})$表示实（复）数集，$\mathbb{R}^n(\mathbb{C}^n)$表示 n 维实（复）列向量，$\mathbb{R}^{n\times m}(\mathbb{C}^{n\times m})$表示 $n\times m$ 阶实（复）矩阵；

(3) 若 $\boldsymbol{x}$ 是复数，则 $\boldsymbol{x}$ 表示为 $\boldsymbol{x}=\boldsymbol{x}^{\mathrm{r}}+\mathrm{j}\boldsymbol{x}^{\mathrm{i}}$，其中 $\mathrm{j}=\sqrt{-1}$是虚数单位，上标 r 和 i 分别表示 $\boldsymbol{x}$ 的实部和虚部，复数 $\boldsymbol{x}$ 的实部和虚部也可表示为 $\mathrm{Re}(\boldsymbol{x})$和 $\mathrm{Im}(\boldsymbol{x})$，$\boldsymbol{x}^{\mathrm{T}}$ 和$\bar{\boldsymbol{x}}$分别表示 $\boldsymbol{x}$ 的转置和共轭；

(4) $\|\cdot\|$表示 Euclid 范数；

(5) $\boldsymbol{v}$ 表示控制器；

(6) $\boldsymbol{K}$ 表示控制强度矩阵，也称反馈增益矩阵、控制力量矩阵。

1.5 本书的主要内容及章节分布

针对以上分析，本书结合反馈控制、自适应等技术和 Lyapunov 稳定理论等，研究了复混沌系统的同步和控制及其通信应用，获得了一系列研究结果，具体安排如下。

第 1 章介绍了课题的研究背景及意义，给出了混沌理论的一些基本知识，分析总结了整数阶复混沌系统、分数阶复混沌系统和混合阶混沌系统的研究现状，介绍了相关的数学知识，最后给出了全书的主要研究内容和结构安排。

第 2 章分别介绍了几种典型的整数阶复混沌系统、分数阶复混沌系统和混合阶混沌系统的特性，如复 Lorenz 混沌系统、复 Lü 混沌系统、复 Chen 混沌系统、分数阶复 Lorenz 混沌系统、分数阶复 Lü 混沌系统、分数阶复 Chen 混沌系统、混合阶实 Lorenz 系统和其他混合阶混沌系统的特性。

第 3 章总结了各种典型的同步类型及各同步之间的归属关系，并且给出了相应的同步控制方法，然后从中归纳出 N 系统组合函数投影同步（NCOFPS），目前几乎所有同步类型都属于 NCOFPS，最后提出了时滞函数投影同步（TDFPS）。

第 4 章从两个复函数相减的角度提出了复修正差函数同步，并设计了复修正差函数同步控制器，将其应用到整数阶和分数阶复混沌系统中，同时提出了基于复修正差函数同步的通信方案。该通信方案本质上仍是混沌掩盖，但所传输的信号是信息信号和混沌信号之和的导数。当驱动复混沌系统的状态（作为除数）输出接近于零时，复函数投影同步方法恢复信息信号易产生较大误差；但复修正差函数同步就避免了这一问题。

第 5 章考虑了现实中不可避免的时滞问题，主要研究复混沌系统的时滞特性及自时滞同步控制器。自时滞同步使时滞系统和原系统同步，能够避免现实中因为时滞而产生的各种问题，它是自同步的扩展，进一步拓宽了研究同步问题的视野。同时，时滞复混沌系统的简单结构能产生具有高度随机性和不可预测性的时间序列，将其应用在混沌保密通信中可以更好地提高保密性能。本章首先以单时滞复 Chen 混沌系统为例，研究了单时滞复 Chen 混沌系统的特性及其自时滞同步控制器，接着继续研究了双时滞复 Lorenz 混沌系统的动态特性，提出了一种简单的误差反馈控制器，实现了双时滞复 Lorenz 混沌系统的自时滞同步。单时滞复 Lorenz 混沌系统是其特殊情况。然后研究了多时滞耦合复混沌系统的完全同步及其在混沌通信中的应用，将误差反馈推广到具有多时滞的耦合复混沌系统中。最后，考虑通信过程中存在信号传输的滞后特性，研究了复混沌系统的滞后同步及其通信方案。

第 6 章实现了含有未知复参数的复混沌系统的跟踪控制和参数辨识。首先，针对任意两个有界复变量混沌系统设计一个自适应跟踪控制器，采用动态控制强度和收敛因子来增强控制器的适应性，调整收敛速度。然后，根据持续激励和线性相关性分别提出了使未知复参数收敛到真值的充分条件和必要条件，并将线性相关性从实数域推广到复数域，给出了复线性相关的定义和推论，并且提出了一个观测器方案，确保所有的未知参数都能收敛到真值。最后，在有干扰和随机噪声的情况下对所提出的方案进行仿真实验，仿真结果证明了方案的鲁棒性和有效性。

第 7 章总结了本书的研究成果，分析了课题前景，给出了有待解决的几个问题。

第 2 章　几类典型的复混沌系统

在混沌历史上，美国著名气象学家 Lorenz 教授于 1963 年提出了 Lorenz 系统，成为研究混沌的基石，引起了揭示混沌现象和研究混沌理论的热潮。之后，很多混沌系统相继被发现和提出，如著名的虫口模型、Chen 系统、Lü 系统、Rössler 系统等。以这些具体系统模型为基础，学者们深入研究了混沌的本质特性、分岔及通向混沌的途径等问题，推动了混沌学的发展和混沌在很多学科中的应用。因此，针对各种具体的混沌系统开展动力学特性研究，具有重要的理论意义和极高的实用价值。本章分别介绍几类典型的整数阶复混沌系统、分数阶复混沌系统和混合阶混沌系统。

2.1　整数阶复混沌系统

1982 年，Gibbon 等学者在研究流体力学中的热对流现象和失谐激光时，发现一个与实 Lorenz 系统结构相似，但主要变量在复数域的系统，便称之为复 Lorenz 混沌系统[1]。1985 年，Zeghlache 等提出了一类描述失谐激光的非线性复动力方程[2]。1990 年，Ning 等发现弱色散性不稳定非线性振幅方程，在添加弱色散时可得到实 Lorenz 方程，再添加额外的弱色散时会使系统的某些系数变成复数，也得到复 Lorenz 方程[3]。复 Lorenz 方程被用来描述旋转流体[2,3]、分析失谐激光器[2,4,5]的特性，并成为热对流过程的数学模型[6]。随后，出现了复 Lü 混沌系统、复 Chen 混沌系统等更多的复变量混沌系统，并被广泛应用于等离子体物理[166]、电子电路和高能加速器中的粒子束动力学系统[7]及安全通信[123-127]等众多领域。

2.1.1　复 Lorenz 混沌系统

复 Lorenz 混沌系统方程为

$$\begin{cases}\dot{x}_1=a_1(x_2-x_1)\\ \dot{x}_2=a_2x_1-x_1x_3-a_3x_2\\ \dot{x}_3=-a_4x_3+(1/2)(\bar{x}_1x_2+x_1\bar{x}_2)\end{cases} \tag{2.1.1}$$

式中，$x_1=x_1^{\mathrm{r}}+\mathrm{j}x_1^{\mathrm{i}}$，$x_2=x_2^{\mathrm{r}}+\mathrm{j}x_2^{\mathrm{i}}$ 是复变量，x_3 是实变量，$\mathrm{j}=\sqrt{-1}$ 是虚单位。参数 a_1 和 a_4 是实数，a_2 和 a_3 是复数，其中 a_2 是 Rayleigh 系数，$a_3=1-p\mathrm{j}$，圆点表示时间 t 的导数，$\bar{x}_1$ 表示 x_1 的复共轭变量。式（2.1.1）的复变量 x_1、x_2 和实变量 x_3 分别与二能级原子环形激光系统的电场、原子极化振幅和粒子数反转有关[3]。

分离式（2.1.1）各个变量的实部和虚部，可得

$$\begin{cases}\dot{x}_1^{\mathrm{r}}=a_1(x_2^{\mathrm{r}}-x_1^{\mathrm{r}})\\ \dot{x}_1^{\mathrm{i}}=a_1(x_2^{\mathrm{i}}-x_1^{\mathrm{i}})\\ \dot{x}_2^{\mathrm{r}}=a_2x_1^{\mathrm{r}}-x_1^{\mathrm{r}}x_3-a_3x_2^{\mathrm{r}}\\ \dot{x}_2^{\mathrm{i}}=a_2x_1^{\mathrm{i}}-x_1^{\mathrm{i}}x_3-a_3x_2^{\mathrm{i}}\\ \dot{x}_3=-a_4x_3+(x_1^{\mathrm{r}}x_2^{\mathrm{r}}+x_1^{\mathrm{i}}x_2^{\mathrm{i}})\end{cases} \tag{2.1.2}$$

首先，考虑参数均是实数时，即 a_2 是实数，$a_3=1$ 时，式（2.1.2）具有下面的基本性质。

1. 耗散性

式（2.1.2）的散度表示为

$$\nabla V=\sum_{l=1}^{3}\frac{\partial \dot{x}_l^{\mathrm{r}}}{\partial x_l^{\mathrm{r}}}+\sum_{l=1}^{2}\frac{\partial \dot{x}_l^{\mathrm{i}}}{\partial x_l^{\mathrm{i}}}=-(2a_1+2+a_4)$$

当 $2a_1+2+a_4>0$ 时，系统是耗散的，并以指数形式 $\mathrm{e}^{-(2a_1+2+a_4)t}$ 收敛。事实上，初始体积 $V(0)$ 的体积元在时刻 t 时变为 $V(t)=V(0)\mathrm{e}^{-(2a_1+2+a_4)t}$。即当 $t\to\infty$ 时，包含式（2.1.2）轨线的每个小体积元都以指数速率 $\mathrm{e}^{-(2a_1+2+a_4)t}$ 收敛到零，式（2.1.2）的所有轨线最终会被限制在一个体积为零的极限子集上，其运动将被固定在一个吸引子上，这说明了式（2.1.2）存在吸引子。

2. 混沌特性

Lyapunov 指数，即两个相近轨道的平均指数发散率，是用来度量系统运动对初始条件敏感程度的量化指标。当 $a_1=14$，$a_2=35$，$a_4=3.7$，初值为 $\boldsymbol{u}(0)=(-1,-2,-3,-4,1)^{\mathrm{T}}$ 时，根据 Lyapunov 指数的定义[167,168]

$$\mathrm{LE}_i=\lim_{t\to\infty}\frac{1}{t}\ln\frac{\|\delta x_i(x_0,t)\|}{\|\delta x_i(x_0,0)\|} \tag{2.1.3}$$

（实际计算时，取正交矢量集来描述各方向收缩或扩张程度的不同）可得该系统的 Lyapunov 指数为 $\mathrm{LE}_1=1.1225$，$\mathrm{LE}_2=0.06930\approx0$，$\mathrm{LE}_3=-0.01168\approx0$，$\mathrm{LE}_4=-0.6605$，$\mathrm{LE}_5=-2.0059$。式（2.1.2）的 Lyapunov 指数为(+,0,0,−,−)，故它是混沌的，其不同投影面和投影空间示意图如图 2.1 所示。

3. 不动点及其稳定性

取 $\dot{x}_i=0$，$i=1,2,3$，则可得到式（2.1.2）的不动点。特别地，取 $x_1^{\mathrm{r}}=x_1^{\mathrm{i}}$，则有

$$E_1=(0,0,0)$$

$$E_2=\left(\sqrt{\frac{a_4(a_2-a_3)}{2}}+\mathrm{j}\sqrt{\frac{a_4(a_2-a_3)}{2}},\sqrt{\frac{a_4(a_2-a_3)}{2}}+\mathrm{j}\sqrt{\frac{a_4(a_2-a_3)}{2}},a_2-1\right)$$

$$E_3=\left(-\sqrt{\frac{a_4(a_2-a_3)}{2}}-\mathrm{j}\sqrt{\frac{a_4(a_2-a_3)}{2}},-\sqrt{\frac{a_4(a_2-a_3)}{2}}-\mathrm{j}\sqrt{\frac{a_4(a_2-a_3)}{2}},a_2-1\right)$$

式（2.1.2）在不动点处的 Jacobian 矩阵为

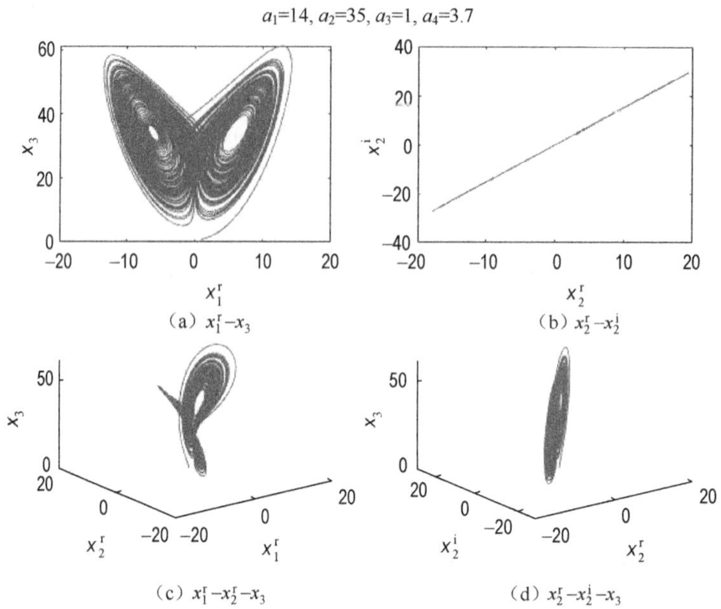

图 2.1　复 Lorenz 混沌系统不同投影面和投影空间示意图

$$\boldsymbol{J}_{5\times5}=\begin{pmatrix} -a_1 & 0 & a_1 & 0 & 0 \\ 0 & -a_1 & 0 & a_1 & 0 \\ a_2-x_3 & 0 & -1 & 0 & -x_1^r \\ 0 & a_2-x_3 & 0 & -1 & -x_1^r \\ x_2^r & x_2^i & x_1^r & x_1^i & -a_4 \end{pmatrix} \tag{2.1.4}$$

Jacobian 矩阵在 E_1 处的特征值为 $\lambda_1=\lambda_2=\dfrac{-(a_1+1)+\sqrt{(a_1-1)^2+4a_1a_2}}{2}$，$\lambda_3=\lambda_4=\dfrac{-(a_1+1)-\sqrt{(a_1-1)^2+4a_1a_2}}{2}$和 $\lambda_5=-a_4$。由线性系统理论可知，当且仅当系统在不动点处的特征值都具有负实部时，不动点是稳定的。因此，当 $a_1>0$，$0<a_2<1$，$a_4>0$ 时，不动点 E_1 是稳定的，否则它是不稳定的。不动点 E_2和 E_3 也可进行类似的讨论，这里不再赘述。

4. 对称性

对式（2.1.2）引入下列变换：$(x_1,x_2,x_3)\rightarrow(-x_1,-x_2,x_3)$，而式（2.1.2）保持不变，则式（2.1.2）关于 x_3 轴呈现对称性，而且这种对称性对所有的实参数 a_1、a_2、a_3 和 a_4 均成立，如图 2.2 所示。

5. 复参数

当 a_2、a_3 为复参数时，取 $a_1=14$，$a_2=35+0.2\mathrm{j}$，$a_3=1-0.6\mathrm{j}$，$a_4=3.7$，初始值为 $\boldsymbol{x}(0)=(1+2\mathrm{j},3+4\mathrm{j},1)^{\mathrm{T}}$，复参数复 Lorenz 混沌系统不同投影面和投影空间示意图如图 2.3

所示。引入下列变换：$(x_1, x_2, x_3) \to (-x_1, -x_2, x_3)$，式（2.1.1）保持不变，则式（2.1.1）关于 x_3 轴呈现对称性，而且这种对称性对所有的复参数 a_1、a_2、a_3 和 a_4 均成立，如图 2.4 所示。

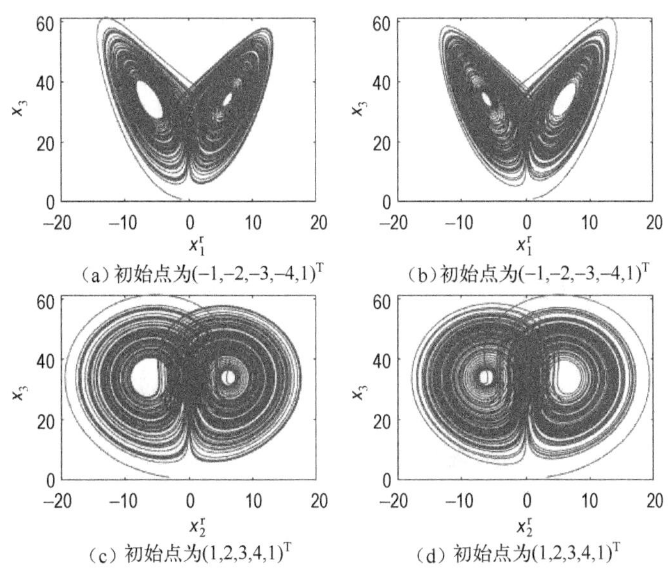

(a) 初始点为(−1,−2,−3,−4,1)ᵀ
(b) 初始点为(−1,−2,−3,−4,1)ᵀ
(c) 初始点为(1,2,3,4,1)ᵀ
(d) 初始点为(1,2,3,4,1)ᵀ

图 2.2　复 Lorenz 混沌系统 x_3 轴对称性示意图

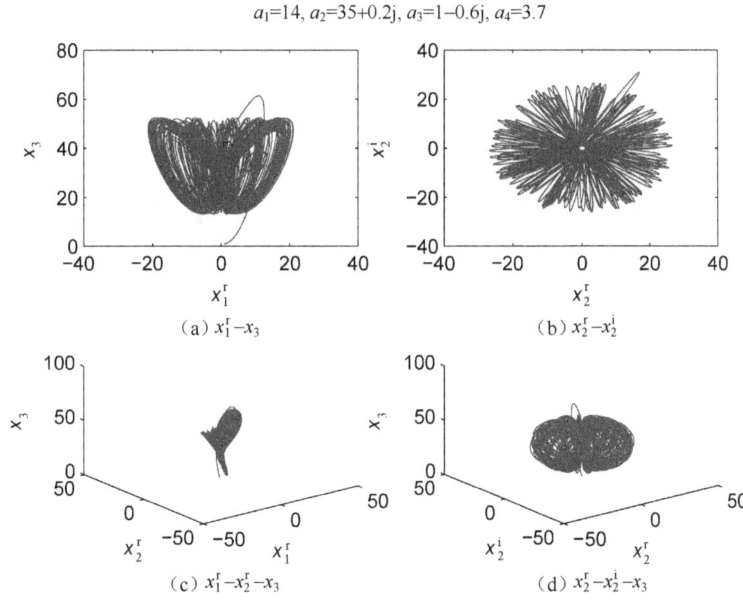

图 2.3　复参数复 Lorenz 混沌系统不同投影面和投影空间示意图

其他参数不变，令 a_2 的虚部增加时，即 $a_2 = 35+\mathrm{j}$ 时复 Lorenz 混沌系统不同投影面和投影空间示意图如图 2.5 所示。当 $a_2 = 35+15\mathrm{j}$ 时，系统渐渐表现出周期行为，其示意图如图 2.6 所示。随着 a_2 虚部继续增加，系统发散。同样地，增加 a_3 的虚部，观测到系统表现出混沌特性，并且随着 a_3 的虚部继续增加，系统最后收敛到原点。这在一定程度上表明参数对复混沌系统特性有重要影响。

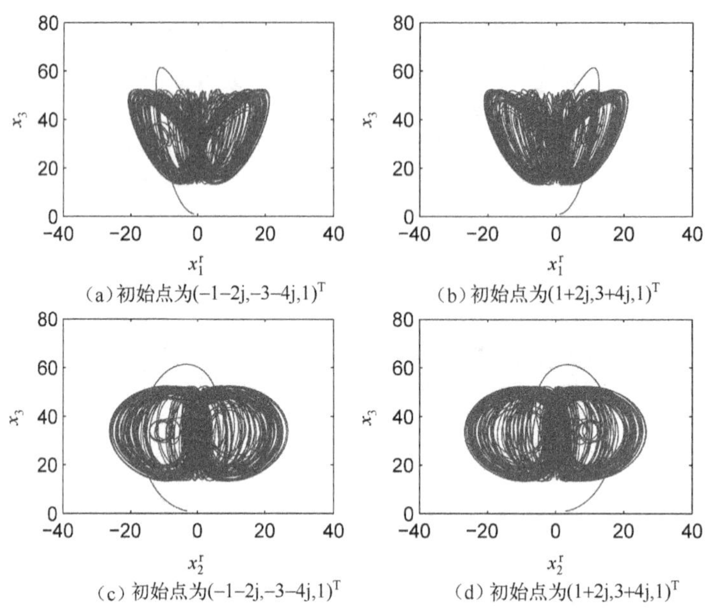

(a) 初始点为(−1−2j,−3−4j,1)^T
(b) 初始点为(1+2j,3+4j,1)^T
(c) 初始点为(−1−2j,−3−4j,1)^T
(d) 初始点为(1+2j,3+4j,1)^T

图 2.4 复参数复 Lorenz 混沌系统关于 x_3 轴对称性示意图

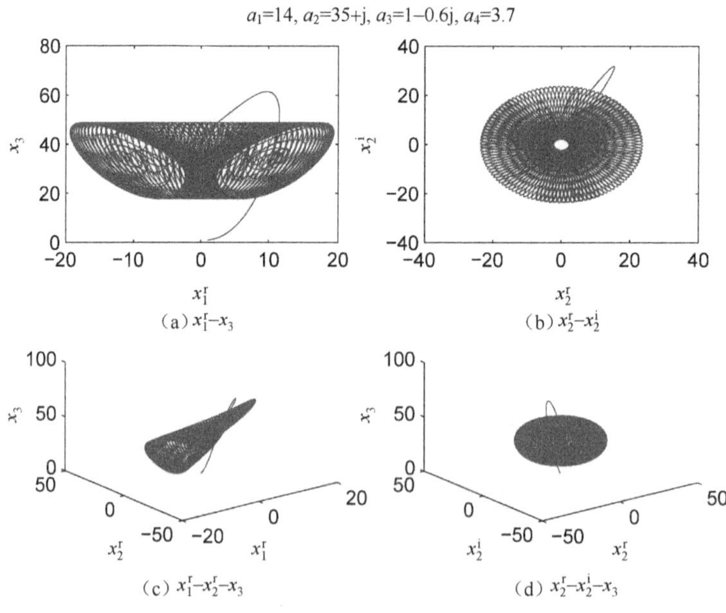

图 2.5 当 $a_2=35+\mathrm{j}$ 时复 Lorenz 混沌系统不同投影面和投影空间示意图

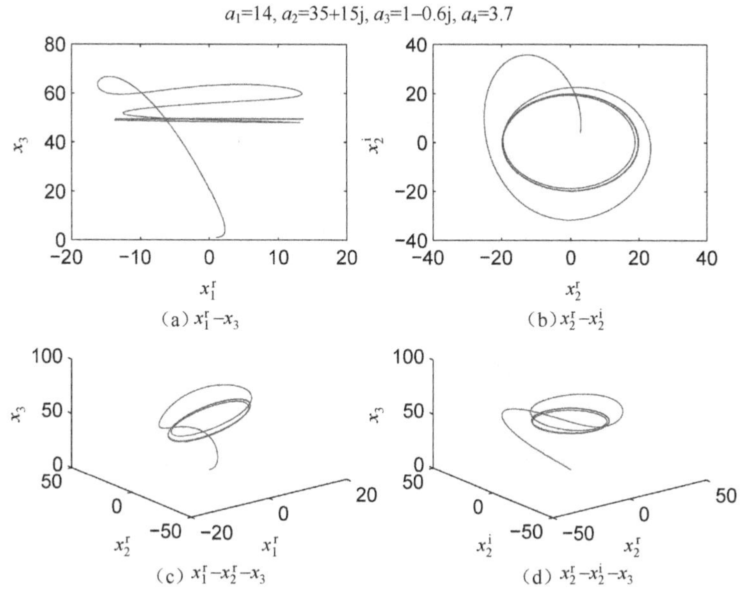

图 2.6　当 $a_2=35+15j$ 时复 Lorenz 混沌系统不同投影面和投影空间示意图

2.1.2　复 Lü 混沌系统

2007 年，Gamal M. Mahmoud 在文献［8］里根据实 Lü 系统和实 Chen 系统，提出了复 Lü 混沌系统和复 Chen 混沌系统。复 Lü 混沌系统为

$$\begin{cases}\dot{x}_1=a_1(x_2-x_1)\\ \dot{x}_2=a_2x_2-x_1x_3\\ \dot{x}_3=-a_3x_3+(1/2)(\bar{x}_1x_2+x_1\bar{x}_2)\end{cases}\tag{2.1.5}$$

式中，x_1、x_2 是复变量；x_3 是实变量；a_1、a_2、a_3 是实参数。式（2.1.5）具有下面的基本性质。

1. 耗散性

式（2.1.5）的散度表示为$\nabla V=-2a_1+2a_2-a_3$。当$-2a_1+2a_2-a_3<0$ 时，系统是耗散的，并以指数形式 $e^{(-2a_1+2a_2-a_3)t}$收敛。事实上，初始体积 $V(0)$的体积元在时刻 t 时变为 $V(t)=V(0)e^{(-2a_1+2a_2-a_3)t}$。即当 $t\to\infty$ 时，包含式（2.1.5）轨线的每个小体积元都以指数速率 $e^{(-2a_1+2a_2-a_3)t}$收敛到零，式（2.1.5）的所有轨线最终会被限制在一个体积为零的极限子集上，其运动将被固定在一个吸引子上，这说明了式（2.1.5）存在吸引子。

2. 混沌特性

当 $a_1=29$、$a_2=21$、$a_3=2$，初始值为 $\boldsymbol{x}(0)=(1+2j,3+4j,1)^T$ 时，计算系统（2.1.5）存在正的、负的和零 Lyapunov 指数，故它是混沌的，其不同投影面和投影空间示意图如图 2.7 所示。

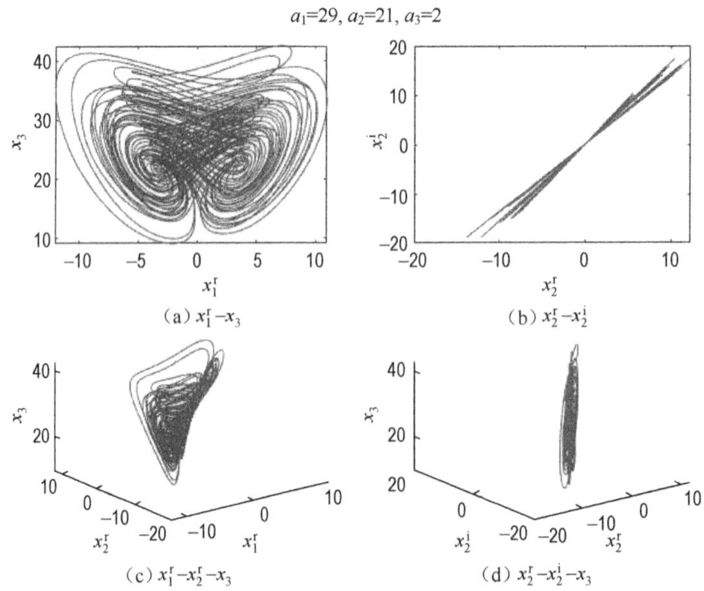

图 2.7 复 Lü 混沌系统不同投影面和投影空间示意图

3. 不动点及其稳定性

取$\dot{x}_i=0$，$i=1,2,\cdots,5$，则可得到式（2.1.5）的不动点。特别地，取 $x_1^r=x_1^i$，则有

$$E_1=(0,0,0)$$

$$E_2=\left(\sqrt{\frac{a_3a_2}{2}}+\mathrm{j}\sqrt{\frac{a_3a_2}{2}},\sqrt{\frac{a_3a_2}{2}}+\mathrm{j}\sqrt{\frac{a_3a_2}{2}},a_2\right)$$

$$E_3=\left(-\sqrt{\frac{a_3a_2}{2}}-\mathrm{j}\sqrt{\frac{a_3a_2}{2}},-\sqrt{\frac{a_3a_2}{2}}-\mathrm{j}\sqrt{\frac{a_3a_2}{2}},a_2\right)$$

式（2.1.5）在不动点处的 Jacobian 矩阵为

$$\boldsymbol{J}_{5\times5}=\begin{pmatrix}-a_1 & 0 & a_1 & 0 & 0\\ 0 & -a_1 & 0 & a_1 & 0\\ -x_3 & 0 & a_2 & 0 & -x_1^r\\ 0 & -x_3 & 0 & a_2 & -x_1^i\\ x_2^r & x_2^i & x_1^r & x_1^i & -a_3\end{pmatrix} \tag{2.1.6}$$

Jacobian 矩阵在 E_1 处的特征值为 $\lambda_1=\lambda_2=-a_1$，$\lambda_3=\lambda_4=a_2$ 和 $\lambda_5=-a_3$。由线性系统理论可知，当且仅当系统在不动点处的特征值都具有负实部时，不动点是稳定的，故当 $a_1=29$，$a_2=21$，$a_3=2$ 时，不动点 E_1 是不稳定的。不动点 E_2 和 E_3 也可进行类似的讨论，这里不再赘述。

4. 对称性

对式（2.1.5）引入下列变换：$(x_1,x_2,x_3)\to(-x_1,-x_2,x_3)$，而式（2.1.5）保持不变，则式（2.1.5）关于 x_3 轴呈现对称性，而且这种对称性对所有的参数 a_1、a_2 和 a_3 均成立。

5. 参数变化

其他参数不变，令 a_1 增加时，即 $a_1=50$ 时，系统渐渐表现出周期行为，其不同投影面和投影空间示意图如图 2.8 所示。随着 a_1 的继续增加，系统渐渐收敛到一个稳定点(−4.4211−4.7399j,−4.4216−4.7404j,21.0041)。随着 a_1 减小至 24.2，系统将发散。

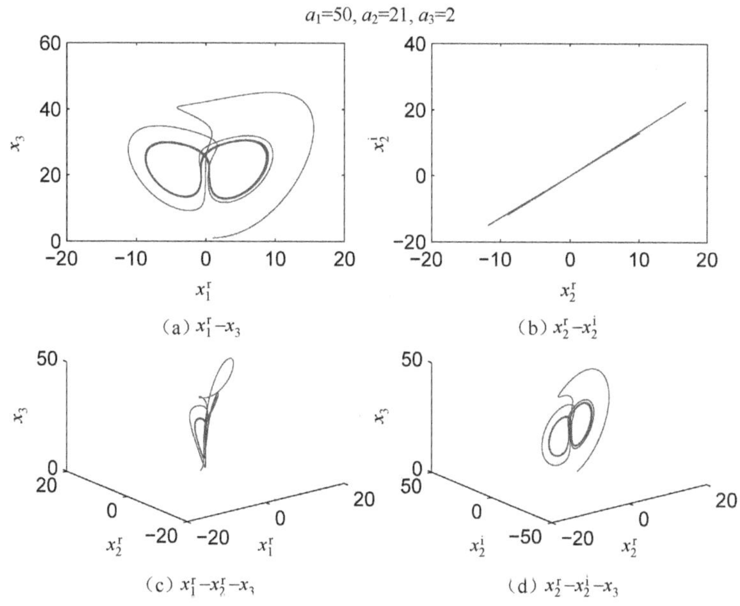

图 2.8　复 Lü 混沌系统不同投影面和投影空间示意图 $a_1=50$

其他参数不变，令 a_2 增加，当 $a_2>24.7$ 时，系统开始发散。随着 a_2 的减小，系统渐渐收敛到一个稳定点(1.7962+2.6011j,1.7957+2.6007j,4.9973)。

其他参数不变，令 a_3 增加，当 $a_3>4$ 时，系统开始表现出周期行为。随着 a_3 的不断增加，系统渐渐收敛到一个稳定点(46.2548+64.4994j,46.2537+64.4993j,20.9991)。

2.1.3　复 Chen 混沌系统

复 Chen 混沌系统方程为

$$\begin{cases}\dot{x}_1=a_1(x_2-x_1)\\ \dot{x}_2=(a_2-a_1)x_1+a_2x_2-x_1x_3\\ \dot{x}_3=-a_3x_3+(1/2)(\bar{x}_1x_2+x_1\bar{x}_2)\end{cases} \tag{2.1.7}$$

当 $a_2=a_1$ 时，该系统退化为复 Lü 混沌系统；当 $a_2\neq a_1$ 时，式（2.1.7）具有下面的基本性质。

1. 耗散性

式（2.1.7）的散度表示为 $\nabla V=-2a_1+2a_2-a_3$。当 $-2a_1+2a_2-a_3<0$ 时，系统是耗散的，并以指数形式 $\mathrm{e}^{(-2a_1+2a_2-a_3)t}$ 收敛。事实上，初始体积 $V(0)$ 的体积元在时刻 t 时变为 $V(t)=V(0)\mathrm{e}^{(-2a_1+2a_2-a_3)t}$。即当 $t\to\infty$ 时，包含式（2.1.7）轨线的每个小体积元都以指数速率

$e^{(-2a_1+2a_2-a_3)t}$收敛到零，式（2.1.7）的所有轨线最终会被限制在一个体积为零的极限子集上，其运动将被固定在一个吸引子上，这说明了式（2.1.7）存在吸引子。

2. 混沌特性

当 $a_1=27$、$a_2=23$、$a_3=1$，初值为 $\boldsymbol{x}(0)=(1+2\mathrm{j},3+4\mathrm{j},1)^{\mathrm{T}}$ 时，计算系统（2.1.7）存在正的 Lyapunov 指数，故它是混沌的，其不同投影面和投影空间示意图如图 2.9 所示。

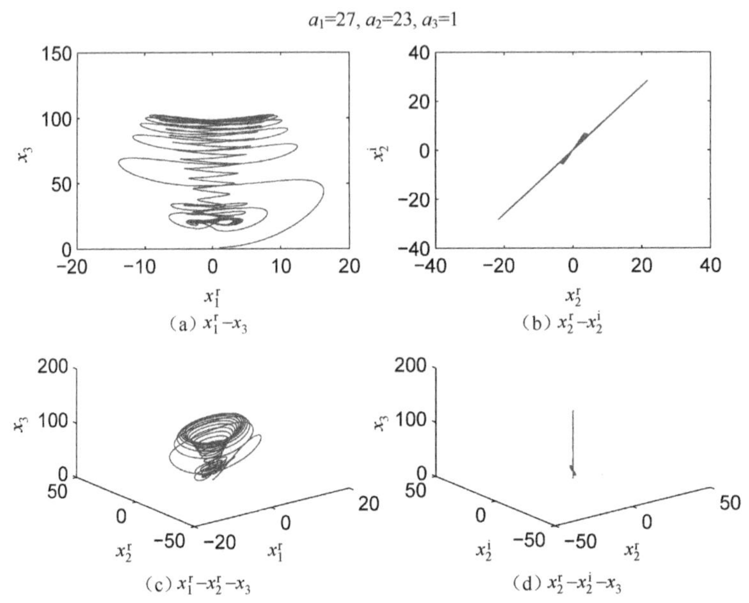

图 2.9　复 Chen 混沌系统不同投影面和投影空间示意图

3. 不动点及其稳定性

取$\dot{x}_i=0$，$i=1,2,3$，则可得到式（2.1.7）的不动点。特别地取 $x_1^{\mathrm{r}}=x_1^{\mathrm{i}}$，则有

$$E_1=(0,0,0,0,0)$$

$$E_2=\left(\sqrt{\frac{a_3(2a_2-a_1)}{2}}+\mathrm{j}\sqrt{\frac{a_3(2a_2-a_1)}{2}},\sqrt{\frac{a_3(2a_2-a_1)}{2}}+\mathrm{j}\sqrt{\frac{a_3(2a_2-a_1)}{2}},2a_2-a_2\right)$$

$$E_3=\left(-\sqrt{\frac{a_3(2a_2-a_1)}{2}}-\mathrm{j}\sqrt{\frac{a_3(2a_2-a_1)}{2}},-\sqrt{\frac{a_3(2a_2-a_1)}{2}}-\mathrm{j}\sqrt{\frac{a_3(2a_2-a_1)}{2}},2a_2-a_1\right)$$

式（2.1.7）在不动点处的 Jacobian 矩阵为

$$\boldsymbol{J}_{5\times5}=\begin{pmatrix} -a_1 & 0 & a_1 & 0 & 0 \\ 0 & -a_1 & 0 & a_1 & 0 \\ -x_3+a_2-a_1 & 0 & a_2 & 0 & -x_1^{\mathrm{r}} \\ 0 & -x_3+a_2-a_1 & 0 & a_2 & -x_1^{\mathrm{i}} \\ x_2^{\mathrm{r}} & x_2^{\mathrm{i}} & x_1^{\mathrm{r}} & x_1^{\mathrm{i}} & -a_3 \end{pmatrix} \tag{2.1.8}$$

当 $a_1=27$、$a_2=23$、$a_3=1$ 时，Jacobian 矩阵在 E_1 处的特征值为 $\lambda_1=\lambda_2=-24.7376$，$\lambda_3=\lambda_4=20.7376$ 和 $\lambda_5=-1$，故不动点 E_1 是不稳定的。不动点 E_2 和 E_3 也可进行类似的讨论，这里不再赘述。

4. 对称性

对式（2.1.7）引入下列变换：$(x_1,x_2,x_3)\to(-x_1,-x_2,x_3)$，而式（2.1.7）保持不变，则式（2.1.7）关于 x_3 轴呈现对称性，而且这种对称性对所有的参数 a_1、a_2 和 a_3 均成立。

5. 参数变化

其他参数不变，令 a_1 增加，当 $a_1=41$ 时，系统渐渐表现出周期行为，当 $a_1=60$ 时系统渐渐收敛到原点；当 a_1 减小至 26.7 时，系统将发散。

其他参数不变，令 a_2 增加，当 $a_2=23.3$ 时，系统就变得发散。令 a_2 减小，当 $a_2=16$ 时，系统表现出不同的混沌行为，如图 2.10 所示。随着 a_2 的继续减小，系统渐渐收敛到原点。

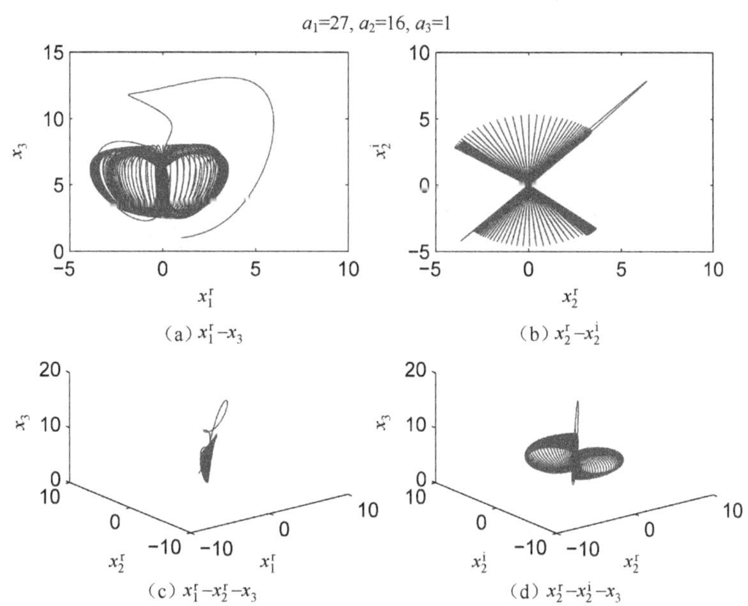

图 2.10　当 $a_2=16$ 时复 Chen 混沌系统不同投影面和投影空间示意图

其他参数不变，令 a_3 增加，当 $a_3=7$ 时，系统表现出不同的混沌行为，如图 2.11 所示。随着 a_3 的不断增加，系统发散。令 a_3 减小，当 $a_3=0.6$ 时，系统表现出奇特的混沌行为，如图 2.12 所示。当 $a_3=0.55$ 时，系统发散。可见，参数与混沌特性的关系一般通过仿真判断，详细的数学证明和分析仍然是个难点，值得探索和完善，从而发现混沌背后更多的客观规律。

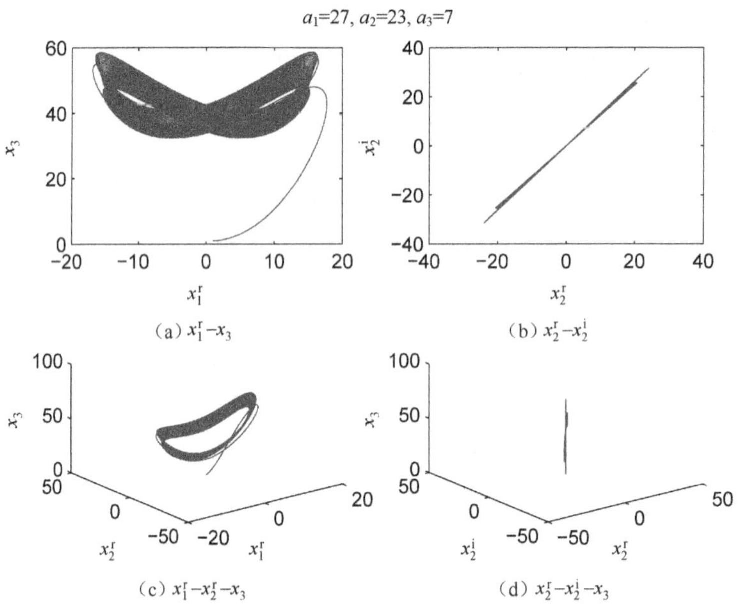

图 2.11　当 $a_3=7$ 时复 Chen 混沌系统不同投影面和投影空间示意图

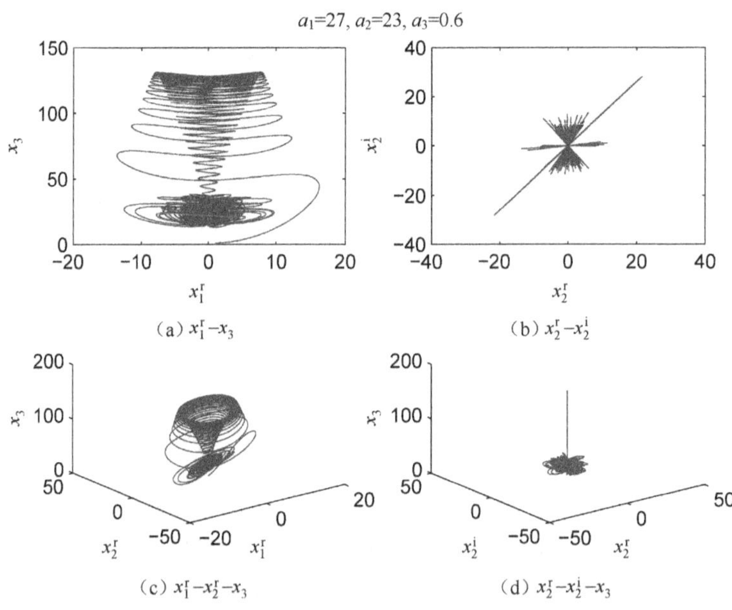

图 2.12　当 $a_3=0.6$ 时复 Chen 混沌系统不同投影面和投影空间示意图

2.2　分数阶复混沌系统

近几年，分数阶微积分的发展引起了分数阶复混沌系统的研究高潮。很多系统如 Lorenz 系统、Chen 系统、Lü 系统、Rössler 系统等都有对应的分数阶复混沌系统，本节将分别介绍最新提出的分数阶复 Lorenz 混沌系统、分数阶复 Lü 混沌系统和分数阶复 Chen 混沌系统的动力学特性。

2.2.1　分数阶复 Lorenz 混沌系统

1982 年，Fowler 等提出复 Lorenz 混沌系统（2.1.1），从而将非线性系统的研究从实数空间带入了复数空间。2013 年，骆超和王兴元教授将整数阶复 Lorenz 混沌系统(2.1.1)拓展为分数阶系统，称之为分数阶复 Lorenz 混沌系统[147]：

$$\begin{cases} D_*^{\alpha_1}x_1=a_1(x_2-x_1) \\ D_*^{\alpha_2}x_2=a_2x_1-x_2-x_1x_3 \\ D_*^{\alpha_3}x_3=\dfrac{1}{2}(\bar{x}_1x_2+x_1\bar{x}_2)-a_3x_3 \end{cases} \tag{2.2.1}$$

式中，$D_*^{\alpha_l}$为 α_l 阶 Caputo 算子，α_l 是对应状态变量 x_l 的阶次（$l=1,2,3$）。根据分数阶微分线性运算法则，可得 $D_*^{\alpha_l}(x_l)=D_*^{\alpha_l}(x_l^{\mathrm{r}}+\mathrm{j}x_l^{\mathrm{i}})=D_*^{\alpha_l}x_l^{\mathrm{r}}+\mathrm{j}D_*^{\alpha_l}x_l^{\mathrm{i}}(l=1,2,3)$。故式（2.2.1）可转变为下列实数表示形式：

$$\begin{cases} D_*^{\alpha_1}x_1^{\mathrm{r}}=a_1(x_2^{\mathrm{r}}-x_1^{\mathrm{r}}) \\ D_*^{\alpha_1}x_1^{\mathrm{i}}=a_1(x_2^{\mathrm{i}}-x_1^{\mathrm{i}}) \\ D_*^{\alpha_2}x_2^{\mathrm{r}}=a_2x_1^{\mathrm{r}}-x_2^{\mathrm{r}}-x_1^{\mathrm{r}}x_3 \\ D_*^{\alpha_2}x_2^{\mathrm{i}}=a_2x_1^{\mathrm{i}}-x_2^{\mathrm{i}}-x_1^{\mathrm{i}}x_3 \\ D_*^{\alpha_3}x_3=x_1^{\mathrm{r}}x_2^{\mathrm{r}}+x_1^{\mathrm{i}}x_2^{\mathrm{i}}-a_3x_3 \end{cases} \tag{2.2.2}$$

式（2.2.2）是式（2.2.1）的等价形式，下面以式（2.2.2）为基础来研究分数阶复 Lorenz 混沌系统的动力学特性。

1. 对称性

在式（2.2.2）中引入下列坐标变换：

$$(x_1^{\mathrm{r}},x_1^{\mathrm{i}},x_2^{\mathrm{r}},x_2^{\mathrm{i}},x_3)\rightarrow(-x_1^{\mathrm{r}},-x_1^{\mathrm{i}},-x_2^{\mathrm{r}},-x_2^{\mathrm{i}},x_3)$$

式（2.2.2）保持不变，则式（2.2.2）关于 x_3 轴呈现对称性，而且这种对称性对所有的参数 a_1、a_2 和 a_3 均成立。

2. 平衡点及其稳定性

求解代数方程组：$a_1(x_2^{\mathrm{r}}-x_1^{\mathrm{r}})=0$，$a_1(x_2^{\mathrm{i}}-x_1^{\mathrm{i}})=0$，$a_2x_1^{\mathrm{r}}-x_2^{\mathrm{r}}-x_1^{\mathrm{r}}x_3=0$，$a_2x_1^{\mathrm{i}}-x_2^{\mathrm{i}}-x_1^{\mathrm{i}}x_3=0$，$x_1^{\mathrm{r}}x_2^{\mathrm{r}}+x_1^{\mathrm{i}}x_2^{\mathrm{i}}-a_3x_3=0$，可得到式（2.2.2）包含一个独立的奇点 $E_0=(0,0,0,0,0)$ 和一组非平凡奇点 $E_\theta=(r\cos\theta,r\sin\theta,r\cos\theta,r\sin\theta,a_2-1)$，$r=\sqrt{a_3(a_2-1)}\,(a_2>1)$，$\theta\in[0,2\pi]$。

对于 $E_0=(0,0,0,0,0)$，当系统参数 $a_2<1$ 时，E_0 是稳定的，当 $a_2>1$ 时，E_0 是不稳定的。

对于 E_θ，当 $a_2>1$ 时，Jacobian 矩阵的特征多项式：

$$\lambda(\lambda+a_1+1)(\lambda^3+(1+a_1+a_3)\lambda^2+(a_1a_3+a_2a_3)\lambda+2a_1a_3(a_2-1))=0 \tag{2.2.3}$$

根据分数阶 Routh-Hurwitz 判据，当$(a_1+a_3-a_2)\cdot(a_1a_3)>2a_1a_2a_3$ 时，E_θ 具有稳定性。值得注意的是，上述不等式给出的判据条件是充分而非必要的。根据分数阶系统稳定定理

1.5 可知，系统（阶次 $0<\alpha<1$）的稳定性区域是一个以原点为顶点、夹角为（$-\alpha\pi/2,\alpha\pi/2$）的扇形区域。因此，当式（2.2.3）只有一个特征根在上述扇形区域内时，分数阶系统具有稳定性但相应的整数阶系统是不稳定的。

3. 混沌特性

当变动系统参数 $a_i(i=1,2,3)$ 或者阶次 $\alpha_j(j=1,2,3)$ 时，式（2.2.2）的动力学特性将随之发生改变。下面依照不同参数的演变，对分数阶复 Lorenz 混沌系统的混沌特性进行分析和讨论。

（1）固定系统参数 $a_1=10$、$a_3=8/3$ 及阶次 $\alpha_1=\alpha_2=\alpha_3=0.995$，变动系统参数 $a_2\in(0,300)$。

当 $a_2\in(0,1)$ 时，系统只有一个平衡点 $E_0=(0,0,0,0,0)$；当 $a_2\in(1,1.4)$ 时，系统不存在正的特征值，伴随着 E_0 变为不稳定态，系统状态向非平凡的平衡点 E_θ 聚集；当 $a_2\in(1.4,24.7)$ 时，系统有两个含有负实部的复耦合特征值和三个非正特征值，系统轨道在相空间中以螺旋形向平衡点收敛；当 $a_2\in(24.7,232)$ 时，系统基本处于混沌状态，但同时也伴随着狭窄的周期窗口；当 $a_2\in(215,255)$ 时，系统通过一次次逆倍周期分岔从周期运动进入混沌态；当 $a_2\in(251.5,300)$ 时，系统呈现出两个稳定极限环。图 2.13 给出了参数 a_2 取不同值时的系统相图。

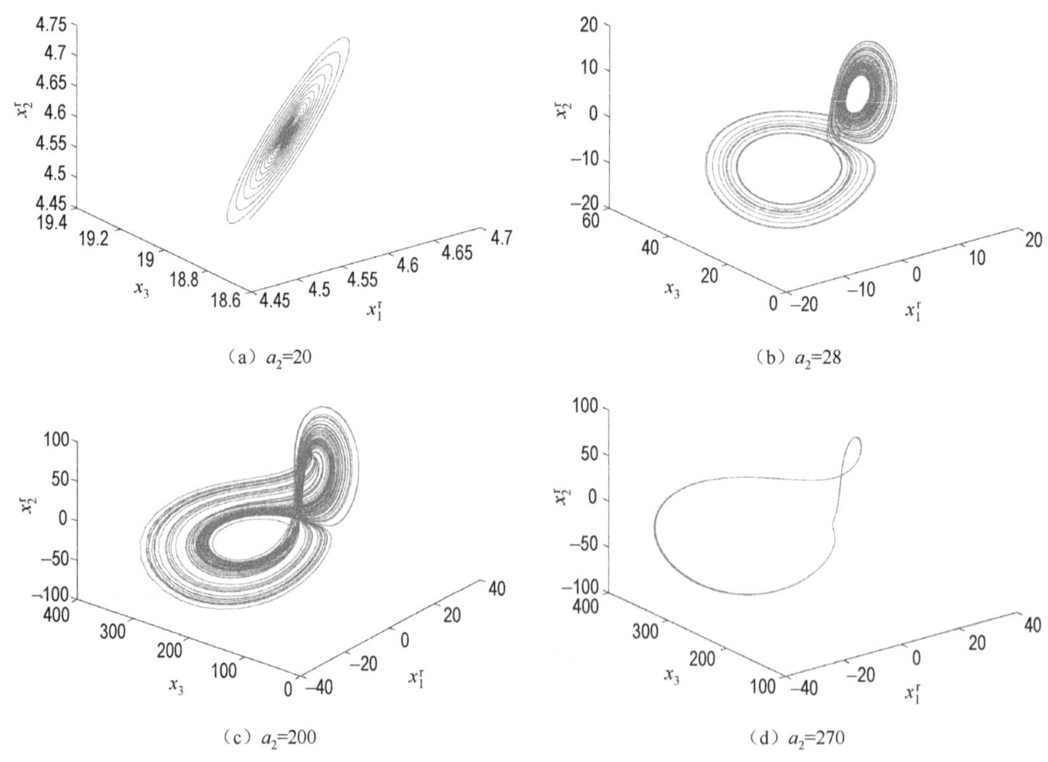

图 2.13　参数 a_2 取不同值时的系统相图

（2）固定系统参数$(a_1,a_2,a_3)=(10,28,8/3)$，变动阶次$\alpha_1=\alpha_2=\alpha_3=\alpha\in(0.95, 1.20)$。

当$\alpha\in(0.99,1.19)$时，系统的混沌区域覆盖了α的大部分范围；当$\alpha<0.99$时，系统进入固定点；当$\alpha\in(1.14,1.15)$时，系统进入周期窗口；当$\alpha=1.19$时，系统动力学行为呈现边界危机。图 2.14 给出了阶次α取不同值时的系统相图。

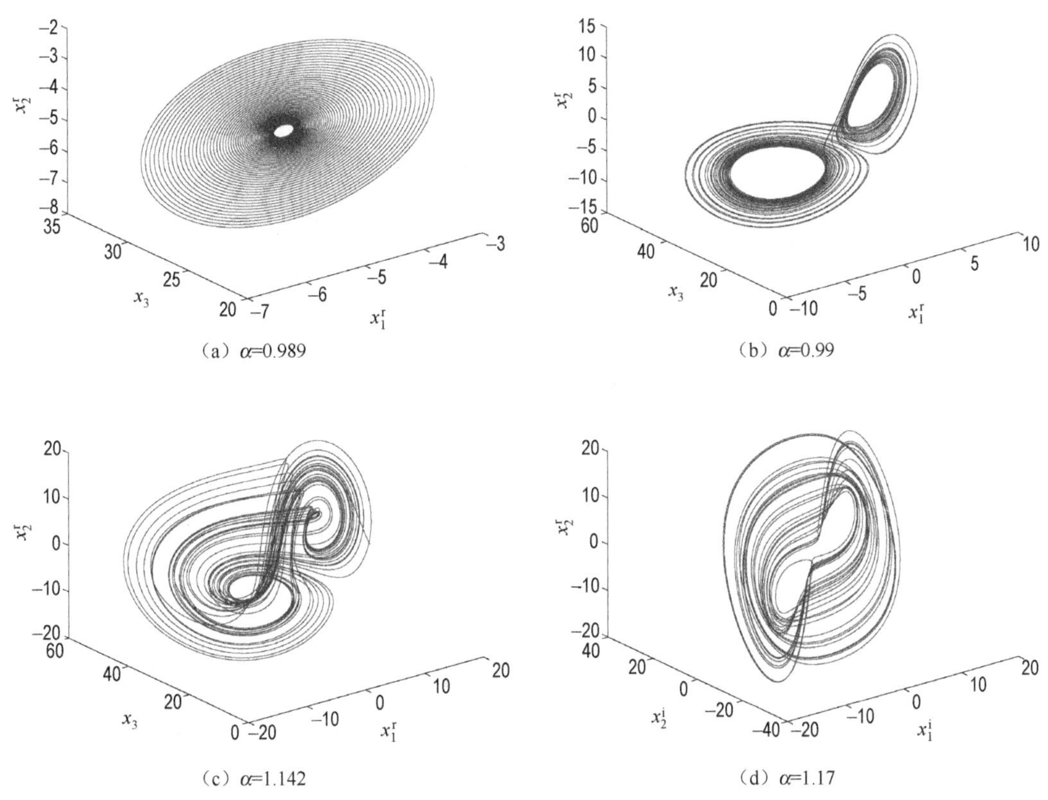

图 2.14 阶次α取不同值时的系统相图

（3）固定阶次$\alpha_2=\alpha_3=1$和系统参数$(a_1,a_2,a_3)=(10,180,1)$，变动阶次$\alpha_1\in(0.60, 1.15)$。

从$\alpha_1=0.60$开始，伴随取值增大，系统通过倍周期分岔方式进入混沌；从$\alpha_1=1.15$开始，伴随取值减少，系统通过逆倍周期分岔方式进入混沌态。混沌态覆盖了$\alpha_1\in(0.69,1.09)$的大部分区域，其中，$\alpha_1\in(0.75,0.77)$和$\alpha_1\in(1.06,1.07)$均存在周期窗口，大约在$\alpha_1=0.95$时，系统的吸引子达到最大尺寸。图 2.15 给出了阶次α_1取不同值时的系统相图。

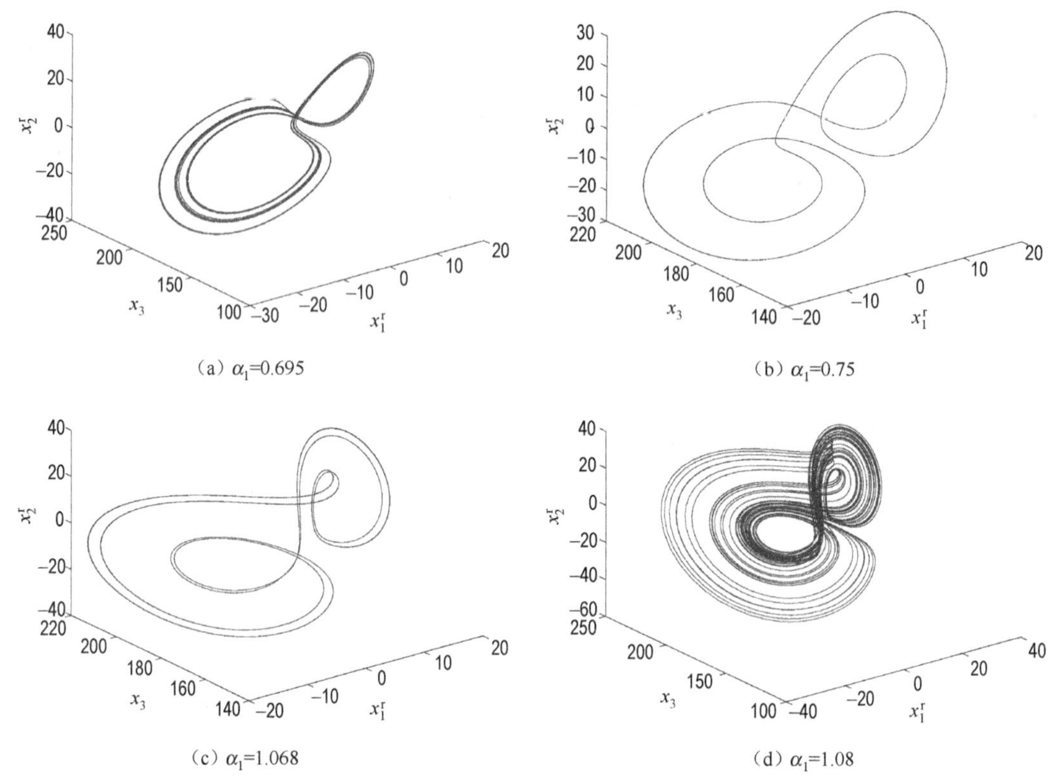

图 2.15　阶次 α_1 取不同值时的系统相图

2.2.2　分数阶复 Lü 混沌系统

2007 年，埃及学者 Mahmoud 等提出了复 Lü 混沌系统（2.1.5），并对该系统进行了动力学分析。C. Jiang 等[169]将整数阶复 Lü 混沌系统（2.1.5）拓展为分数阶系统，称为分数阶复 Lü 混沌系统：

$$\begin{cases} D_*^{\alpha_1}x_1 = a_1(x_2 - x_1) \\ D_*^{\alpha_2}x_2 = -x_1x_3 + a_2x_2 \\ D_*^{\alpha_3}x_3 = \dfrac{1}{2}(\bar{x}_1x_2 + x_1\bar{x}_2) - a_3x_3 \end{cases} \tag{2.2.4}$$

式（2.2.4）可转变为下列实数表示形式：

$$\begin{cases} D_*^{\alpha_1}x_1^{\mathrm{r}} = a_1(x_2^{\mathrm{r}} - x_1^{\mathrm{r}}) \\ D_*^{\alpha_1}x_1^{\mathrm{i}} = a_1(x_2^{\mathrm{i}} - x_1^{\mathrm{i}}) \\ D_*^{\alpha_2}x_2^{\mathrm{r}} = -x_1^{\mathrm{r}}x_3 + a_2x_2^{\mathrm{r}} \\ D_*^{\alpha_2}x_2^{\mathrm{i}} = -x_1^{\mathrm{i}}x_3 + a_2x_2^{\mathrm{i}} \\ D_*^{\alpha_3}x_3 = x_1^{\mathrm{r}}x_2^{\mathrm{r}} + x_1^{\mathrm{i}}x_2^{\mathrm{i}} - a_3x_3 \end{cases} \tag{2.2.5}$$

式（2.2.5）是式（2.2.4）的等价形式，下面以式（2.2.5）为基础来研究分数阶复 Lü 混沌系统的动力学特性。

1. 对称性和不变性

在式（2.2.5）中引入下列坐标变换：

$$(x_1^r, x_1^i, x_2^r, x_2^i, x_3) \to (-x_1^r, -x_1^i, -x_2^r, -x_2^i, x_3)$$

式（2.2.5）保持不变，则式（2.2.5）关于 x_3 轴呈现对称性，而且这种对称性对所有的参数 a_1、a_2 和 a_3 均成立。

2. 平衡点及其稳定性

求解代数方程组：$a_1(x_2^r - x_1^r) = 0$，$a_1(x_2^i - x_1^i) = 0$，$-x_1^r x_3 + a_2 x_2^r = 0$，$-x_1^i x_3 + a_2 x_2^i = 0$，$x_1^r x_2^r + x_1^i x_2^i - a_3 x_3 = 0$，可得到式（2.2.5）包含一个独立的奇点 $E_0 = (0,0,0,0,0)$ 和一组非平凡奇点 $E_\theta = (r\cos\theta, r\sin\theta, r\cos\theta, r\sin\theta, a_2)$，$r = \sqrt{a_2 a_3}$，$\theta \in [0, 2\pi]$。

首先，讨论 $E_0 = (0,0,0,0,0)$ 的稳定性，当 $a_2 < 0$ 时，E_0 是稳定的，当 $a_2 > 0$ 时，E_0 是不稳定的。

其次，讨论 E_θ 的稳定性，其 Jacobian 矩阵为

$$\boldsymbol{J}_{E_\theta} = \begin{pmatrix} -a_1 & 0 & a_1 & 0 & 0 \\ 0 & -a_1 & 0 & a_1 & 0 \\ -a_2 & 0 & a_2 & 0 & -r\cos\theta \\ 0 & -a_2 & 0 & a_2 & -r\sin\theta \\ r\cos\theta & r\sin\theta & r\cos\theta & r\sin\theta & -a_3 \end{pmatrix}$$

从而得到，当 $a_2 > 0$ 时，Jacobian 矩阵的特征多项式：

$$\lambda(\lambda + a_1 - a_2)(\lambda^3 + (a_1 + a_3 - a_2)\lambda^2 + a_1 a_3 \lambda + 2a_1 a_2 a_3) = 0 \tag{2.2.6}$$

根据分数阶 Routh-Hurwitz 判据，当$(a_1 + a_3 - a_2) \cdot (a_1 a_3) > 2a_1 a_2 a_3$ 时，E_θ 具有稳定性。值得注意的是，上述不等式给出的判据条件是充分而非必要的。根据分数阶系统稳定定理 1.5 可知，系统（阶次 $0<\alpha<1$）的稳定性区域是一个以原点为顶点、夹角为$(-\alpha\pi/2, \alpha\pi/2)$的扇形区域。因此，当式（2.2.6）只有一个特征根在上述扇形区域内时，分数阶系统具有稳定性但相应的整数阶系统是不稳定的。

3. 混沌特性

基于预估-校正算法，固定系统的参数$(a_1, a_2, a_3) = (42, 22, 5)$，变动系统的阶次 $\alpha_l (l = 1,2,3)$，利用相图、分岔图和最大 Lyapunov 指数等研究工具，对分数阶复 Lü 混沌系统的混沌特性进行分析和讨论。

（1）系统的阶次相同，即 $\alpha_1 = \alpha_2 = \alpha_3 = \alpha$。

选取初始值为$(x_1(0), x_2(0), x_3(0))^{\mathrm{T}} = (1+2\mathrm{j}, 3+4\mathrm{j}, 5)^{\mathrm{T}}$，以 0.0002 为步长绘制 $\alpha \in [0.9, 1]$时式（2.2.5）的分岔图，如图 2.16 所示，系统分岔图展现了一个全局视角的动力特性的演化过程。在图 2.16 中，横坐标为 $\alpha_i = \alpha (i = 1,2,3)$，纵坐标为 $x_{1\max}^r$，其中 $x_{1\max}^r$ 表示状态变量 x_1^r 在每个不稳定周期（或稳定周期）中的峰值。在一组确定的系统参数下，当系统做周期运动时，状态变量的峰值只能取到有限数量的确定值；若系统呈现混沌或超混沌状态，则状态变量的峰值可取到某个有限区间内的任意多值。

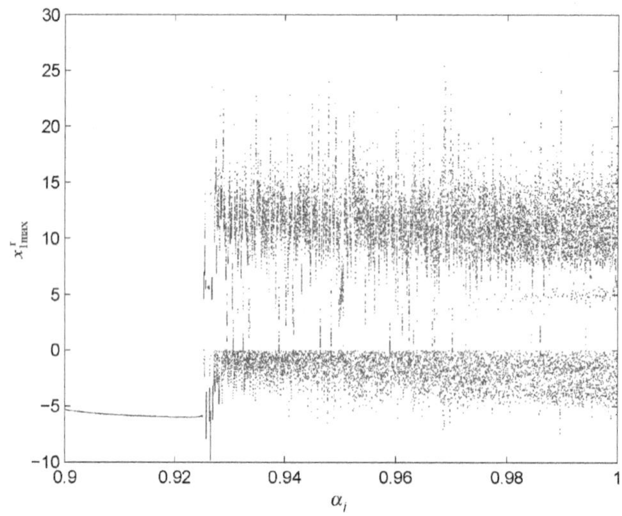

图 2. 16　当 $\alpha_1=\alpha_2=\alpha_3=\alpha\in[0.9,1]$时，式（2.2.5）的分岔图

基于上述特点，可以选取系统的任意状态变量来绘制系统的分岔图，不失一般性，本文选择状态变量 x_1^{r}。观察图 2.16 可以看到，当 $\alpha\in[0.928,1]$时，式（2.2.5）是混沌的。为了进一步观察进入混沌的方式，研究了状态变量 x_3 的相图，如图 2.17 所示。图 2.17（a）

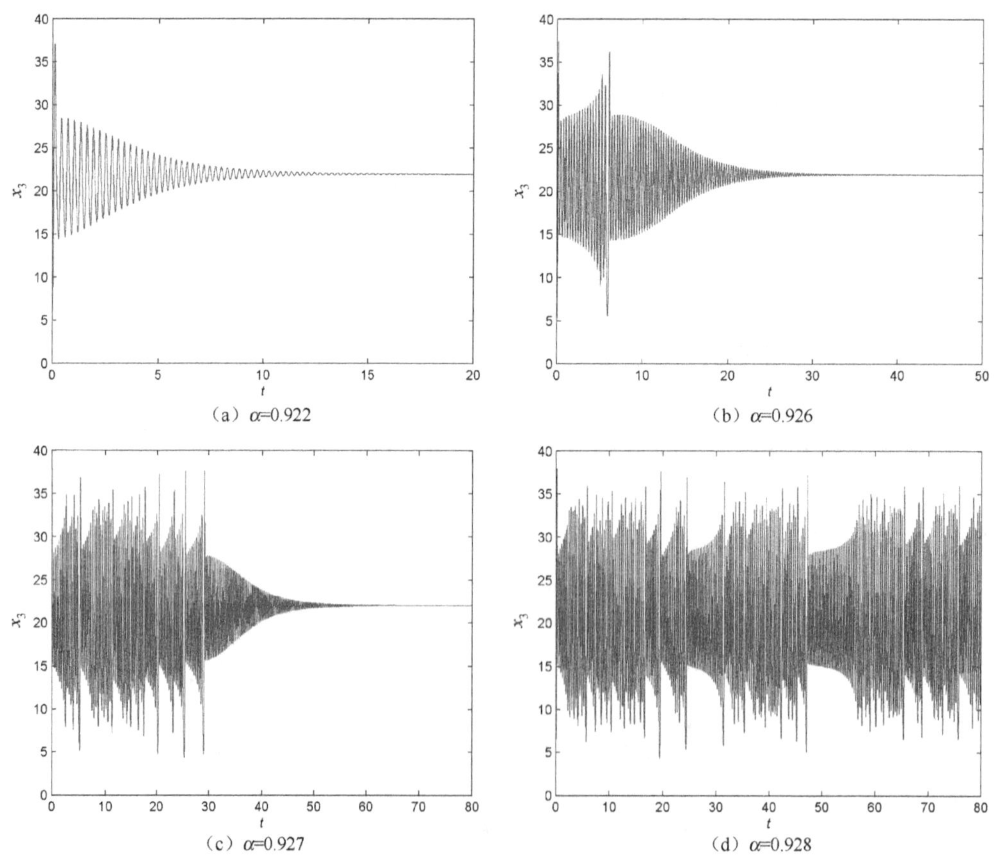

（a）α=0.922　（b）α=0.926　（c）α=0.927　（d）α=0.928

图 2.17　当 $\alpha_1=\alpha_2=\alpha_3=\alpha$ 时，状态变量 x_3 的相图

表明当 $\alpha=0.922$ 时状态变量 x_3 是稳定的。随着 α 的增加，可以观察到间歇性混沌，如图 2.17（b）~（c）所示。当 α 的值进一步增加到 0.928 时，式（2.2.5）出现混沌行为。为了进一步印证此时的混沌现象，先通过 C-C 方法估算时间延迟和嵌入维数，再通过 Wolf 算法计算出此时的最大 Lyapunov 指数 $\lambda=0.0154$。如图 2.18 所示，当 $\alpha=0.927$ 时，式（2.2.5）最终稳定于一点；当 $\alpha=0.928$ 时，式（2.2.5）出现混沌状态。通过上述分析可知，当 $\alpha_1=\alpha_2=\alpha_3=\alpha=0.928$ 时，系统出现混沌的最低阶次为 4.64。

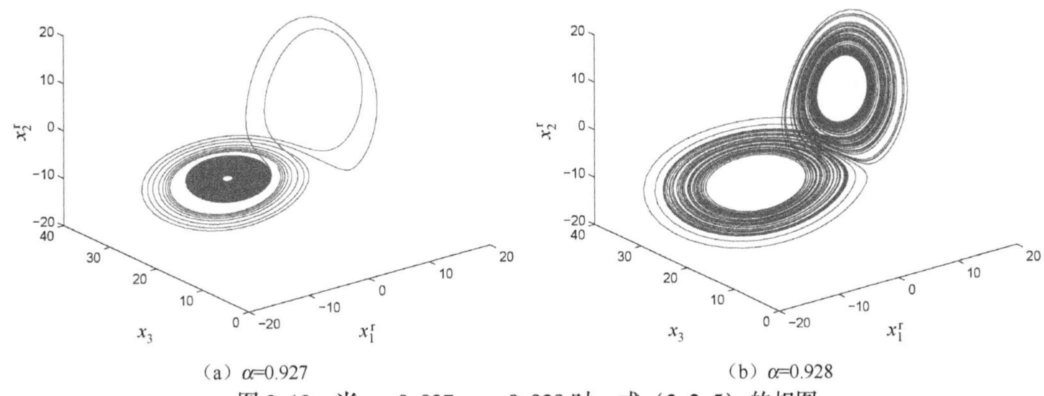

图 2.18　当 $\alpha=0.927$、$\alpha=0.928$ 时，式（2.2.5）的相图

（2）固定 $\alpha_2=\alpha_3=1$，变动 α_1。

固定系统的阶次 $\alpha_2=\alpha_3=1$，通过改变阶次 $\alpha_1\in[0.78,1]$，分析式（2.2.5）在系统阶次不一致时的动力学行为。图 2.19 所示为 $\alpha_1\in[0.78,1]$、步长为 0.0002 时式（2.2.5）的分岔图，可以看出，当 $\alpha_1\in[0.812,1]$时，式（2.2.5）是混沌的。为了观察进入混沌的方式，进一步研究了状态变量 x_3 的相图，如图 2.20 所示。图 2.20（a）表明当 $\alpha_1=0.807$ 时状态变量 x_3 是稳定的。随着 α_1 的增加，可以观察到间歇性混沌，如图 2.20（b）~（c）所示。当 α_1

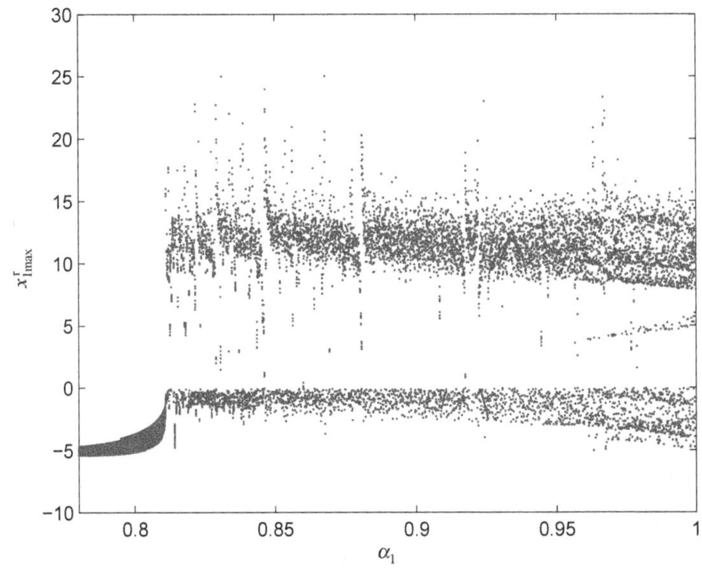

图 2.19　当 $\alpha_1\in[0.78,1]$、步长为 0.002 时，式（2.2.5）的分岔图

的值进一步增加到 0. 812 时，式（2. 2. 5）出现混沌行为，此时系统的最大 Lyapunov 指数 $\lambda = 0.0899$。通过上述分析可知，当 $\alpha_2 = \alpha_3 = 1$，$\alpha_1 = 0.812$ 时，系统出现混沌的最低阶次为 4. 624。

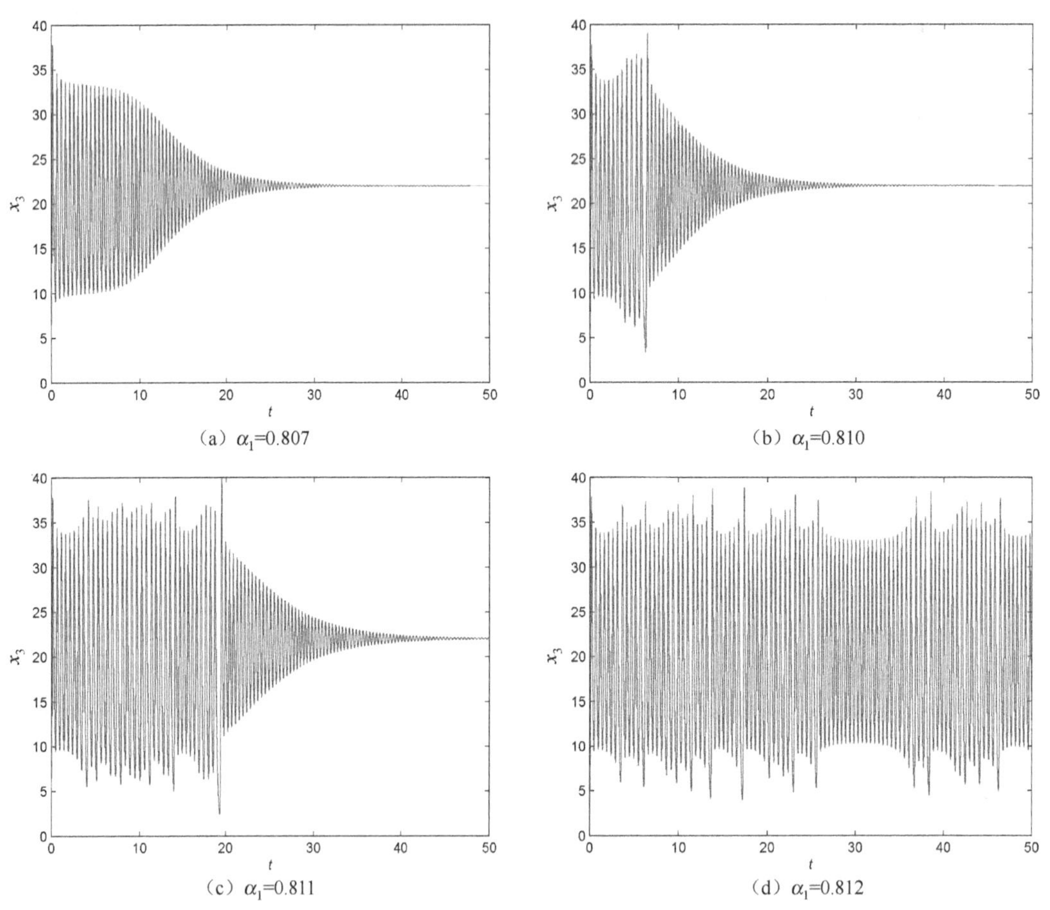

图 2. 20　当 $\alpha_2 = \alpha_3 = 1$、α_1 变化时，状态变量 x_3 的相图

（3）固定 $\alpha_1 = \alpha_3 = 1$，变动 α_2。

固定系统的阶次 $\alpha_1 = \alpha_3 = 1$，通过改变阶次 $\alpha_2 \in [0.75, 1]$，绘制了步长为 0. 0005 时式（2. 2. 5）的分岔图，如图 2. 21（a）所示。当 $\alpha_2 \in [0.805, 1]$ 时，式（2. 2. 5）呈现混沌状态。为了进一步观察该系统周期窗口的内部细节，将其中一个窗口按照步长为 0. 0002 计算分岔行为，如图 2. 21（b）所示，当 $\alpha_2 \in [0.75, 0.85]$ 时，系统出现了倍周期分岔现象。图 2. 22（a）~（d）显示了系统 1 周期、2 周期、4 周期和混沌相图。通过分析可知，系统出现混沌的最低阶次为 4. 61，此时 $\alpha_2 = 0.805$，系统的最大 Lyapunov 指数 $\lambda = 0.0461$。

（4）固定 $\alpha_1 = \alpha_2 = 1$，变动 α_3。

固定系统的阶次 $\alpha_1 = \alpha_2 = 1$，通过改变阶次 $\alpha_3 \in [0.8, 1]$，以 0. 001 为步长，数值分析式（2. 2. 5）在系统阶次不一致时的动力学行为。图 2. 23 描述了 $\alpha_3 = 0.830$、$\alpha_3 = 0.831$、

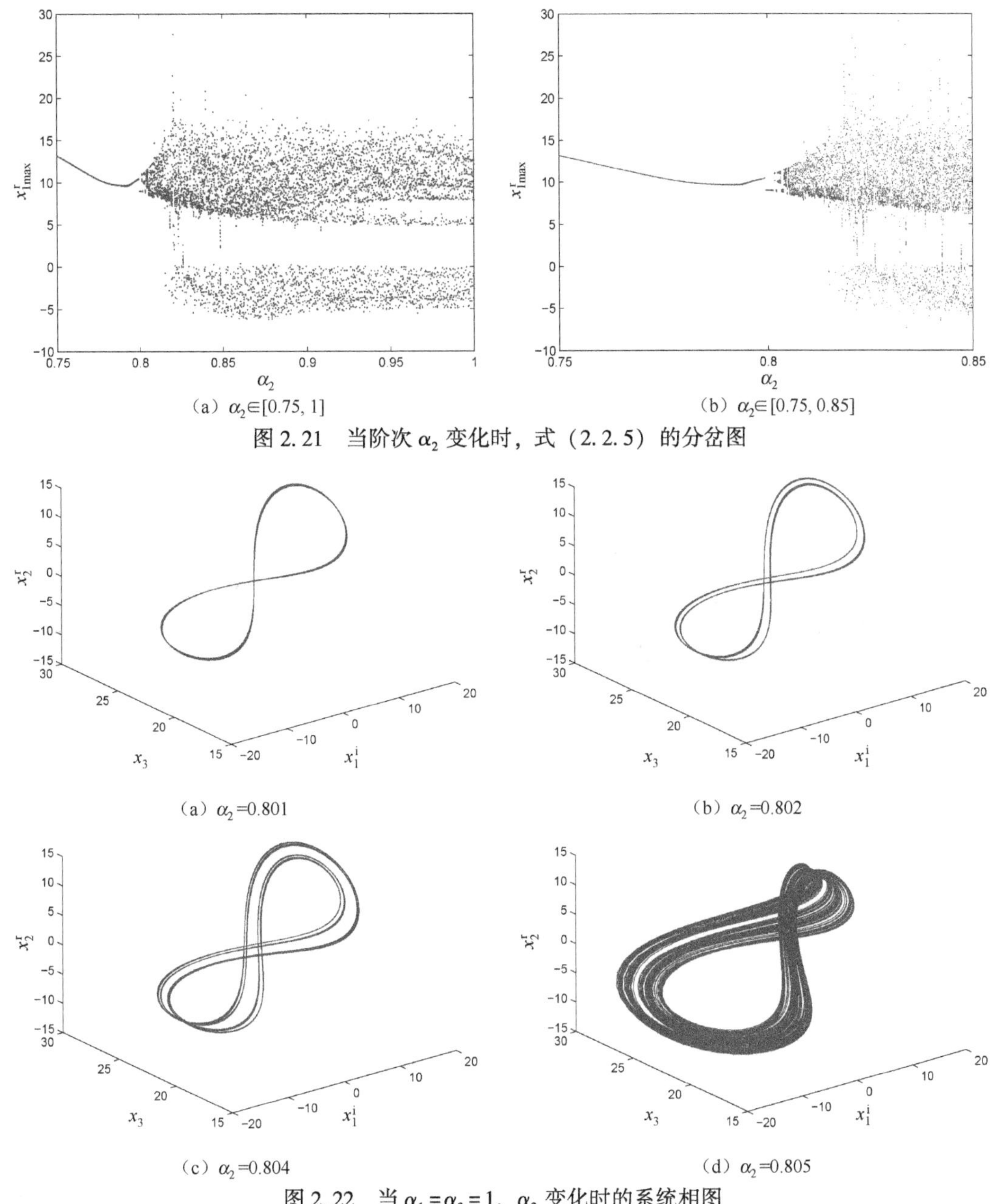

（a）$\alpha_2 \in [0.75, 1]$ （b）$\alpha_2 \in [0.75, 0.85]$

图 2.21 当阶次 α_2 变化时，式（2.2.5）的分岔图

（a）α_2=0.801 （b）α_2=0.802

（c）α_2=0.804 （d）α_2=0.805

图 2.22 当 $\alpha_1=\alpha_3=1$、α_2 变化时的系统相图

$\alpha_3=0.90$、$\alpha_3=0.950$ 时的系统的运动轨迹，结果显示当 $\alpha_3 \in [0.831, 1]$ 时，式（2.2.5）呈现混沌状态。为了观察式（2.2.5）进入混沌的方式，进一步研究了状态变量 x_3 变化时的系统相图，如图 2.24 所示。图 2.24（a）表明当 $\alpha_3=0.820$ 时状态变量 x_3 是稳定的。随着 α_3 的增加，可以观察到间歇性混沌，如图 2.24（b）~（c）所示。当 α_3 的值进一步增加到 0.831 时，式（2.2.5）出现混沌行为，此时系统的最大 Lyapunov 指数 $\lambda=0.0516$。通过上述分析可知，当 $\alpha_1=\alpha_2=1$、$\alpha_3=0.831$ 时，系统出现混沌的最低阶次为 4.831。

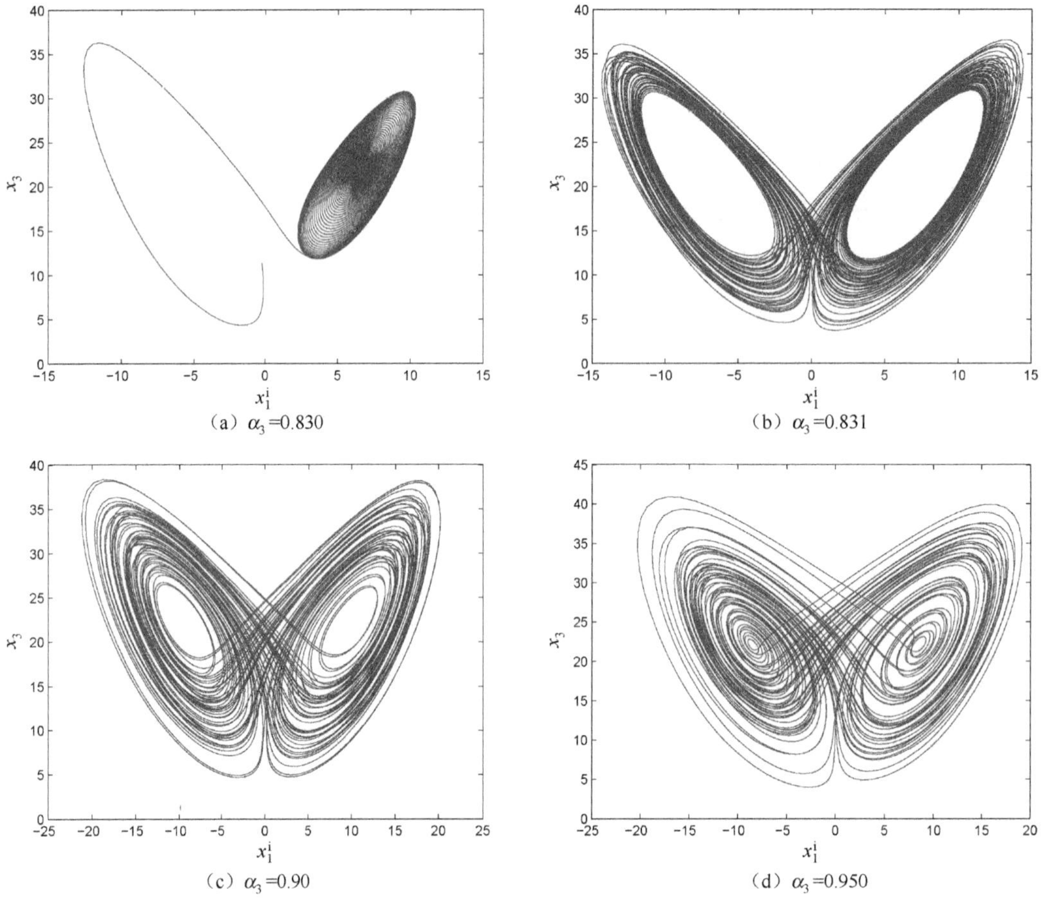

（a）α_3=0.830　　（b）α_3=0.831

（c）α_3=0.90　　（d）α_3=0.950

图 2.23　当 $\alpha_1=\alpha_2=1$、α_3 变化时的相图

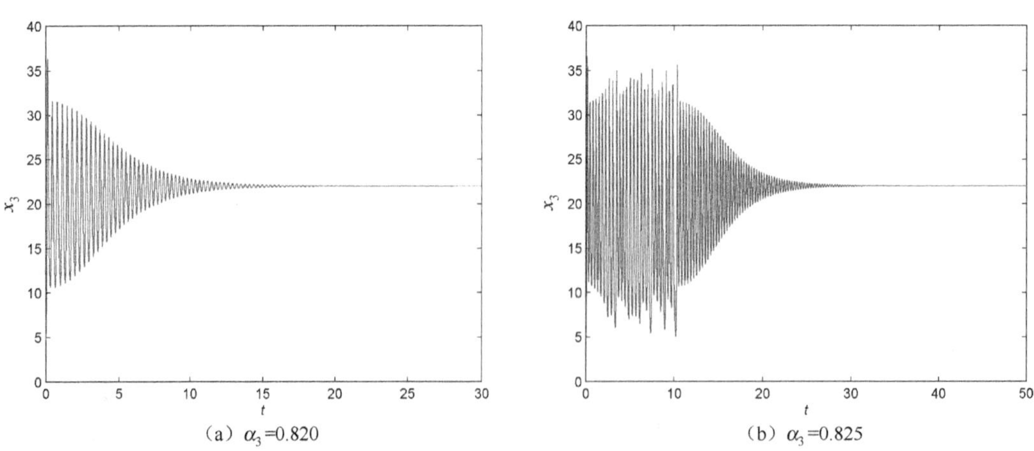

（a）α_3=0.820　　（b）α_3=0.825

图 2.24　当 $\alpha_1=\alpha_2=1$、α_3 变化时的状态变量图 x_3

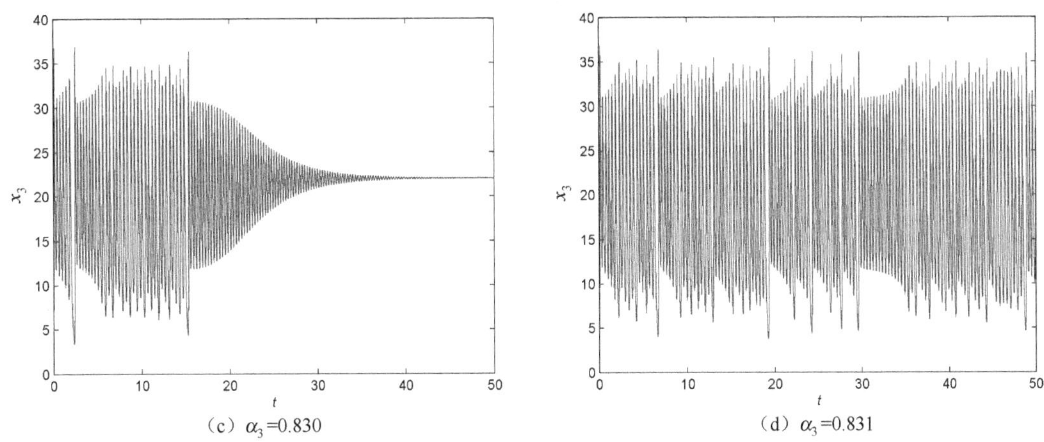

（c）α_3=0.830　　（d）α_3=0.831

图 2.24　当 $\alpha_1=\alpha_2=1$、α_3 变化时的状态变量图 x_3（续）

2.2.3　分数阶复 Chen 混沌系统

2013 年，骆超和王兴元教授将整数阶复 Chen 混沌系统（2.1.7）拓展为分数阶系统，称之为分数阶复 Chen 混沌系统[148]：

$$\begin{cases} D_*^{\alpha_1}x_1=a_1(x_2-x_1) \\ D_*^{\alpha_2}x_2=(a_2-a_1)x_1+a_2x_2-x_1x_3 \\ D_*^{\alpha_3}x_3=\dfrac{1}{2}(\bar{x}_1x_2+x_1\bar{x}_2)-a_3x_3 \end{cases} \tag{2.2.7}$$

根据分数阶微分线性运算法则，可得式（2.2.7）的实数表示形式：

$$\begin{cases} D_*^{\alpha_1}x_1^r=a_1(x_2^r-x_1^r) \\ D_*^{\alpha_1}x_1^i=a_1(x_2^i-x_1^i) \\ D_*^{\alpha_2}x_2^r=(a_2-a_1)x_1^r+a_2x_2^r-x_1^rx_3 \\ D_*^{\alpha_2}x_2^i=(a_2-a_1)x_1^i+a_2x_2^i-x_1^ix_3 \\ D_*^{\alpha_3}x_3=x_1^rx_2^r+x_1^ix_2^i-a_3x_3 \end{cases} \tag{2.2.8}$$

式（2.2.8）是式（2.2.7）的等价形式，下面以式（2.2.8）为基础来研究分数阶复 Chen 混沌系统的动力学特性。

1. 对称性和不变性

在式（2.2.8）中引入下列坐标变换：

$$(x_1^r,x_1^i,x_2^r,x_2^i,x_3)\rightarrow(-x_1^r,-x_1^i,-x_2^r,-x_2^i,x_3)$$

式（2.2.8）保持不变，则式（2.2.8）关于 x_3 轴呈现对称性，而且这种对称性对所有的参数 a_1、a_2 和 a_3 均成立。

2. 平衡点及其稳定性

求解代数方程组：$a_1(x_2^r-x_1^r)=0$，$a_1(x_2^i-x_1^i)=0$，$(a_2-a_1)x_1^r+a_2x_2^r-x_1^rx_3=0$，$(a_2-a_1)$

$x_1^i+a_2x_2^i-x_1^ix_3=0$，$x_1^rx_2^r+x_1^ix_2^i-a_3x_3=0$，可得到式（2.2.7）包含一个独立的平衡点 $E_0=(0,0,0,0,0)$ 和一组非平凡平衡点 $E_\theta=(r\cos\theta, r\sin\theta, r\cos\theta, r\sin\theta, 2a_2-a_1)$，$r=\sqrt{a_3(2a_2-a_1)}$ $(2a_2>a_1)$，$\theta\in[0,2\pi]$。

对于 $E_0=(0,0,0,0,0)$，Jacobian 矩阵的特征值为

$$\begin{cases}\lambda_1=-a_3\\ \lambda_2=\lambda_3=-a_1\\ \lambda_4=\dfrac{(a_2-a_1)+\sqrt{(a_2-a_1)^2-4a_1(a_1-2a_2)}}{2}\\ \lambda_5=\dfrac{(a_2-a_1)-\sqrt{(a_2-a_1)^2-4a_1(a_1-2a_2)}}{2}\end{cases} \tag{2.2.9}$$

因为系统参数 $a_i>0(i=1,2,3)$，所以当 $2a_2<a_1$ 时，平衡点 E_0 是稳定的。

对于 E_θ，Jacobian 矩阵的特征多项式：

$$\lambda(\lambda+a_1-a_2)(\lambda^3+(a_1-a_2+a_3)\lambda^2+a_2a_3\lambda+2a_1a_3(2a_2-a_1))=0 \tag{2.2.10}$$

根据分数阶系统稳定性理论，当式（2.2.10）的所有根满足 $|\arg(\lambda_i)|>\alpha\pi/2$ 时，E_θ 是稳定的；当 $|\arg(\lambda_i)|<\alpha<1$ 时，E_θ 失去稳定性。

3. 混沌特性

当变动系统参数 $a_i(i=1,2,3)$ 或阶次 $\alpha_j(j=1,2,3)$ 时，式（2.2.8）的动力学特性将随之发生改变。依照不同参数的演变，对分数阶复 Chen 混沌系统的混沌特性进行了分析和讨论。

（1）固定系统参数 $(a_1,a_2,a_3)=(35,28,3)$，变动阶次 $\alpha_1=\alpha_2=\alpha_3=\alpha\in(0.80,1.04)$。

当 $\alpha\in(0.82,1.02)$ 时，系统的混沌区域覆盖了 α 的大部分范围，且此区域内存在周期窗口；当 $\alpha<0.82$ 时，系统收敛于一个不动点；当 $\alpha\in(1.02,1.03)$ 时，系统进入周期窗口。图 2.25 和图 2.26 给出了阶次 α 取不同值时的系统相图。

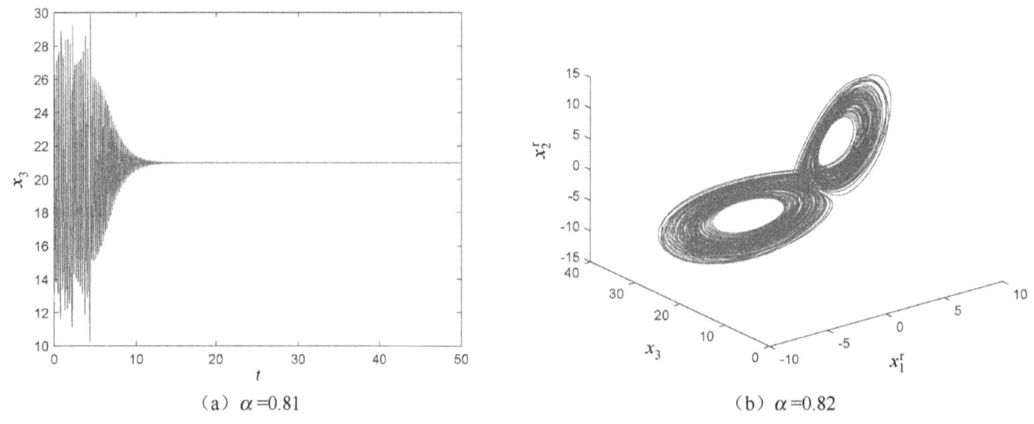

（a）$\alpha=0.81$　　（b）$\alpha=0.82$

图 2.25　阶次 α 取不同值时的系统相图 1

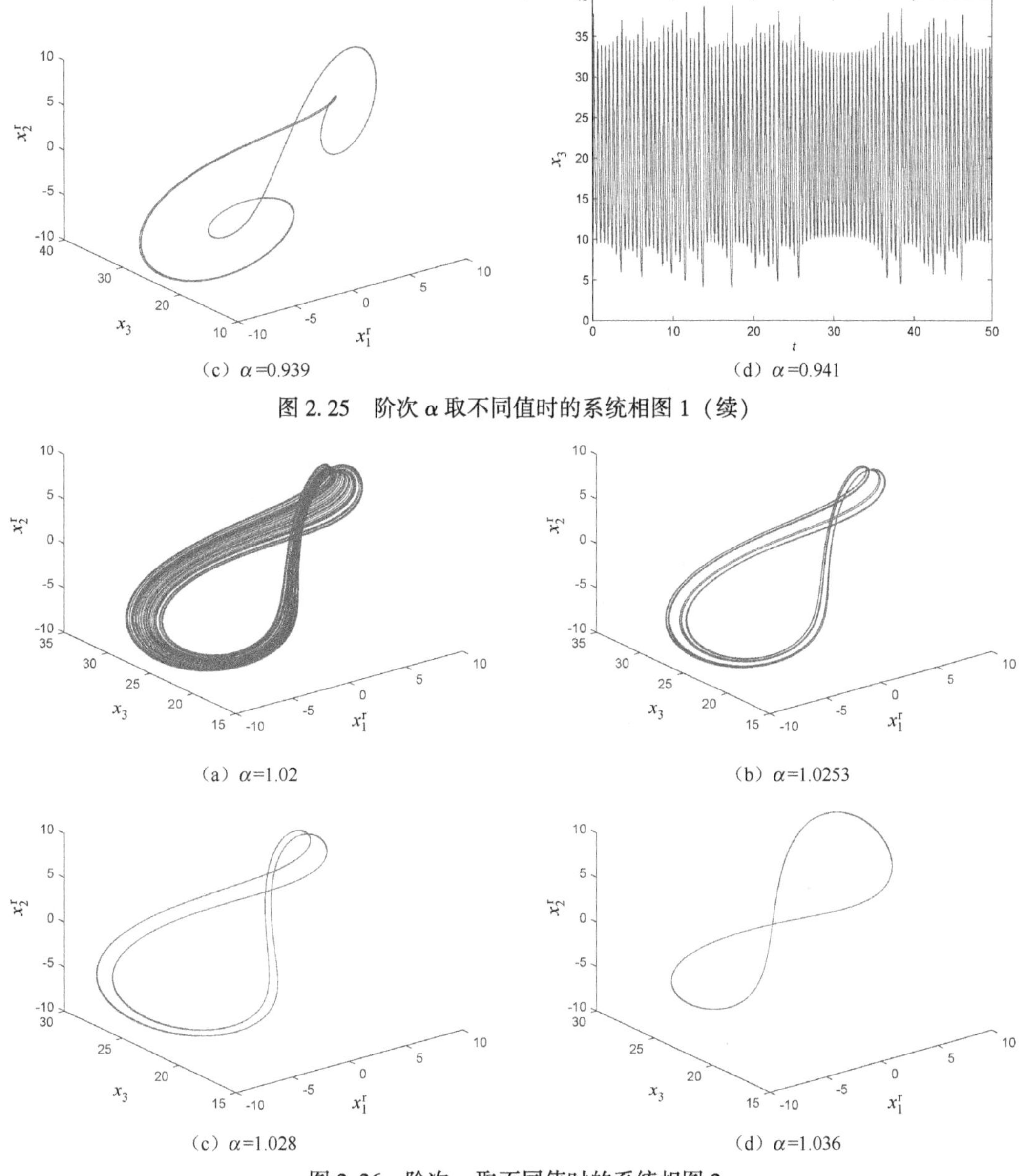

（c）α=0.939　　（d）α=0.941

图 2.25　阶次 α 取不同值时的系统相图 1（续）

（a）α=1.02　　（b）α=1.0253

（c）α=1.028　　（d）α=1.036

图 2.26　阶次 α 取不同值时的系统相图 2

（2）固定系统参数$(a_2,a_3)=(28,3)$及阶次 $\alpha_1=\alpha_2=\alpha_3=0.99$，变动系统参数 $a_1\in(30,52)$。

当 $a_1\in(34.1,48.5)$时，系统处于混沌状态，并伴有周期窗口 $a_1\in(32,35)$和 $a_1\in(43,46)$；当 $a_1>48.5$ 时，系统收敛于不动点。图 2.27 给出了参数 a_1 取不同值时的系统相图。

（3）固定系统参数$(a_1, a_2, a_3)=(35, 28, 3)$及阶次 $\alpha_2=\alpha_3=1$，变动阶次 $\alpha_1\in(0.55,1.05)$。

当 $\alpha_1\in(0.59,1)$时，系统的混沌区域覆盖了 α_1 的大部分范围；当 $\alpha_1<0.59$ 时，系统收敛于一个不动点；当 $\alpha_1\in(1,1.03)$时，系统进入周期窗口。图 2.28 给出了阶次 α_1 取不同值时的系统相图。

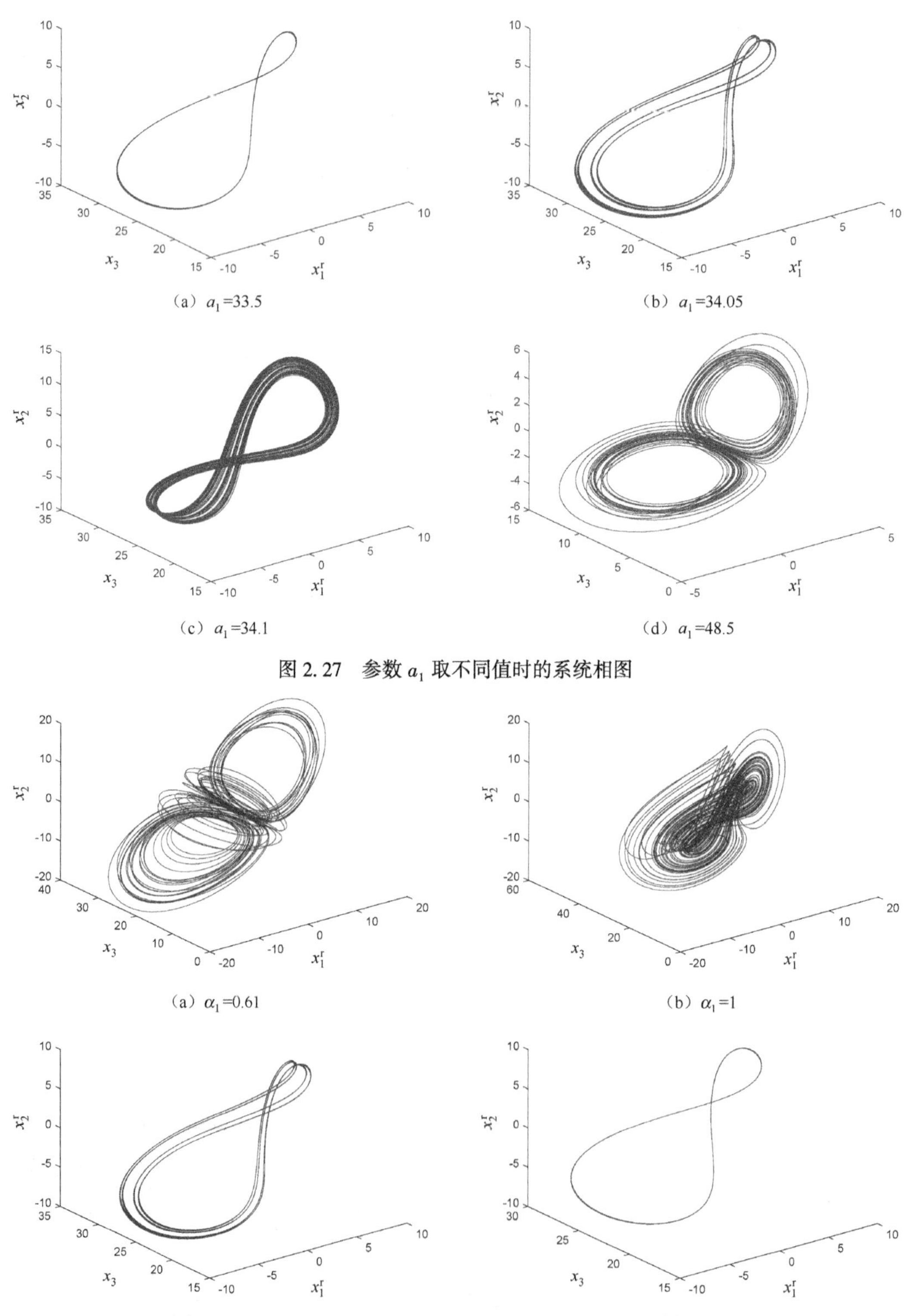

（a）a_1=33.5 （b）a_1=34.05

（c）a_1=34.1 （d）a_1=48.5

图 2.27 参数 a_1 取不同值时的系统相图

（a）α_1=0.61 （b）α_1=1

（c）α_1=1.0088 （d）α_1=1.01

图 2.28 阶次 α_1 取不同值时的系统相图

2.3　混合阶混沌系统

实 Lorenz 系统是复 Lorenz 系统虚部为零的情况，是最简单、最特殊、最基础的一类复混沌系统，本节首先详细介绍混合阶实 Lorenz 系统的特性，如混沌吸引子图，Lyapunov 指数、分岔图等，引入了混合度（HD）、最低阶数（LO）和总维数（TDO）等概念，然后用类似的分析方法简单介绍其他混合阶混沌系统。

在前面探索混沌的过程中，发现混沌系统的参数和分数阶对于混沌系统的特性至关重要，因此本节首先定义表征混合阶的特殊参数，并给出参数之间的假说，以更加深刻地理解混合阶混沌系统。

定义 2.1　对于 m 维混沌系统

$$\mathrm{D}^{q_\gamma}\boldsymbol{x}_\gamma=\boldsymbol{A}\boldsymbol{x}+\boldsymbol{f}(\boldsymbol{x}) \tag{2.3.1}$$

式中，q_γ是状态变量 $\boldsymbol{x}_\gamma$的微分算子，$\gamma=1,2,\cdots,m$；$\boldsymbol{x}$ 是状态变量矩阵；$\boldsymbol{A}$ 是混沌系统的线性矩阵；$\boldsymbol{f}(\boldsymbol{x})$是非线性函数部分。如果存在至少一个 $q_\gamma=1$ 的微分方程和至少一个 q_γ 为分数阶的微分方程，则 m 维混沌系统称为混合阶混沌系统。将阶数为 $q_\gamma=1$ 的方程的数量定义为混合度（Hybrid Degree，HD），所有分数阶状态变量中的最低分数阶定义为最低阶数（Lowest Order，LO），m 个方程的阶数之和记为总维数阶数（Total Dimension Order，TDO）。

定义 2.2　对于如下的 m 维整数阶混沌系统。

$$\begin{aligned}\dot{x}_1&=g_1(x_1,x_2,\cdots,x_m)\\ \dot{x}_2&=g_2(x_1,x_2,\cdots,x_m)\\ &\vdots\\ \dot{x}_m&=g_m(x_1,x_2,\cdots,x_m)\end{aligned} \tag{2.3.2}$$

式中，$g_1(*)$，$g_2(*)$，…，$g_m(*)$是对应的连续函数，$R^m\to R^m$。式（2.3.2）的混合形式的可能性记为混合数（Hybrid Number，HM），则 $\mathrm{HM}=C_m^1+C_m^2+\cdots+C_m^{m-1}$，其中 $C_c^d=\dfrac{c!}{(c-d)d!}$，$c$、$d$ 是两个常数($c\geqslant d$)，C 表示数学中的组合运算。

2.3.1　混合阶实 Lorenz 混沌系统

基于经典的整数阶 Lorenz 混沌系统，当 HD=1 时，可得方程

$$\begin{cases}\mathrm{D}^{q_1}x=w_1(y-x)\\ \mathrm{D}^{q_2}y=w_3x-xz-y\\ \dot{z}=xy-w_2z\end{cases} \tag{2.3.3}$$

$$\begin{cases}\mathrm{D}^{q_1}x=w_1(y-x)\\ \dot{y}=w_3x-xz-y\\ \mathrm{D}^{q_3}z=xy-w_2z\end{cases} \tag{2.3.4}$$

$$\begin{cases}\dot{x}=w_1(y-x)\\ D^{q_2}y=w_3x-xz-y\\ D^{q_3}z=xy-w_2z\end{cases} \tag{2.3.5}$$

其中系统参数 $w_1=10$、$w_2=8/3$、$w_3=28$。

当 HD=2 时，则有

$$\begin{cases}D^{q_1}x=w_1(y-x)\\ \dot{y}=w_3x-xz-y\\ \dot{z}=xy-w_2z\end{cases} \tag{2.3.6}$$

$$\begin{cases}\dot{x}=w_1(y-x)\\ D^{q_2}y=w_3x-xz-y\\ \dot{z}=xy-w_2z\end{cases} \tag{2.3.7}$$

$$\begin{cases}\dot{x}=w_1(y-x)\\ \dot{y}=w_3x-xz-y\\ D^{q_3}z=xy-w_2z\end{cases} \tag{2.3.8}$$

因此，其混合数 $\mathrm{HM}=C_3^1+C_3^2=6$。下面详细分析 6 个系统的特性。

1. 耗散性

由于上述式（2.3.3）~式（2.3.8）中，混合阶 Lorenz 混沌系统右侧是相同的，其耗散性也相同，即

$$\begin{aligned}\nabla V&=-w_1-1-w_2\\ &=-10-1-8/3<0\end{aligned} \tag{2.3.9}$$

这说明混合阶 Lorenz 系统仍然是耗散系统，与整数阶 Lorenz 混沌系统相似。

2. 不动点

由于不动点的计算取决于系统的右侧，则上述 6 种形式的混合阶 Lorenz 混沌系统具有相同的不动点，则有

$$\begin{cases}w_1(y-x)=0\\ w_3x-xz-y=0\\ xy-w_2z=0\end{cases} \tag{2.3.10}$$

当系统参数 $w_1=10$、$w_2=8/3$、$w_3=28$ 时，系统存在 3 个不动点（0,0,0）、$(6\sqrt{2},6\sqrt{2},27)$ 和 $(-6\sqrt{2},6\sqrt{2},27)$。

为了分析不动点的稳定性，求出式（2.3.10）的 Jacobian 矩阵为

$$\begin{bmatrix}-10 & 10 & 0\\ 28-z & -1 & -x\\ y & x & -\dfrac{8}{3}\end{bmatrix}$$

将 3 个不动点分别代入上述 Jacobian 矩阵，可得当系统不动点为（0,0,0）时，特征值分别为−22. 8277、11. 8277、−2. 6667；当系统不动点为（$6\sqrt{2}$,$6\sqrt{2}$,27）和（$-6\sqrt{2}$,$6\sqrt{2}$,27）时，特征值分别为−13. 8546、0. 0940 + 10. 1945i 和 0. 0940− 10. 1945i。因此，这 3 个不动点都是不稳定的。

3. 分岔图

分岔图是混沌系统的重要标志，它可以表示系统的混沌特征和参数之间的关系。下面通过分岔图研究不同参数对系统性能的影响。

（1）HD = 1。

将所有初始条件设置为（0. 1,0. 5,0. 5），步长设置为 0. 0195。混合阶混沌系统（2. 3. 3）的分岔图如图 2. 29 示。从图中可知，$q_1 = q_2 = 0.91$ 时，系统表现出混沌现象。图 2. 30 给出了

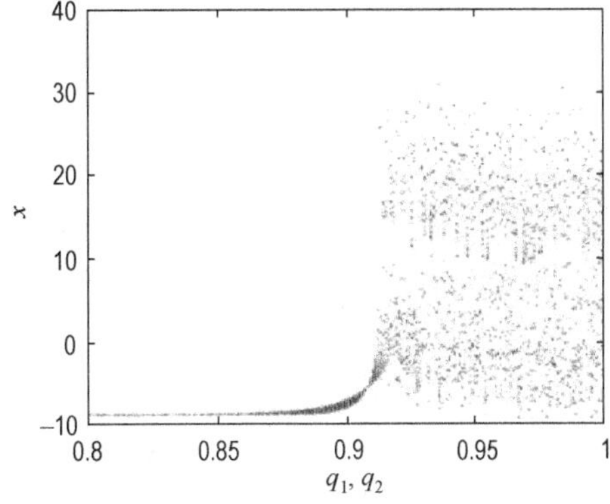

图 2. 29　混合阶混沌系统（2. 3. 3）的分岔图（迭代次数为 1000）

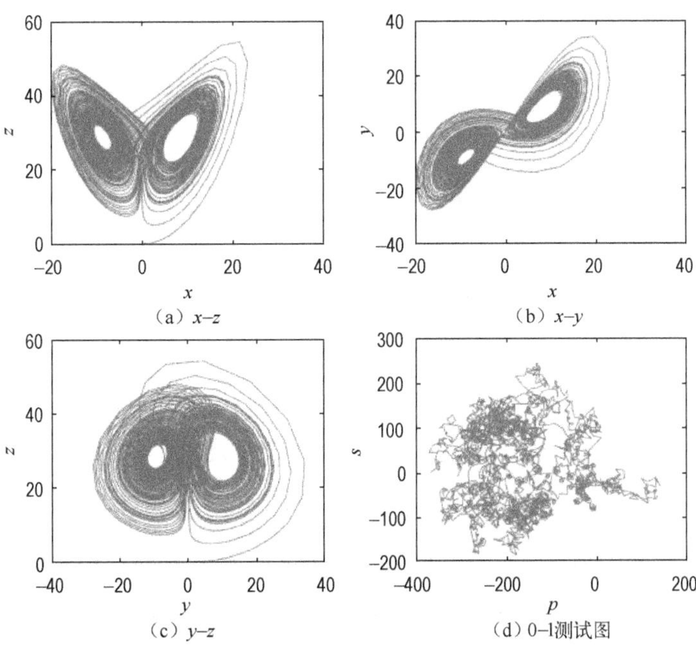

图 2. 30　混合阶混沌系统（2. 3. 3）的相图和 0−1 测试图（迭代次数为 3000）

$q_1=q_2=0.91$ 时，该系统的相图和 0-1 测试图。0-1 测试图表征的布朗运动和混沌相图表明了混沌吸引子的存在。因此，LO 为 $q=0.91$，TDO=1+0.91+0.91=2.82。

对于式（2.3.4），分岔图如图 2.31 所示。从图中可知，$q_1=q_3=0.93$ 时，系统表现出混沌现象。图 2.32 给出了 $q_1=q_3=0.93$，$q_2=1$ 的相位图和 0-1 测试图，表明混沌吸引子的存在。此时，LO 为 $q=0.93$，TDO=1+0.93+0.93=2.86。

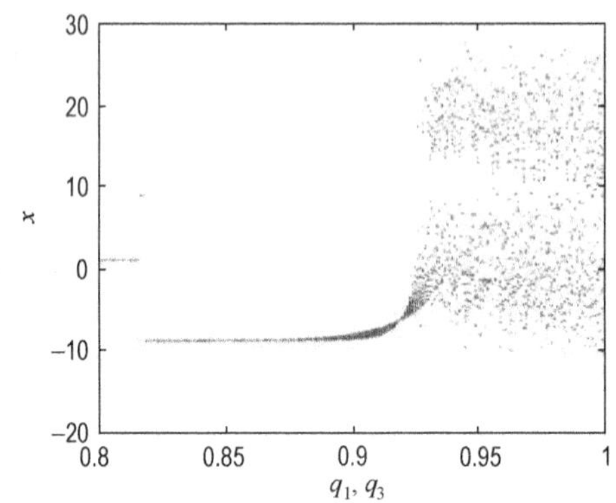

图 2.31　混合阶混沌系统（2.3.4）的分岔图（迭代次数为 1000）

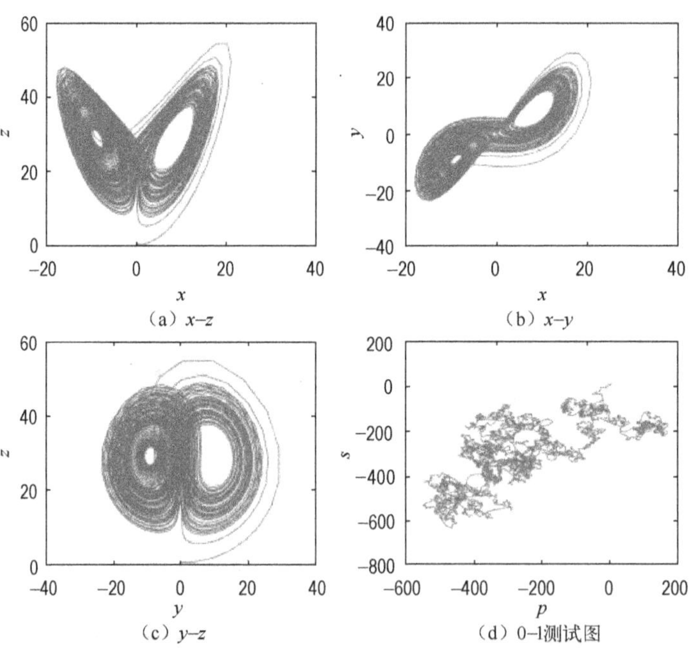

图 2.32　混合阶混沌系统（2.3.4）的相图和 0-1 测试图（迭代次数为 3000）

对于混合阶混沌系统（2.3.5），分岔图如图 2.33 所示。当 $q_2=q_3=0.95$ 时，系统表现出混沌现象，其相图和 0-1 测试图如图 2.34 所示。此时，LO 为 $q=0.95$，TDO=1+0.95+0.95=2.9。总结上述三种情况，在 HD=1 的混合阶 Lorenz 混沌系统中，LO 为 $q=0.91$，TDO=1+0.91+0.91=2.82。

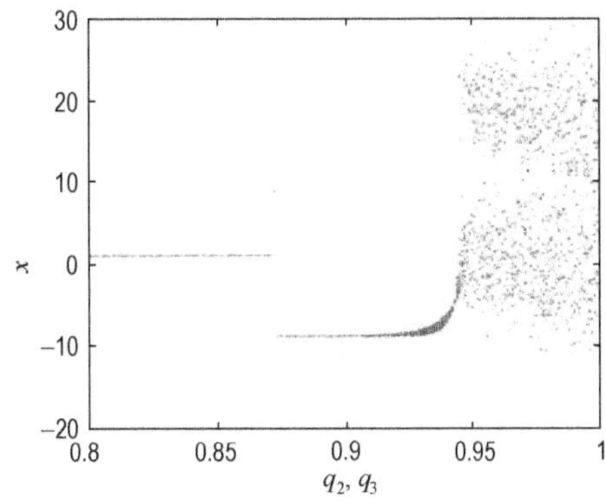

图 2. 33　混合阶混沌系统（2. 3. 5）的分岔图（迭代次数为 1000）

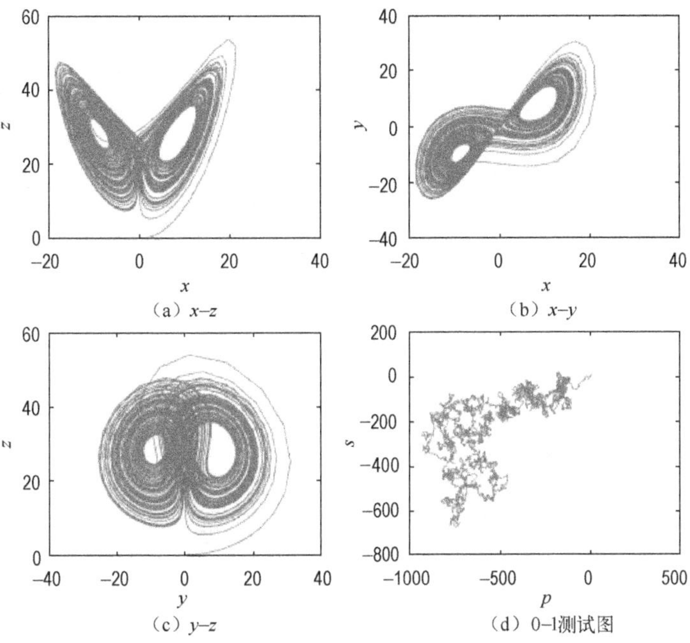

图 2. 34　混合阶混沌系统（2. 3. 5）的相图和 0–1 测试图（迭代次数为 3000）

（2）HD = 2。

混合阶混沌系统（2. 3. 6）的分岔图如图 2. 35 所示。从该图可知，当 $q_1 = 0.7$ 时，系统开始表现出混沌行为。此时的相图和 0–1 测试图如图 2. 36 所示。此时，LO 为 $q_1 = 0.7$，TDO = 1+1+0. 7 = 2. 7。

混合阶混沌系统（2. 3. 7）的分岔图如图 2. 37 所示。从该图可知，当 $q_2 = 0.89$ 时，系统开始表现出混沌行为。此时的相图和 0–1 测试图如图 2. 38 所示。此时，LO 为 $q_2 = 0.89$，TDO = 1+0. 89+1 = 2. 89。

混合阶混沌系统（2. 3. 8）的分岔图如图 2. 39 所示。从该图可知，当 $q_3 = 0.89$ 时，系统开始表现出混沌行为。此时的相图和 0–1 测试图如图 2. 40 所示。此时，LO 为 $q_3 = 0.89$，TDO = 1+0. 89+1 = 2. 89。

根据式（2. 3. 6）~式（2. 3. 8）的特性分析，LO 为 $q = 0.7$，TDO = 1+1+0. 7 = 2. 7。

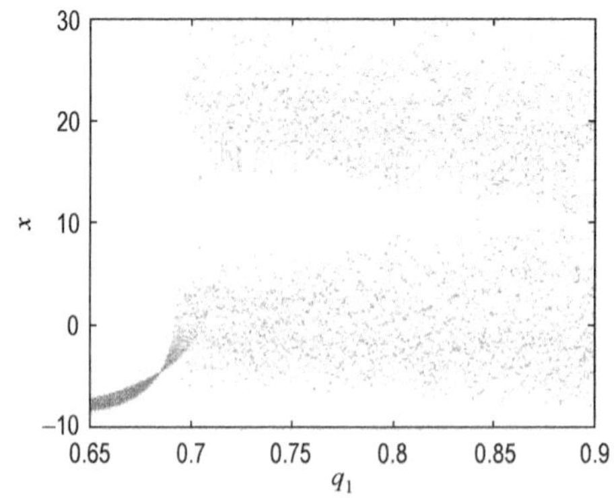

图 2.35　混合阶混沌系统（2.3.6）的分岔图（迭代次数为 1000）

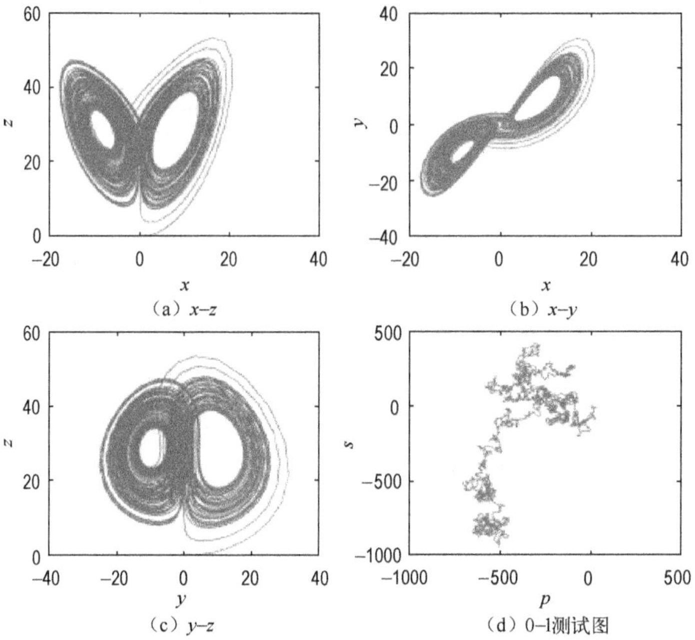

图 2.36　混合阶混沌系统（2.3.6）的相图和 0–1 测试图（迭代次数为 3000）

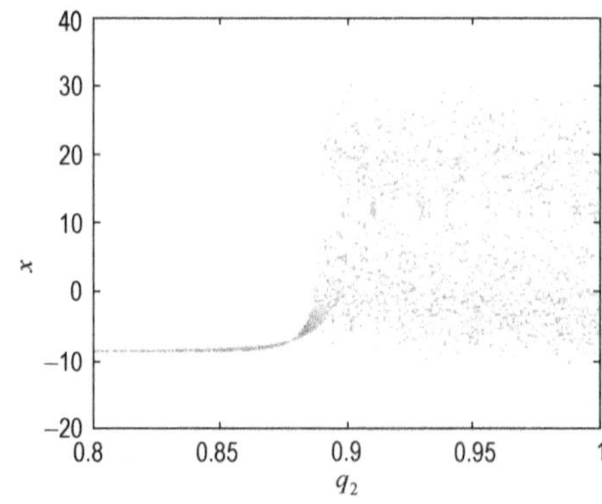

图 2.37　混合阶混沌系统（2.3.7）的分岔图（迭代次数为 1000）

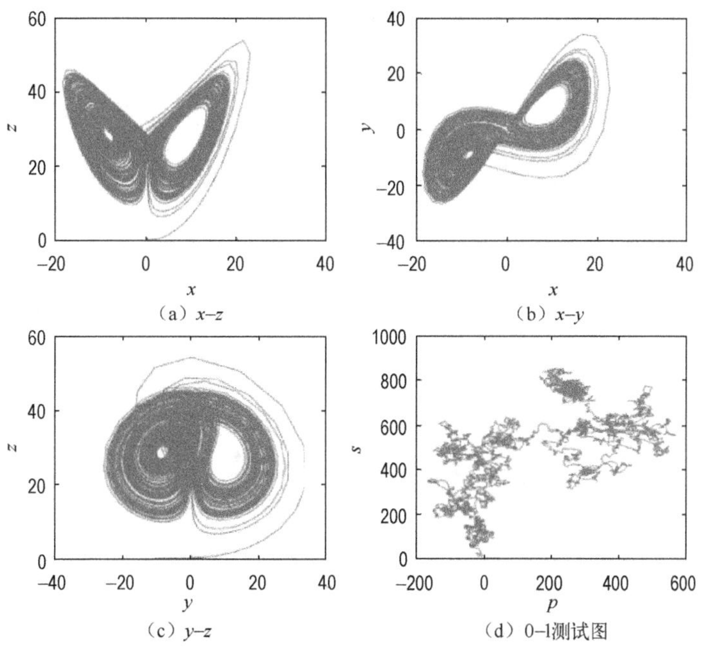

图 2.38　混合阶混沌系统（2.3.7）的相图和 0−1 测试图（迭代次数为 3000）

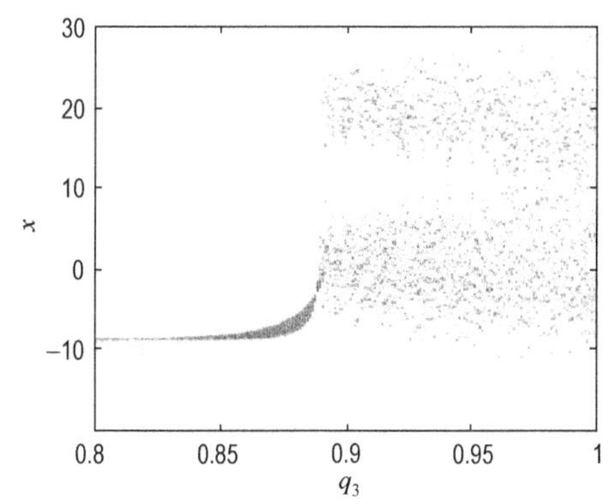

图 2.39　混合阶混沌系统（2.3.8）的分岔图（迭代次数为 1000）

（3）HD=0。

分数阶 Lorenz 混沌系统如式（2.3.11）所示。为了更好地与混合阶 Lorenz 混沌系统进行比较，这里给出了分数阶 Lorenz 混沌系统（$q_1=q_2=q_3$）的分岔图，如图 2.41 所示。当 q_1、q_2、q_3均在（0,1）范围内时，当 $q_1=q_2=q_3=0.97$ 时，系统开始表现出混沌行为。这与文献［12］一致，即 TDO=0.97+0.97+0.97=2.91，LO 为 $q=0.97$。

$$\begin{cases} D^{q_1}x=w_1(y-x) \\ D^{q_2}y=w_3x-xz-y \\ D^{q_3}z=xy-w_2z \end{cases} \tag{2.3.11}$$

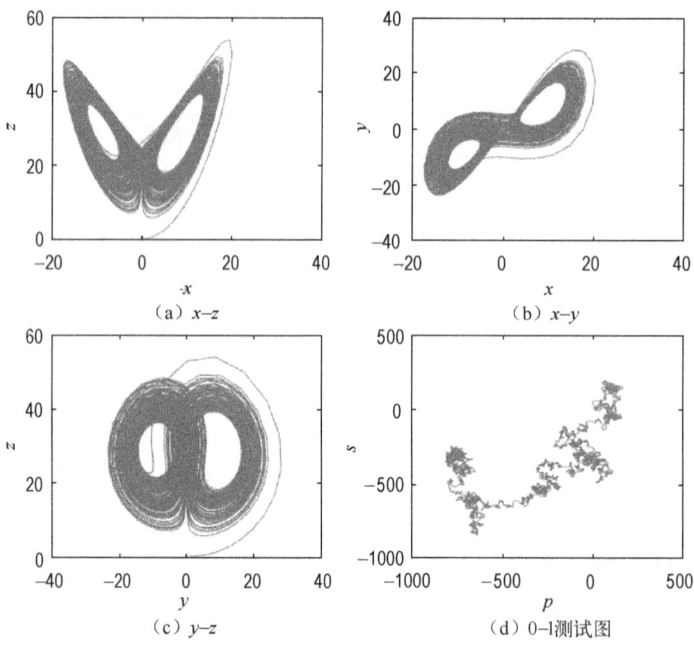

图 2.40 混合阶混沌系统（2.3.8）的相图和 0-1 测试图（迭代次数为 3000）

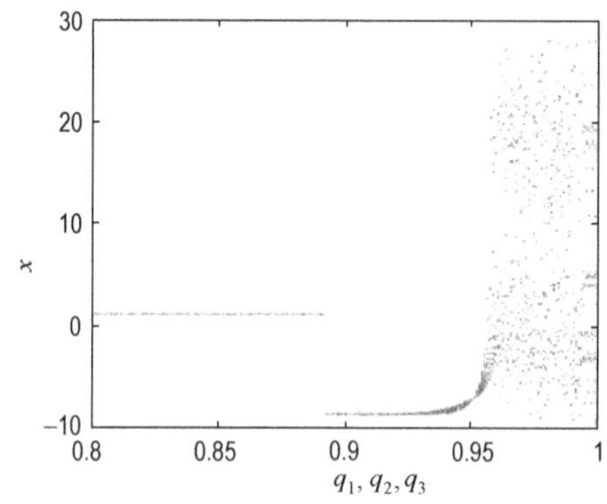

图 2.41 分数阶混沌系统（2.3.11）的分岔图（迭代次数为 1000）

4. 混合阶 Lorenz 混沌系统中各参数的关系

不同混合阶 Lorenz 混沌系统的最低阶数（LO）和总维数阶数（TDO）如表 2.1 所示。

表 2.1 不同混合阶 Lorenz 混沌系统的最低阶数（LO）和总维数阶数（TDO）

系　统	HD	LO	TDO
整数阶	3	1	3
(2.3.11)	0	0.97	2.91
(2.3.3)	1	0.91	2.82
(2.3.4)	1	0.93	2.86
(2.3.5)	1	0.95	2.9

续表

系　统	HD	LO	TDO
(2.3.6)	2	0.7	2.7
(2.3.7)	2	0.89	2.89
(2.3.8)	2	0.89	2.89

当 HD=0 时，最低的 TDO=2.91，最低的 LO 为 0.97。

当 HD=1 时，最低的 TDO=2.82，最低的 LO 为 0.91。

当 HD=2 时，最低的 TDO=2.7，最低的 LO 为 0.7。

可知，当 $0\leqslant \mathrm{HD}<m$ 时，随着 HD 的增加，LO 和 TDO 逐渐减小，即在混合阶 Lorenz 混沌系统中，HD 与 LO 和 TDO 之间存在反向关系。具体来说，分数阶 Lorenz 混沌系统的最低的 TDO=2.91，而对于 HD=1 的混合阶 Lorenz 混沌系统，最低的 TDO=2.82，对于 HD=2，最低的 TDO=2.7，则这两种情况的 TDO 小于分数阶 Lorenz 混沌系统（HD=0）。因此，通过这种方法，可以寻找到更低阶的混合阶混沌系统。它表明整数阶与分数阶混沌系统之间的内在关系。这一发现让人吃惊，那么是否所有混合阶混沌系统都满足这条规律呢？下面介绍其他混合阶混沌系统。

2.3.2　其他混合阶混沌系统

1. 混合阶 Chen 混沌系统

对于混合阶 Chen 混沌系统，可以采用上述方法进行类似分析，限于篇幅，本书不再给出每个混合阶系统的具体分岔图和相图，只在表 2.2 中给出了混合阶 Chen 混沌系统的方程及相关参数。

表 2.2　混合阶 Chen 混沌系统的方程及相关参数

类　型	系统方程	HD	LO	TDO
完全分数阶 Chen 混沌系统	$D^q x=35(y-x)$ $D^q y=-7x-xz+28y$ $D^q z=xy-3z$	0	0.78	2.34
混合阶 Chen 混沌系统	$D^q x=35(y-x)$ $D^q y=-7x-xz+28y$ $\dot{z}=xy-3z$	1	0.68	2.36
	$D^q x=35(y-x)$ $\dot{y}=-7x-xz+28y$ $D^q z=xy-3z$	1	0.79	2.58
	$\dot{x}=35(y-x)$ $D^q y=-7x-xz+28y$ $D^q z=xy-3z$	1	0.995	2.99
	$D^q x=35(y-x)$ $\dot{y}=-7x-xz+28y$ $\dot{z}=xy-3z$	2	0.68	2.68

续表

类　　型	系统方程	HD	LO	TDO
混合阶 Chen 混沌系统	$\dot{x}=35(y-x)$ $D^q y=-7x-xz+28y$ $\dot{z}=xy-3z$	2	0. 96	2. 96
	$\dot{x}=35(y-x)$ $\dot{y}=-7x-xz+28y$ $D^q z=xy-3z$	2	0. 275	2. 275

从表 2. 2 中可知，当 HD = 0 时，分数阶次相同，则其 LO 为 $q=0.78$，TDO = 0. 78 + 0. 78+0. 78 = 2. 34。随着 HD 的增加，从表 2. 2 中第 3 行到第 5 行可知，最低的 LO 为 0. 68，最低的 TDO = 2. 36。继续增加 HD 的值，当 HD = 2 时，从表 2. 2 中第 6 行到第 8 行可知，最低的 LO 为 0. 275，最低的 TDO = 1+1+0. 275 = 2. 275。即

当 HD = 0 时，最低的 LO 为 0. 78，最低的 TDO = 2. 34。

当 HD = 1 时，最低的 LO 为 0. 68，最低的 TDO = 2. 36。

当 HD = 2 时，最低的 LO 为 0. 275，最低的 TDO = 2. 275。

不难发现，随着 HD 的增加，LO 变小，即与 HD = 0 相比，当 HD = 2 时，$q=0.275$，TDO = 2. 275，系统就开始表现出混沌行为，即寻找到更低阶的混沌系统。

2. 混合阶 Lü 混沌系统

混合阶 Lü 混沌系统的方程及相关参数如表 2. 3 所示。

当 HD = 0 时，最低的 LO 为 0. 78，最低的 TDO = 2. 34。

当 HD = 1 时，最低的 LO 为 0. 653，最低的 TDO = 2. 306。

当 HD = 2 时，最低的 LO 为 0. 277，最低的 TDO = 2. 277。

不难发现，在混合阶 Lü 混沌系统中，增加 HD 的值时，LO 和 TDO 逐渐减小。这与混合阶 Lorenz 混沌系统和混合阶 Chen 混沌系统相同。

表 2. 3　混合阶 Lü 混沌系统的方程及相关参数

类　　型	系统方程	HD	LO	TDO
完全分数阶 Lü 混沌系统	$D^q x=36(y-x)$ $D^q y=-xz+28.7y$ $D^q z=xy-3z$	0	0. 78	2. 34
混合阶 Lü 混沌系统	$D^q x=36(y-x)$ $D^q y=-xz+28.7y$ $\dot{z}=xy-3z$	1	0. 653	2. 306
	$D^q x=36(y-x)$ $\dot{y}=-xz+28.7y$ $D^q z=xy-3z$	1	0. 77	2. 54
	$\dot{x}=36(y-x)$ $D^q y=-xz+28.7y$ $D^q z=xy-3z$	1	0. 994	2. 988

续表

类　　型	系统方程	HD	LO	TDO
混合阶 Lü 混沌系统	$D^q x=36(y-x)$ $\dot{y}=-xz+28.7y$ $\dot{z}=xy-3z$	2	0.66	2.66
	$\dot{x}=36(y-x)$ $D^q y=-xz+28.7y$ $\dot{z}=xy-3z$	2	0.995	2.995
	$\dot{x}=36(y-x)$ $\dot{y}=-xz+28.7y$ $D^q z=xy-3z$	2	0.277	2.277

3. 混合阶复 Lorenz 混沌系统

混合阶复 Lorenz 混沌系统的方程及相关参数如表 2.4 所示。

表 2.4　混合阶复 Lorenz 混沌系统的方程及相关参数

类　　型	系统方程	HD	LO	TDO
完全分数阶 Lorenz 混沌系统	$D^q x=10(y-x)$ $D^q y=28x-y-xz$ $D^q z=\frac{1}{2}(\bar{x}y+x\bar{y})-\frac{8}{3}z$	0	0.959	2.877
混合阶 Lorenz 混沌系统	$D^q x=10(y-x)$ $D^q y=28x-y-xz$ $\dot{z}=\frac{1}{2}(\bar{x}y+x\bar{y})-\frac{8}{3}z$	1	0.908	2.816
	$D^q x=10(y-x)$ $\dot{y}=28x-y-xz$ $D^q z=\frac{1}{2}(\bar{x}y+x\bar{y})-\frac{8}{3}z$	1	0.94	2.88
	$\dot{x}=10(y-x)$ $D^q y=28x-y-xz$ $D^q z=\frac{1}{2}(\bar{x}y+x\bar{y})-\frac{8}{3}z$	1	0.955	2.91
	$D^q x=10(y-x)$ $\dot{y}=28x-y-xz$ $\dot{z}=\frac{1}{2}(\bar{x}y+x\bar{y})-\frac{8}{3}z$	2	0.531	2.531
	$\dot{x}=10(y-x)$ $D^q y=28x-y-xz$ $\dot{z}=\frac{1}{2}(\bar{x}y+x\bar{y})-\frac{8}{3}z$	2	0.823	2.823
	$\dot{x}=10(y-x)$ $\dot{y}=28x-y-xz$ $D^q z=\frac{1}{2}(\bar{x}y+x\bar{y})-\frac{8}{3}z$	2	0.925	2.925

当 HD=0 时，最低的 LO 为 0.959，最低的 TDO=2.877。

当 HD=1 时，最低的 LO 为 0.908，最低的 TDO=2.816。

当 HD=2 时，最低的 LO 为 0.531，最低的 TDO=2.531。

不难发现，在混合阶复 Lorenz 混沌系统中，随着 HD 的增加，LO 和 TDO 逐渐减小。这与混合阶 Lorenz 混沌系统、混合阶 Chen 混沌系统、混合阶 Lü 混沌系统相同。

2.3.3 混合阶混沌系统参数之间的关系

通过以上不同混合阶混沌系统中的特性分析，发现了一个相同的关系。在混合阶 Lorenz 混沌系统、混合阶 Chen 混沌系统、混合阶 Lü 混沌系统和混合阶复 Lorenz 混沌系统中，随着 HD 的增加，LO 和 TDO 逐渐减小。因此，可得如下的假说。

假说 2.1 在混合阶 Lorenz、Chen、Lü 和复 Lorenz 混沌系统中，HD、LO 和 TDO 之间存在相同的关系，具体如下。

（1）当 $0 \leqslant \mathrm{HD} < m$ 时，随着 HD 的增加，LO 和 TDO 逐渐减小。

（2）与分数阶混沌系统（HD=0）相比，总是可以在混合阶系统中找到更低的 LO 和更低的 TDO。

由于篇幅有限，本书没有详细描述更多经典混沌系统的混合阶形式，如 Liu、Rossler、超 Lorenz 等，但也获得了相同的结果，感兴趣的读者可以自行验证。通过大量的仿真实验，从统计学上初步证明了这一假说，因此在没有完整模拟实验的情况下，可以提高混合阶混沌系统的混合度（HD），以寻求更低的总维数阶数（TDO）和最低阶数（LO）。这一发现对于建立真实系统的模型，如弹性系统、经济系统、人类免疫缺陷病毒模型等，具有重大意义。

2.4 本章小结

本章首先介绍了几种典型的整数阶复混沌系统，如复 Lorenz 混沌系统、复 Lü 混沌系统、复 Chen 混沌系统，研究了这些系统的混沌行为，如耗散性、不动点及其稳定性、对称性、初值敏感性等。其次，基于相关整数阶复混沌系统，介绍了常见的分数阶复混沌系统，研究了这些系统的对称性、稳定性、耗散性和混沌特性等，观察到周期窗口和各类分岔现象等丰富的动力学行为。最后，基于整数阶和分数阶微分方程的组合，提出了混合阶混沌系统，详细描述了混合阶实 Lorenz 混沌系统的特性，并介绍了其他几种典型混合阶混沌系统，提出了混合度、最低阶数和总维数等概念，并给出了它们之间关系的假说。

第3章 几类典型的混沌同步

同步现象普遍存在于现实世界中。例如，池塘里的青蛙一起呱呱叫，人们的掌声渐渐趋于一致，萤火虫一起发光等。尽管 Aranson[170]、Volkovskii[171]和 Fujisaka[172]在纯数学中已经提出过混沌同步，但是由于混沌系统的演化敏感地依赖于初始状态，两个或多个相近初始条件的混沌系统可以随时间指数分离，而且混沌很难被控制，使得人们一直以为混沌同步难以实现。直到 1990 年，Pecora 和 Carroll[24]在真实的电子电路中实现了混沌同步，成为混沌同步应用于实际的重要里程碑。从此，混沌同步成为混沌领域的研究热点。

1982 年，Fowler 等提出了复 Lorenz 混沌系统[1]，在描述旋转流体、分析失谐激光特性和建模热对流过程[2~5]等方面也发现了复 Lorenz 方程的真实物理应用。这是混沌历史上的又一个重大突破。由于复混沌系统的复状态变量包括实部和虚部，用于安全通信中可以增加传输信息的内容，同时复混沌同步更好地拓展了传统混沌同步的范畴，复混沌同步的多样性和复杂性都能提高保密通信的安全性。因此，对复混沌同步进行深入的研究具有十分重要的意义。

本章将回顾各种类型的混沌同步，介绍经典的同步类型及其发展历程，以重现混沌同步历史的真正发展过程，总结相应的研究方法，揭示复混沌同步是如何从实混沌同步发展而来的，以及它们内在本质的不同，提出了 N 系统组合函数投影同步（N-Systems Combination Function Projective Synchronization，NCOFPS），实数域和复数域混沌中的大部分同步都是 NCOFPS 的特殊情况，并对 NCOFPS 中一种特殊的同步形式——滞后函数投影同步进行了研究。

3.1 完全同步及其扩展

1990 年，Pecora 和 Carroll[24]通过驱动响应法实现了完全同步（Complete Synchronization，CS），随后发展出多种同步和大量的控制手段。按照时间顺序，1995 年，N. F. Yulkov 等提出了广义同步（General Synchronization，GS）[45]，1996 年，M. G. Rosenblum 等提出了相位同步（PHS）[53]，1997 年，M. G. Rosenblum 等提出了滞后同步（Lag Synchronization，LS）[52]，1999 年，R Mainieri 和 J. Rehacek 提出了投影同步（Projective Synchronization，PS）[29]，成为混沌史上不可缺少的组成部分。同时，将主动控制、滑模控制、$H\infty$ 同步、模糊控制、自适应控制、反推控制等稳定性方法和鲁棒性定理应用于混沌同步。利用 Barbalat 引理和 Lyapunov 稳定性进行了严密的理论证明，导出了实现混沌同步的充分条件和必要条件。下面首先介绍实混沌系统的完全同步和反同步。

3.1.1 实混沌系统的完全同步和反同步

完全同步（CS）是混沌同步最早和最简单的类型，这意味着两个混沌系统从不同的初始条件出发，经过一定的控制器作用后能够稳定地保持相同的轨迹。这是混沌史上的一个里程碑。从此，人们开始意识到混沌是可以被控制的。同步的过程可以看作一个响应系统受到特定信号（刺激）的驱动时自动进入某种状态（吸引子）的过程。现实中，人们观察到许多完全同步现象，如人脑中的某些神经元的同步过程、萤火虫同步发光和同步熄灭、齐声唱歌、表演结束时的掌声频度等。下面给出完全同步的定义。

定义 3.1 驱动（主）系统

$$\dot{\boldsymbol{y}}=\boldsymbol{g}(\boldsymbol{y}),\boldsymbol{y}\in\mathbb{R}^n \tag{3.1.1}$$

响应（从）系统

$$\dot{\boldsymbol{x}}=\boldsymbol{f}(\boldsymbol{x})+\boldsymbol{v},\boldsymbol{x}\in\mathbb{R}^n \tag{3.1.2}$$

式中，$\boldsymbol{x}=(x_1,x_2,\cdots,x_n)^{\mathrm{T}}$ 和 $\boldsymbol{y}=(y_1,y_2,\cdots,y_n)^{\mathrm{T}}$ 为两个系统的状态向量（T 为转置），$\boldsymbol{v}$ 为同步控制器。对于实混沌系统来说，$\boldsymbol{f}(\boldsymbol{x})\in\mathbb{R}^n$，$\boldsymbol{g}(\boldsymbol{y})\in\mathbb{R}^n$ 和 $\boldsymbol{v}\in\mathbb{R}^n$ 是 n 维非线性函数。如果设计一个合适的控制器使得

$$\lim_{t\to+\infty}\|\boldsymbol{x}(t)-\boldsymbol{y}(t)\|=0 \tag{3.1.3}$$

这意味着 $\boldsymbol{x}(t)$ 的轨迹将收敛到与 $\boldsymbol{y}(t)$ 相同的值，并且保持同步，称为完全同步（CS）。

函数形式相同（即 $\boldsymbol{f}=\boldsymbol{g}$）的两个混沌系统完全同步，称为自同步；不同的两个混沌系统完全同步，称为异同步。

下面介绍文献［75］中提出的常用的 CS 反馈控制器及其稳定性定理。针对两个混沌系统（3.1.1）和（3.1.2），设计控制器为

$$\boldsymbol{v}=\boldsymbol{\varepsilon}(\boldsymbol{x}-\boldsymbol{y}) \tag{3.1.4}$$

式中，$\boldsymbol{\varepsilon}=\mathrm{diag}\{\varepsilon_1,\varepsilon_2,\cdots,\varepsilon_n\}$，$\varepsilon_i(x_i-y_i)=(\varepsilon_1e_1,\varepsilon_2e_2,\cdots,\varepsilon_ne_n)$ 是反馈控制器，$e_i=x_i-y_i$ 是误差状态变量。ε 的更新率为

$$\dot{\varepsilon}_i=-\eta_ie_i^2,i=1,2,\cdots n \tag{3.1.5}$$

式中，$\eta_i>0,i=1,2,\cdots,n$。

为了说明所提出的反馈控制器的有效性，引入 Lyapunov 函数

$$V=\frac{1}{2}\sum_{i=1}^{n}e_i^2+\frac{1}{2}\sum_{i=1}^{n}\frac{1}{\eta_i}(\varepsilon_i+L)^2 \tag{3.1.6}$$

式中，L 是一个大于 nl 的常数，则可得

$$\begin{aligned}\dot{V}&=\sum_{i=1}^{n}e_i(\dot{x}_i-\dot{y}_i)+\sum_{i=1}^{n}(L+\varepsilon_i)\dot{\varepsilon}\\&=\sum_{i=1}^{n}e_i(f_i(x)-f_i(y)+\varepsilon_ie_i)-\sum_{i=1}^{n}(\varepsilon_i+L)e_i^2\\&\leqslant(-L+nl)\sum_{i=1}^{n}e_i^2\leqslant 0\end{aligned} \tag{3.1.7}$$

假设 x，$y\in\varsigma$ 且 ς 是全局吸引的，根据局部 Lipschitz 条件，可知当且仅当 $e_i=0$ 时，$\dot{V}=0$。

作为包含在$\dot{V}=0$的最大不变集$E=[(e,\varepsilon)\in\mathbb{R}^{2n}:e=0,\varepsilon=\varepsilon_0\in\mathbb{R}^n]$，根据 Lasalle 引理可知，从不同的初始条件开始，系统轨道渐近收敛到最大不变性集 E，而且当 $t\to\infty$ 时有 $x\to y$。

为了更好地呈现完全同步的效果，这里引入了两个初始条件不同的 Lorenz 系统分别作为响应系统和驱动系统

$$\begin{cases}\dot{x}_1=10(x_2-x_1)+v_1\\ \dot{x}_2=28x_1-x_1x_3-x_2+v_2\\ \dot{x}_3=x_1x_2-\dfrac{8}{3}x_3+v_3\end{cases}\tag{3.1.8}$$

$$\begin{cases}\dot{y}_1=10(y_2-y_1)\\ \dot{y}_2=28y_1-y_1y_3-y_2\\ \dot{y}_3=y_1y_2-\dfrac{8}{3}y_3\end{cases}\tag{3.1.9}$$

根据误差反馈可设计控制器为

$$\begin{cases}v_1=\varepsilon_1(x_1-y_1),\dot{\varepsilon}_1=-\eta_1(x_1-y_1)^2\\ v_2=\varepsilon_2(x_2-y_2),\dot{\varepsilon}_2=-\eta_2(x_2-y_2)^2\\ v_3=\varepsilon_3(x_3-y_3),\dot{\varepsilon}_3=-\eta_3(x_3-y_3)^2\end{cases}\tag{3.1.10}$$

式中，$\eta_1=\eta_2=\eta_3=10$ 且初始条件为$[x_1(0),x_2(0),x_3(0)]=[1,2,3]$，$[y_1(0),y_2(0),y_3(0)]=[8,9,5]$。

图 3.1 和图 3.2 分别是 CS 的误差图和状态变量图。图 3.1 中黑色的线表示 $e_1=x_1-y_1$，红色的线表示 $e_2=x_2-y_2$，蓝色的线表示 $e_3=x_3-y_3$，三个误差分量都快速收敛到零。图 3.2 中三个状态变量也快速达到同步，验证了该控制器的有效性。

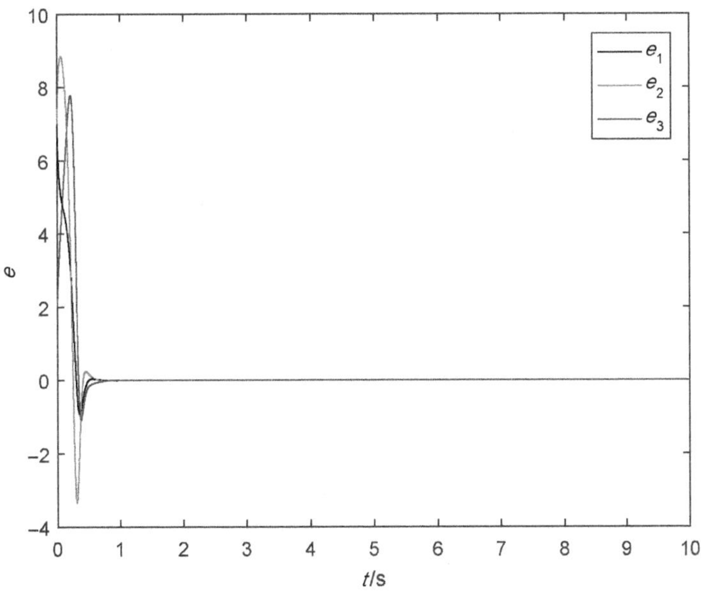

图 3.1　CS 的误差图

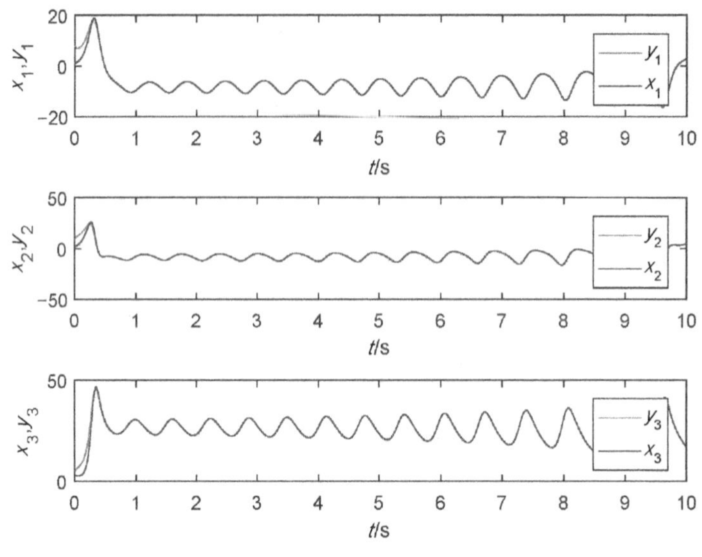

图 3.2 CS 的状态变量图

注 3.1 CS 是最经典、最简单的混沌同步类型。基于 CS 得到了许多混沌同步的其他类型，同时也为基于混沌同步的保密通信奠定了基础。

注 3.2 该反馈控制器结构简单，能够快速有效地实现完全同步；但同时也存在一定的局限性，它主要针对相同混沌系统不同初始条件下实现完全同步，很难实现不同混沌系统的完全同步。

2001 年，Sivaprakasam 等[173]在绘制从激光器与主激光器在每一时刻的输出功率时，发现了从正梯度到负梯度的转变，这种现象在当时被称为逆同步。实际上，它就是反同步（Anti-Synchronization，AS），这一定义在两年后被 Kim[27]提出，它和 CS 有相似的结构，但 CS 是相关状态变量之差为零，而 AS 是相关状态变量之和为零，即

$$\lim_{t\to+\infty}\|x(t)+y(t)\|=0 \tag{3.1.11}$$

3.1.2 复混沌系统的完全同步和反同步

1982 年，A. C. Fowler 等[1]首次提出了复 Lorenz 系统，并应用于旋转流体、失谐激光和热对流过程等[2~5]。自 2007 年 G. M. Mahmoud 等[97]给出复 Lorenz 系统的详细性质和同步方法以来，复变量混沌系统（Complex-Variable Chaotic Systems，CVCSs）得到了越来越多的关注。通过分离实部和虚部，建立复混沌与实混沌之间的关系，使复变量能够承载更多的信息，同时增强了通信的安全性。下面首先给出复混沌系统完全同步和反同步的定义。

定义 3.2 驱动（主）系统

$$\dot{\boldsymbol{y}}=\boldsymbol{g}(\boldsymbol{y}),\boldsymbol{y}\in\mathbb{C}^n \tag{3.1.12}$$

响应（从）系统

$$\dot{\boldsymbol{x}}=\boldsymbol{f}(\boldsymbol{x})+\boldsymbol{v},\boldsymbol{x}\in\mathbb{C}^n \tag{3.1.13}$$

式中，$\boldsymbol{x}=(x_1^r+jx_1^i,x_2^r+jx_2^i,\cdots,x_n^r+jx_n^i)^T$ 和 $\boldsymbol{y}=(y_1^r+jy_1^i,y_2^r+jy_2^i,\cdots,y_n^r+jy_n^i)^T$ 为复状态向量，r 表示

实部，i 表示虚部。为了简化书写，也有很多文献写作驱动系统变量 $\boldsymbol{y}=(u_1+\mathrm{j}u_2, u_3+\mathrm{j}u_4, \cdots, u_{2n-1}+\mathrm{j}u_{2n})^{\mathrm{T}}$，响应系统变量 $\boldsymbol{x}=(u_1'+\mathrm{j}u_2', u_3'+\mathrm{j}u_4', \cdots, u_{2n-1}'+\mathrm{j}u_{2n}')^{\mathrm{T}}$，$\boldsymbol{v}=(v_1+\mathrm{j}v_2, v_3+\mathrm{j}v_4, \cdots, v_{2n-1}+\mathrm{j}v_{2n})$ 为同步控制器。$\boldsymbol{f}(\boldsymbol{x})\in\mathbb{C}^n$、$\boldsymbol{g}(\boldsymbol{z})\in\mathbb{C}^n$ 和 $\boldsymbol{v}\in\mathbb{C}^n$ 均是 n 维非线性复向量函数。设计合适的同步控制器 $\boldsymbol{v}$，使得 $\lim\limits_{t\to+\infty}\|\boldsymbol{x}(t)-\boldsymbol{y}(t)\|=0$，则称复驱动系统（3.1.12）和复响应系统（3.1.13）实现了完全同步。如果设计控制器使得 $\lim\limits_{t\to+\infty}\|\boldsymbol{x}(t)+\boldsymbol{y}(t)\|=0$，则称复驱动系统（3.1.12）和复响应系统（3.1.13）实现了反同步。

CVCSs 的同步在近十年来逐渐被人们所理解，许多学者将已有的同步类型应用到 CVCSs 中，例如，Mahmoud 等[99]在 2009 年通过主动控制器研究了复 Chen 和 Lü 混沌系统之间的 CS，并在 2010 年讨论了具有不确定参数的 CVCSs 的完全同步[105]，P. Liu 和 S. Liu 给出了复混沌系统的反同步方案[106,107]。下面给出文献［99］中 CVCSs 完全同步的基本过程。

驱动系统复 Chen 混沌系统为

$$\begin{cases}\dot{y}_1=a_1(y_2-y_1)\\ \dot{y}_2=(a_2-a_1)y_1-y_1y_3+a_2y_2\\ \dot{y}_3=\dfrac{1}{2}(\bar{y}_1y_2+\bar{y}_2y_1)-a_3y_3\end{cases}\tag{3.1.14}$$

式中，$y_1=u_1+\mathrm{j}u_2$，$y_2=u_3+\mathrm{j}u_4$，$y_3=u_5$，且 y_1，y_2 是复变量，y_3 是实变量。将复 Chen 混沌系统（3.1.14）进行虚部与实部分离，可得

$$\begin{cases}\dot{u}_1=a_1(u_3-u_1)\\ \dot{u}_2=a_1(u_4-u_2)\\ \dot{u}_3=(a_2-a_1)u_1-u_1u_5+a_2u_3\\ \dot{u}_4=(a_2-a_1)u_2-u_2u_5+a_2u_4\\ \dot{u}_5=u_1u_3+u_2u_4-a_3u_5\end{cases}\tag{3.1.15}$$

响应系统复 Lü 混沌系统为

$$\begin{cases}\dot{x}_1=b_1(x_2-x_1)+(v_1+\mathrm{j}v_2)\\ \dot{x}_2=-x_1x_3+b_2x_2+(v_3+\mathrm{j}v_4)\\ \dot{x}_3=\dfrac{1}{2}(\bar{x}_1x_2+\bar{x}_2x_1)-b_3x_3+v_5\end{cases}\tag{3.1.16}$$

式中，$x_1=u_1'+\mathrm{j}u_2'$，$x_2=u_3'+\mathrm{j}u_4'$，$x_3=u_5'$；a_1，a_2，a_3，b_1，b_2，b_3 为实系统参数；v_1，v_2，v_3，v_4，v_5 为实现完全同步的控制器。将复 Lü 系统（3.1.16）进行虚部与实部分离，可得

$$\begin{cases}\dot{u}_1'=b_1(u_3'-u_1')+v_1\\ \dot{u}_2'=b_1(u_4'-u_2')+v_2\\ \dot{u}_3'=-u_1'u_5'+b_2u_3'+v_3\\ \dot{u}_4'=-u_2'u_5'+b_2u_4'+v_4\\ \dot{u}_5'=u_1'u_3'+u_2'u_4'-b_3u_5'+v_5\end{cases}\tag{3.1.17}$$

根据误差的定义，驱动变量与响应变量之间的误差状态为

$$\begin{cases} e_1+\mathrm{j}e_2=x_1-y_1 \\ e_3+\mathrm{j}e_4=x_2-y_2 \\ e_5=x_3-y_3 \end{cases} \tag{3.1.18}$$

则误差状态变量的导数为

$$\begin{cases} \dot{e}_1=b_1(e_3-e_1)+(b_1-a_1)(u_3-u_1)+v_1 \\ \dot{e}_2=b_1(e_4-e_2)+(b_1-a_1)(u_4-u_2)+v_2 \\ \dot{e}_3=-u_1'e_5-u_5e_1+b_2e_3+(b_2-a_2)u_3-(a_2-a_1)u_1+v_3 \\ \dot{e}_4=-u_2'e_5-u_5e_2+b_2e_4+(b_2-a_2)u_4-(a_2-a_1)u_2+v_4 \\ \dot{e}_5=-b_3e_5+u_1e_3+u_3'e_1+u_2e_4+u_4'e_2+(a_3-b_3)u_5+v_5 \end{cases} \tag{3.1.19}$$

选择 Lyapunov 函数为

$$V(t)=\frac{1}{2}\sum_{i=1}^{5}e_i^2$$

则其导数是

$$\begin{aligned} \dot{V}=&-(b_1e_1^2+b_1e_2^2+b_3e_5^2)+e_1(b_1e_3+(b_1-a_1)(u_3-u_1))+e_2(b_1e_4+ \\ &(b_1-a_1)(u_4-u_2))+e_3(b_2e_3-u_1'e_5-u_5e_1+(b_2-a_2)u_3-(a_2-a_1)u_1)+ \\ &e_4(b_2e_4-u_2'e_5-u_5e_2+(b_2-a_2)u_3-(a_2-a_1)u_2)+ \\ &e_5(u_1e_3-u_3'e_1+u_2e_4+u_4'e_2+(a_3-b_3)u_5)+\sum_{i=1}^{5}v_ie_i \end{aligned} \tag{3.1.20}$$

根据有源控制器，可得

$$\begin{aligned} &v_1=-b_1e_3-(b_1-a_1)(u_3-u_1) \\ &v_2=-b_1e_4-(b_1-a_1)(u_4-u_2) \\ &v_3=-(b_2e_3-u_1'e_5-u_5e_1+(b_2-a_2)u_3-(a_2-a_1)u_1) \\ &v_4=-(b_2e_4-u_2'e_5-u_5e_2+(b_2-a_2)u_3-(a_2-a_1)u_2) \\ &v_5=-(u_1e_3-u_3'e_1+u_2e_4+u_4'e_2+(a_3-b_3)u_5) \end{aligned} \tag{3.1.21}$$

把式（3.1.21）代入式（3.1.20），可得

$$\dot{V}=-(b_1e_1^2+b_1e_2^2+b_3e_5^2)<0$$

由于$\dot{V}$是负数，V是正数，则误差系统渐近稳定，复 Chen 混沌系统和复 Lü 混沌系统实现了完全同步。图 3.3 所示为复混沌系统的同步误差图，其中初始条件为$\{x_1,y_1,z_1\}=\{5-2i,-3-4i,1\}$，$\{x_2,y_2,z_2\}=\{1+2i,3+4i,-1\}$。仿真结果与理论分析结果一致。

注 3.3 复混沌系统的完全同步要求复状态变量的实部和虚部同时完成同步。

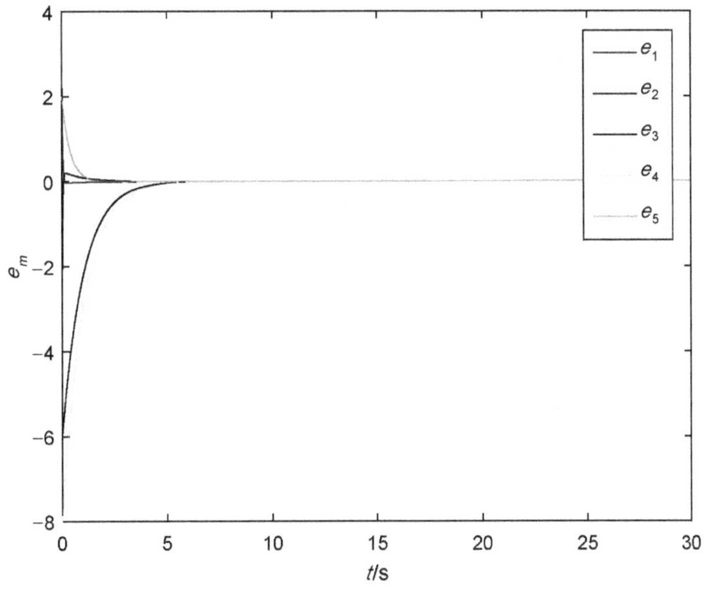

图 3.3　复混沌系统的同步误差图

3.2　广义同步

1995 年，根据混沌系统状态随时间变化的同步特性，N. F. Rulkov[45]研究了同步的推广，即将一个系统的状态变量与另一个系统的状态变量的函数同步。这意味着同步演化是混沌吸引子在全空间中的一个子空间发生的。

定义 3.3　对于驱动系统（3.1.1）和响应系统（3.1.2），广义同步（GS）表示为

$$\lim_{t\to+\infty}\|\boldsymbol{x}(t)-\varphi(\boldsymbol{y}(t))\|=0 \tag{3.2.1}$$

注 3.4　GS 显示了两个不同混沌系统之间更一般、更普遍的关系，它表明了同步过程中两系统关系的随机性和普遍性。显然，CS 是 GS 中最简单的形式。然而，由于函数 φ 是未知的，很难设计通用的控制器 v，所以一般要针对函数 φ 的具体形式具体分析。

3.3　相位同步

1996 年，Rosenblum 等人发现了一个有趣的现象，即相位被锁定在耦合 Rossler 吸引子的 CS 中，而振幅却混乱地变化且是不相关的[53]。当他尝试将一个超混沌振荡器与另一个振荡器耦合时，得到了相位同步（Phase Synchronization，PHS）。

定义 3.4　若 ϕ_1、ϕ_2分别是两个混沌振荡器的相位，如果

$$\|c_1\phi_1-c_2\phi_2\|<c_3 \tag{3.3.1}$$

其中 c_1、c_2是两个正常数，c_3是一个小的正常数，则称两个混沌振荡器实现了相位同步。

注 3.5 相位同步的特点是两个混沌振荡器的相位差被锁定在 2π 以内，但它们的振幅仍然是混沌的、不相关的。

Rosenblum 等还提到相位同步是自治连续时间系统的一个特征，在离散时间或周期性强迫模型中无法观察到。2000 年，刘建波等[174]观察到耦合映射晶格中有偏反相位同步（Anti-Phase Synchronization，APHS），并通过调整耦合常数有效地降低了反相位同步的偏置误差。几乎同时，Hu 等[175]在扩散耦合的 Rossler 振荡器系统中发现了一个反相同步状态，然后 H. L. Yang[176]详细探讨了该反相状态。后来，Ho 等[177]采用主动控制技术，实现了两个耦合混沌系统的相位同步和反相位同步；2010 年，Mahmoud 等[108]实现了复混沌系统相位同步和反相位同步。PHS 和 APHS 是在较早的时间发现的经典同步形式，但它们不如后面介绍的投影同步应用更加广泛。

3.4 滞后同步

1997 年，Rosenblum 等增加两个耦合自治混沌振荡器的耦合强度时，发现两个混沌系统的状态首先达到相位同步；随着耦合强度的进一步增加，出现了一种新的同步机制，即一个系统的状态总是滞后于另一个系统，称为滞后同步（Lag Synchronization，LS）[52]。下面分别介绍实滞后同步和复滞后同步。

（1）实滞后同步。

定义 3.5 对于驱动系统（3.1.1）和响应系统（3.1.2），实滞后同步（LS）表示为

$$\lim_{t\to+\infty}\|\boldsymbol{x}(t)-\boldsymbol{y}(t-\tau)\|=0 \tag{3.4.1}$$

式中，τ 为时滞。

在实际应用中，信息传输过程不可避免地存在时滞。虽然许多文献将同步看作无延迟状态，但从实践上讲，不能忽略滞后。因此，在耦合系统的实验中，LS 比 CS 更普遍。

注 3.6 当 $\tau>0$ 时，根据驱动系统的过去状态可以预测响应系统的当前状态；当 $\tau<0$ 时，响应系统将同步驱动系统的未来状态，这意味着响应系统可以预测驱动器系统的未来状态，滞后同步变为预测同步；当 $\tau=0$ 时，LS 将简化为 CS。

（2）复滞后同步。

考虑到复混沌系统中存在的时滞，E. Mahmoud 和 K. Abualnaja[178]提出了复滞后同步（Complex Lag Synchronization，CLS）。

定义 3.6 对于复驱动系统（3.1.12）和复响应系统（3.1.13），复滞后同步（CLS）表示为

$$\begin{aligned}&\lim_{t\to+\infty}\|\boldsymbol{x}(t)-\mathrm{j}\boldsymbol{y}(t-\tau)\|\\&=\|[\boldsymbol{x}^{\mathrm{r}}(t)+\boldsymbol{y}^{\mathrm{i}}(t-\tau)]+\mathrm{j}[\boldsymbol{x}^{\mathrm{i}}(t)-\boldsymbol{y}^{\mathrm{r}}(t-\tau)]\|=0\end{aligned} \tag{3.4.2}$$

可以看出，CLS 与 LS 有很大的不同。CLS 包括实部的反滞后同步（Anti-Lag Synchronization，ALS）和虚部的 LS。ALS 发生在响应系统的实部和驱动系统的虚部之间，LS 发

生在响应系统的虚部和驱动系统的实部之间。

下面介绍文献［178］中 CLS 的实现过程。考虑耦合复非线性系统

$$\begin{cases}\dot{\boldsymbol{x}}=\dot{\boldsymbol{x}}^{\mathrm{r}}+\mathrm{j}\dot{\boldsymbol{x}}^{\mathrm{i}}=\boldsymbol{A}\boldsymbol{x}+\boldsymbol{F}(\boldsymbol{x},\boldsymbol{z})+\boldsymbol{v}\\ \dot{\boldsymbol{y}}=\dot{\boldsymbol{y}}^{\mathrm{r}}+\mathrm{j}\dot{\boldsymbol{y}}^{\mathrm{i}}=\boldsymbol{A}\boldsymbol{y}+\boldsymbol{F}(\boldsymbol{y},\boldsymbol{z})\\ \dot{\boldsymbol{z}}=\boldsymbol{g}(\boldsymbol{x},\boldsymbol{y},\boldsymbol{z})\end{cases} \tag{3.4.3}$$

式中，$\boldsymbol{A}$、$\boldsymbol{F}$ 分别表示线性和非线性部分。根据 CLS 的定义，可得

$$\boldsymbol{e}=\boldsymbol{e}^{\mathrm{r}}+\mathrm{j}\boldsymbol{e}^{\mathrm{i}}=\lim_{t\to+\infty}\|\boldsymbol{x}(t)-\mathrm{j}\boldsymbol{y}(t-\tau)\| \tag{3.4.4}$$

则

$$\dot{\boldsymbol{e}}=\dot{\boldsymbol{e}}^{\mathrm{r}}+\mathrm{j}\dot{\boldsymbol{e}}^{\mathrm{i}}=(\dot{\boldsymbol{x}}^{\mathrm{r}}(t)+\dot{\boldsymbol{y}}^{\mathrm{i}}(t-\tau))+\mathrm{j}(\dot{\boldsymbol{x}}^{\mathrm{i}}(t)-\dot{\boldsymbol{y}}^{\mathrm{r}}(t-\tau)) \tag{3.4.5}$$

设计控制器为

$$\begin{aligned}\boldsymbol{v}&=\boldsymbol{v}^{\mathrm{r}}+\mathrm{j}\boldsymbol{v}^{\mathrm{i}}\\&=-\boldsymbol{A}\boldsymbol{x}(t)-\boldsymbol{F}(\boldsymbol{x}(t),\boldsymbol{z}(t))+\\&\quad\ \mathrm{j}[\boldsymbol{A}\boldsymbol{y}(t-\tau)+\boldsymbol{F}(\boldsymbol{y}(t-\tau),\boldsymbol{z}(t-\tau))]-\boldsymbol{k}\boldsymbol{e}\end{aligned} \tag{3.4.6}$$

式中，$\boldsymbol{k}=\mathrm{diag}\{k_1,k_2,\cdots,k_n\}$是对角线元素为正常数的对角矩阵。

下面证明控制器的稳定性。定义 Lyapunov 函数如下

$$V(t)=\frac{1}{2}((\boldsymbol{e}^{\mathrm{r}})^{\mathrm{T}}\boldsymbol{e}^{\mathrm{r}}+(\boldsymbol{e}^{\mathrm{i}})^{\mathrm{T}}\boldsymbol{e}^{\mathrm{i}}) \tag{3.4.7}$$

则

$$\begin{aligned}\dot{V}(t)&=(\dot{\boldsymbol{e}}^{\mathrm{r}})^{\mathrm{T}}\boldsymbol{e}^{\mathrm{r}}+(\dot{\boldsymbol{e}}^{\mathrm{i}})^{\mathrm{T}}\boldsymbol{e}^{\mathrm{i}}\\&=(\boldsymbol{A}\boldsymbol{x}^{\mathrm{r}}(t)+\boldsymbol{F}^{\mathrm{r}}(\boldsymbol{x}(t),\boldsymbol{z}(t))+\boldsymbol{A}\boldsymbol{y}^{\mathrm{i}}(t-\tau)+\boldsymbol{F}^{\mathrm{i}}(\boldsymbol{y}(t-\tau),\boldsymbol{z}(t-\tau))+\boldsymbol{v}^{\mathrm{r}})^{\mathrm{T}}\boldsymbol{e}^{\mathrm{r}}+\\&\quad(\boldsymbol{A}\boldsymbol{x}^{\mathrm{i}}(t)+\boldsymbol{F}^{\mathrm{i}}(\boldsymbol{x}(t),\boldsymbol{z}(t))+\boldsymbol{A}\boldsymbol{y}^{\mathrm{r}}(t-\tau)+\boldsymbol{F}^{\mathrm{r}}(\boldsymbol{y}(t-\tau),\boldsymbol{z}(t-\tau))+\boldsymbol{v}^{\mathrm{i}})^{\mathrm{T}}\boldsymbol{e}^{\mathrm{i}}\end{aligned} \tag{3.4.8}$$

将控制器式（3.4.6）代入式（3.4.8），则

$$\dot{V}(t)=-k[(\boldsymbol{e}^{\mathrm{r}})^{\mathrm{T}}\boldsymbol{e}^{\mathrm{r}}+(\boldsymbol{e}^{\mathrm{i}})^{\mathrm{T}}\boldsymbol{e}^{\mathrm{i}}]<0 \tag{3.4.9}$$

故 $V(t)$是正定的，$V(t)$的导数是负定的，误差系统（3.4.5）渐近稳定，耦合复混沌系统（3.4.3）通过控制器式（3.4.6）实现了 CLS。仿真实验中采用两个不同初始条件的复 Lorenz 系统，图 3.4 所示为 CLS 误差变量图，其中 $e_1^{\mathrm{r}}=x_1^{\mathrm{r}}+y_1^{\mathrm{i}}$，$e_1^{\mathrm{i}}=x_1^{\mathrm{i}}-y_1^{\mathrm{r}}$，$e_2^{\mathrm{r}}=x_2^{\mathrm{r}}+y_2^{\mathrm{i}}$，$e_2^{\mathrm{i}}=x_2^{\mathrm{i}}-y_2^{\mathrm{r}}$，$e_3=x_3-y_3$，初始条件为$\{x_1(0),x_2(0),x_3(0)\}=\{1+2i,3+4i,5\}$，$\{y_1(0),y_2(0),y_3(0)\}=\{8+i,2+5i,2\}$，仿真结果与理论分析结果一致。

随后 Emad E. Mahmoud 和 Fatimah S. Abood[179]在 2017 年提出了复反滞后同步（CALS），具体定义如下。

定义 3.7　对于复驱动系统（3.1.12）和复响应系统（3.1.13），复反滞后同步（CALS）表示为

$$\lim_{t\to+\infty}\|\boldsymbol{x}(t)+\mathrm{j}\boldsymbol{y}(t-\tau)=[\boldsymbol{x}^{\mathrm{r}}(t)-\boldsymbol{y}^{\mathrm{i}}(t-\tau)]+\mathrm{j}[\boldsymbol{x}^{\mathrm{i}}(t)+\boldsymbol{y}^{\mathrm{r}}(t-\tau)]\|=0 \tag{3.4.10}$$

注 3.7　CALS 和 CLS 被认为是介于 ALS 和 LS 之间的同步。

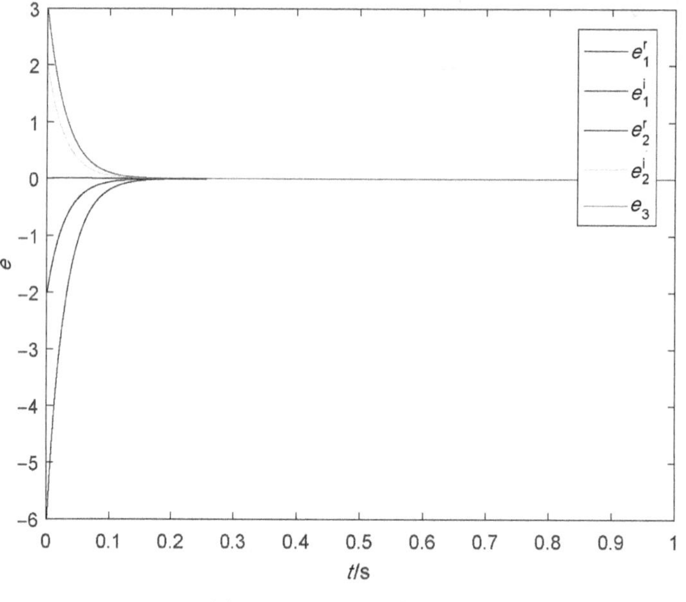

图 3.4　CLS 误差变量图

3.5　投影同步及其扩展

3.5.1　实混沌系统的投影同步及其扩展

1999 年，Mainieri 和 Rehacek 发现了一种新的同步方法，提出了投影同步（Projective Synchronization，PS）[29]，描述了不同混沌系统之间的恒定投影关系，并引起了学者的广泛关注，具体定义如下。

定义 3.8　对于驱动系统（3.1.1）和响应系统（3.1.2），投影同步（PS）表示为

$$\lim_{t\to+\infty}\|\boldsymbol{x}(t)-\boldsymbol{H}\boldsymbol{y}(t)\|=0 \tag{3.5.1}$$

式中，$\boldsymbol{H}=\text{diag}\{h,h,\cdots,h\}\in\mathbb{R}^n$为实数比例因子对角矩阵。

常见的控制方法以文献［180］中的例子进行说明。取超混沌 Lorenz 系统作为响应系统

$$\begin{cases}\dot{x}_1=x_4-a_1(x_1-x_2)+v_1\\ \dot{x}_2=-x_2+a_2x_1-x_1x_3+v_2\\ \dot{x}_3=-a_3x_3+x_1x_2+v_3\\ \dot{x}_4=-x_1x_3+a_4x_4+v_4\end{cases} \tag{3.5.2}$$

驱动系统为

$$\begin{cases}\dot{y}_1=y_4-a_1(y_1-y_2)\\ \dot{y}_2=-y_2+a_2y_1-y_1y_3\\ \dot{y}_3=-a_3y_3+y_1y_2\\ \dot{y}_4=-y_1y_3+a_4y_4\end{cases} \tag{3.5.3}$$

式中，v_1,v_2,v_3,v_4为控制器；a_1,a_2,a_3,a_4为系统参数。

根据 PS 的定义，则误差状态向量 $e_1=x_1-hy_1$，$e_2=x_2-hy_2$，$e_3=x_3-hy_3$，$e_4=x_4-hy_4$。误差系统为

$$\begin{cases}\dot{e}_1=-a_1(x_1-x_2)+x_4+ha_1(y_1-y_2)-hy_4-hv_1\\ \dot{e}_2=-x_1x_3+a_2x_1-x_2+hy_1y_3-ha_2y_1+hy_2+hv_2\\ \dot{e}_3=x_1x_2-a_3x_3-hy_1y_2+ha_3y_3-hv_3\\ \dot{e}_4=-x_1x_3+a_4x_4+hy_1y_3-ha_4y_4-hv_4\end{cases} \tag{3.5.4}$$

根据主动控制，设计控制器为

$$\begin{cases}v_1=\dfrac{1}{h}[-a_1(x_1-x_2)+x_4+ha_1(y_1-y_2)-hy_4+e_1]\\ v_2=\dfrac{1}{h}[-x_1x_3+a_2x_1-x_2+hy_1y_3-ha_2y_1+hy_1+e_2]\\ v_3=\dfrac{1}{h}[x_1x_2-a_3x_3hy_1y_2+ha_3y_3+e_3]\\ v_4=\dfrac{1}{h}[-x_1x_3+a_4x_4+hy_1y_3-ha_4y_4+e_4]\end{cases} \tag{3.5.5}$$

下面证明控制器的稳定性。选择 Lyapunov 函数

$$V=\frac{1}{2}(e_1^2+e_2^2+e_3^2+e_4^2)$$

则

$$\begin{aligned}\dot{V}&=e_1\dot{e}_1+e_2\dot{e}_2+e_3\dot{e}_3+e_4\dot{e}_4\\ &=e_1(-a_1(x_1-x_2)+x_4+ha_1(y_1-y_2)-hy_4-hv_1)+\\ &\quad e_2(-x_1x_3+a_2x_1-x_2+hy_1y_3-ha_2y_1+hy_2-hv_2)+\\ &\quad e_3(x_1x_2-a_3x_3-hy_1y_2+ha_3y_3-hv_3)+\\ &\quad e_4(-x_1x_3+a_4x_4+hy_1y_3-ha_4y_4-hv_4)\end{aligned} \tag{3.5.6}$$

将投影同步控制器式（3.5.5）代入式（3.5.6），可得

$$\dot{V}=-(e_1^2+e_2^2+e_3^2+e_4^2)<0$$

根据 Lyapunov 稳定性理论，误差系统渐近稳定，响应系统（3.5.2）和驱动系统（3.5.3）通过控制器式（3.5.5）实现了投影同步。下面通过仿真实验验证该控制方案的有效性。设置初始条件为$\{x_1(0),x_2(0),x_3(0),x_4(0)\}=\{1,2,3,4\}$，$\{y_1(0),y_2(0),y_3(0),y_4(0)\}=\{-1,-2,-3,-6\}$，$h=2$。图 3.5 所示为投影同步误差图。它表明每个投影同步误差变量在 $t=5$s 时趋于零。图 3.6 所示的投影同步系统相图更直观地显现了响应系

统与驱动系统的比例关系。

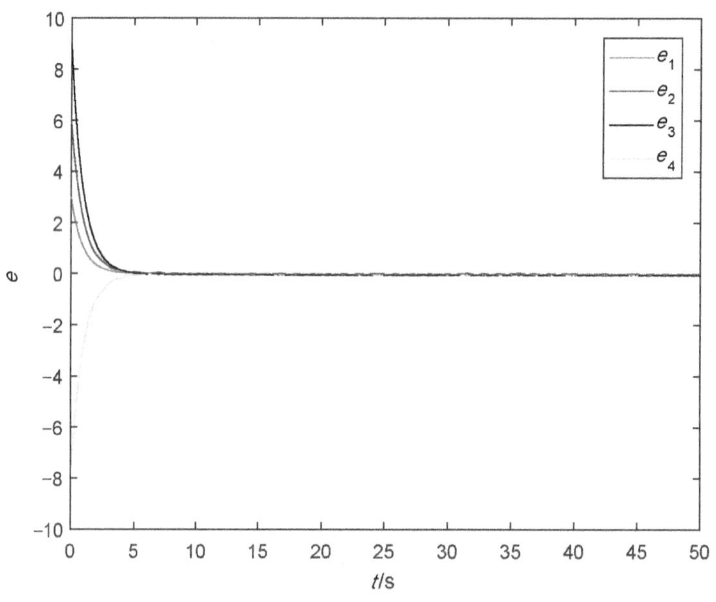

图 3.5　投影同步误差图

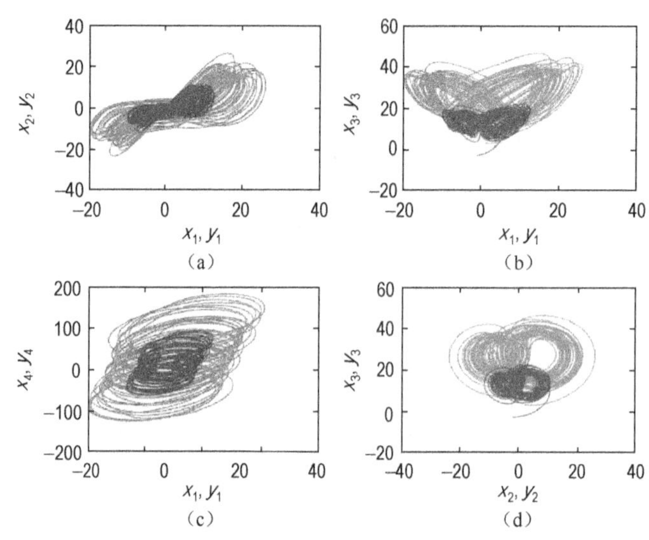

图 3.6　投影同步系统相图

注 3.8　当 $h=1$ 时，PS 简化成 CS。当 $h=-1$ 时，PS 将变为 AS。故 CS 和 AS 都是 PS 的特殊情况。

注 3.9　对于主动控制器，由于其机制简单，在混沌同步中得到了广泛的应用。虽然主动控制具有许多天然的优势，但主动控制器（如式（3.5.5））实际上抵消了响应系统的非线性部分，使得响应混沌系统的某些特性消失。

注 3.10　对于误差反馈控制器（如式（3.1.4）），控制器结构简单，易于实现，并尽可能少地改变响应系统的性能，通常适用于驱动系统和响应系统具有相同模型且初始条件不同的情况。

2007 年，Li[33]对 PS 进行了广泛的研究，并将其扩展到修正投影同步（MPS）。PS 和 MPS 的主要区别在于 MPS 中的比例因子 $\boldsymbol{h}$ 是对角元素不相等的对角矩阵 $\boldsymbol{h}=\mathrm{diag}(h_1, h_2,\cdots,h_n)$，则 CS、AS 和 PS 分别是该对角矩阵 $\boldsymbol{h}=\boldsymbol{I}$，$\boldsymbol{h}=-\boldsymbol{I}$ 和 $h_1=h_2=\cdots=h_n$时的特殊情况。MPS 还被文献［35～37］称为全状态混合投影同步（FSHPS）。事实上，FSHPS 和 MPS 是等价的。随后，Rui[181]研究了混合投影同步（HPS），即两个不同维数的混沌系统可以同步到普通矩阵。Xu 等学者[182]提出了参数未知的混合投影错位同步（HPDS），即响应系统状态变量错位同步于驱动系统状态变量：x_1,x_2,x_3为响应混沌系统的三个状态变量，y_1,y_2,y_3为驱动混沌系统的三个状态变量，比例因子分别是 h_1,h_2,h_3，则 HPDS 的误差变量为 $e_1=x_1-h_1y_2$，$e_2=x_2-h_2y_3$，$e_3=x_3-h_3y_1$。

3.5.2　复混沌系统的投影同步及其扩展

2011 年，Mahmoud 和 Ahmed[183]将投影同步推广到了改进的复 Chen 和复 Lü 混沌系统中；Mahmoud 等[184]讨论了两个不同的超混沌复系统的修正投影滞后同步（MPLS）；Wang 和 Wei[185]在 2014 年研究了超混沌复系统的修正函数投影滞后同步。然而，上述同步过程在本质上仍然是实混沌同步类型的扩展，这些学者只是将实混沌同步类型分别应用到复混沌系统的实部和虚部中。

2013 年，当一些学者试图将投影同步应用到更复杂的复混沌系统中时，发现了一个有趣的现象，投影比例因子可以是复数，于是 Wu[117]、Zhang 等[118]，以及 Mahmoud 等[120]几乎同时提出了复比例因子的投影同步，后来被统一称为复修正投影同步（Complex Modified Projective Synchronization，CMPS），具体定义如下。

定义 3.9　对于复响应系统（3.1.13）和复驱动系统（3.1.12），如果存在复常数矩阵 $\boldsymbol{H}=\mathrm{diag}\{h_1,h_2,\cdots,h_n\}=\mathrm{diag}\{h_1^{\mathrm{r}}+\mathrm{j}h_1^{\mathrm{r}},h_2^{\mathrm{r}}+\mathrm{j}h_2^{\mathrm{i}},\cdots,h_n^{\mathrm{r}}+\mathrm{j}h_n^{\mathrm{i}}\}$使得

$$\begin{aligned}\lim_{t\to\infty}\|\boldsymbol{e}(t)\|^2&=\lim_{t\to\infty}\|\boldsymbol{x}(t)-\boldsymbol{H}\boldsymbol{y}(t)\|^2\\&=\lim_{t\to\infty}(\|\boldsymbol{x}^{\mathrm{r}}(t)-\boldsymbol{H}^{\mathrm{r}}\boldsymbol{y}^{\mathrm{r}}(t)+\boldsymbol{H}^{\mathrm{i}}\boldsymbol{y}^{\mathrm{i}}(t)\|^2+\|\boldsymbol{x}^{\mathrm{i}}(t)-\boldsymbol{H}^{\mathrm{r}}\boldsymbol{y}^{\mathrm{i}}(t)-\boldsymbol{H}^{\mathrm{i}}\boldsymbol{y}^{\mathrm{r}}(t)\|^2)\\&=0\end{aligned}\tag{3.5.7}$$

成立，其中 $\boldsymbol{e}(t)$ 是误差向量，$\boldsymbol{e}^{\mathrm{r}}(t)=(e_1^{\mathrm{r}},e_2^{\mathrm{r}},\cdots,e_n^{\mathrm{r}})^{\mathrm{T}}$，$\boldsymbol{e}^{\mathrm{i}}(t)=(e_1^{\mathrm{i}},e_2^{\mathrm{i}},\cdots,e_n^{\mathrm{i}})^{\mathrm{T}}$，$\boldsymbol{H}^{\mathrm{r}}=\mathrm{diag}\{h_1^{\mathrm{r}},h_2^{\mathrm{r}},\cdots,h_n^{\mathrm{r}}\}$，$\boldsymbol{H}^{\mathrm{i}}=\mathrm{diag}\{h_1^{\mathrm{i}},h_2^{\mathrm{i}},\cdots,h_n^{\mathrm{i}}\}$，那么复响应系统（3.1.13）和复驱动系统（3.1.12）就实现了复比例因子的修正投影同步（CMPS）。$\boldsymbol{H}$ 是复比例因子矩阵，$h_1, h_2,\cdots,h_n$是复比例因子。

若 $h_1^{\mathrm{r}}=h_2^{\mathrm{r}}=\cdots=h_n^{\mathrm{r}}=0$，$h_1^{\mathrm{i}}=h_2^{\mathrm{i}}=\cdots=h_n^{\mathrm{i}}=0$，它就是响应系统稳定到原点问题。若 $h_1^{\mathrm{r}}=h_2^{\mathrm{r}}=\cdots=h_n^{\mathrm{r}}=1$，$h_1^{\mathrm{i}}=h_2^{\mathrm{i}}=\cdots=h_n^{\mathrm{i}}=0$，它就是 CS。若 $h_1^{\mathrm{r}}=h_2^{\mathrm{r}}=\cdots=h_n^{\mathrm{r}}=-1$，$h_1^{\mathrm{i}}=h_2^{\mathrm{i}}=\cdots=h_n^{\mathrm{i}}=0$，它就是 AS。文献［106］中的控制器就是响应系统和驱动系统的未知参数都是实数或复数时的反同步情况。若 $h_1^{\mathrm{r}}=h_2^{\mathrm{r}}=\cdots=h_n^{\mathrm{r}}=\delta$，$h_1^{\mathrm{i}}=h_2^{\mathrm{i}}=\cdots=h_n^{\mathrm{i}}=0(\delta\in\mathbb{R})$，它就是实比例因子的投影同步（PS）。若仅 $h_1^{\mathrm{i}}=h_2^{\mathrm{i}}=\cdots=h_n^{\mathrm{i}}=0$，它就是实比例因子的修正投影同步（MPS）。若 $h_1=h_2=\cdots=h_n=\delta(\delta\in\mathbb{C})$，它就是复比例因子的投影同步（Complex Projective Synchronization，CPS）。若 $h_1=h_2=\cdots=h_n=j$，即复比例因子为 j 的投影同步，也就是说响应系统

实部和驱动系统的虚部反同步，响应系统虚部和驱动系统的实部完全同步，称为复完全同步（Complex Complete Synchronization，CCS）[116]，具体定义如下。

定义 3.10 对于复响应系统（3.1.13）和复驱动系统（3.1.12），如果设计控制器使得

$$\lim_{t\to+\infty}\|\boldsymbol{x}(t)-\mathrm{j}\boldsymbol{y}(t)\|=\lim_{t\to+\infty}\|(\boldsymbol{x}^{\mathrm{r}}(t)+\boldsymbol{y}^{\mathrm{i}}(t))+\mathrm{j}(\boldsymbol{x}^{\mathrm{i}}(t)-\boldsymbol{y}^{\mathrm{r}}(t)\|=0 \tag{3.5.8}$$

则称这两个系统实现复完全同步（CCS）。

注 3.11 CCS 是一种有趣的混沌同步类型，它只存在于 CVCSs 中。CCS 表示了驱动系统的实部与响应系统的虚部的关系，也表示了驱动系统的虚部与响应系统的实部的关系。

注 3.12 CMPS 与复混沌系统的 PS 有本质不同。这是因为比例因子是复数。当复混沌系统与复比例因子相乘时，响应系统的状态变量是驱动系统状态变量实部和虚部的线性组合；而复混沌系统的 PS 只是响应和驱动复混沌系统的两个实部实现投影同步，两个虚部实现投影同步。CMPS 将包括实比例因子投影同步，扩展了以前的工作。同时，复比例因子比实比例因子更具有任意性和不可预测性，而且复数的积运算比实数更加复杂（传输信号的实部或虚部是驱动系统和信息信号的实部与虚部的组合，而不是实部与实部有关、虚部与虚部有关），那么入侵者从传输信息中提取信号信息就更加困难。因此，CMPS 将增加同步的复杂性，从而进一步增加通信的多样性和安全性。

另外，复比例因子建立了实混沌系统和复混沌系统的连接。如果驱动系统为实系统，复比例因子可以让其同步到一个复系统。在混沌通信中，这意味着可利用实混沌信号乘以复比例因子来得到一个复信号，那么这个复信号的实部和虚部连同信号信息一起传输给接收端，在接收端采用 CMPS 恢复出信号信息。如果驱动系统的变量是复状态变量，则可采用一个实数系统来同步该复系统和复比例因子相乘得到的积的实部（虚部）。在混沌通信中，意味着这个积的实部（虚部）连同信号信息被传输到接收端。在接收端，采用一个实系统同步该实部（虚部），从而恢复出信号信息。因此，CMPS 将增加发送端和接收端混沌产生器的选择范围，从而使得入侵者更难以破解信息。实混沌系统和复混沌系统之间的同步具有非常重要的应用价值。

由于不同维数的混沌系统间的同步现象广泛存在于自然界中，例如，在视神经元细胞的活动中，较低阶神经元常常被较高阶的神经元的输出所驱动等。类似这种不同结构、不同维数的混沌系统间的同步现象在通信[186]、化学、生物领域和社会科学系统[187]中也十分常见。因此，Liu 等[122]研究了不同维度的 CVCSs 的复修正混合投影同步（Complex Modified Hybrid Projective Synchronization，CMHPS），其中的变换矩阵是元素为复数的普通矩阵。为了规范，本书把比例因子变换矩阵 $\boldsymbol{H}$ 统一称为标度矩阵。各种投影同步类型的关系如表 3.1 所示。

表 3.1 各种投影同步类型的关系

标度矩阵 $\boldsymbol{H}$	同步类型
$\boldsymbol{H}\in\mathbb{C}^{n\times m}$	CMHPS
$\boldsymbol{H}=\mathrm{diag}\{\delta_1,\delta_2,\cdots,\delta_n\}\in\mathbb{C}^{n\times n}$	CMPS

续表

标度矩阵 $\boldsymbol{H}$	同步类型
$\boldsymbol{H}=\mathrm{diag}\{\delta,\delta,\cdots,\delta\}\in\mathbb{C}^{n\times n}$	CPS
$\boldsymbol{H}=\mathrm{diag}\{j,j,\cdots,j\}\in\mathbb{C}^{n\times n}$	CCS
$\boldsymbol{H}=\mathrm{diag}\{\delta_1,\delta_2,\cdots,\delta_n\}\in\mathbb{R}^{n\times n}$	MPS
$\boldsymbol{H}=\mathrm{diag}\{\delta,\delta,\cdots,\delta\}\in\mathbb{R}^{n\times n}$	PS
$\boldsymbol{H}=\mathrm{diag}\{1,1,\cdots,1\}$	CS
$\boldsymbol{H}=\mathrm{diag}\{-1,-1,\cdots,-1\}$	AS
$\boldsymbol{H}=\mathrm{diag}\{0,0,\cdots,0\}$	响应系统稳定到原点

随着复修正投影同步的广泛应用和分数阶复混沌系统的深入研究，也有学者把复修正投影同步应用到分数阶复混沌系统中。2014 年，J. Liu 采用反馈控制将整数阶的复修正投影同步推广到了齐次分数阶复混沌系统，并研究了不同维的齐次分数阶复混沌系统的复修正投影同步[188]，Z. Li 等利用设计状态观测器的控制方法，研究了基于观测器的齐次分数阶复混沌系统的复修正投影同步[189]，C. Jiang 等利用主动控制和反馈控制方法，根据非齐次分数阶系统的稳定定理，研究了非齐次分数阶复混沌系统的复修正投影同步[190]。

3.6　函数投影同步及其扩展

3.6.1　实混沌系统的函数投影同步及其扩展

受 PS 和 MPS 的启发，Chen 等人[191]在 2007 年提出了一种更通用的同步形式，称为函数投影同步（Function Projective Synchronization，FPS）。它证明了驱动和响应混沌系统可以具有状态变量的函数矩阵 $\boldsymbol{H}(t)$ 的投影关系。下面首先给出 FPS 的定义。

定义 3.11　对于响应系统（3.1.2）和驱动系统（3.1.1），如果设计控制器使得

$$\lim_{t\to+\infty}\|\boldsymbol{x}(t)-\boldsymbol{H}(t)\boldsymbol{y}(t)\|=0 \tag{3.6.1}$$

式中，$\boldsymbol{H}(t)=\mathrm{diag}(h(t),h(t),\cdots,h(t))$为投影函数矩阵，称两个系统实现函数投影同步。

Y. Xu 等[192]针对含有未知参数的混沌系统，设计自适应控制器实现了不确定混沌系统的自适应同步。随后 H. Du 等[39]对 FPS 进行了扩展，提出了修正函数投影同步（MFPS），即 MFPS 中对角函数矩阵 $\boldsymbol{H}(t)=\mathrm{diag}(h_1(t),h_2(t),\cdots,h_n(t))$中各对角线上的函数不同。这个推广类似于从 PS 扩展到 MPS。

注 3.13　FPS 和 PS 是 MFPS 中 $h_1(t)=h_2(t)=\cdots=h_n(t)$和 $h_1(t)=h_2(t)=\cdots=h_n(t)=\delta$（$\delta\in\mathbb{R}$ 是常数）时的特殊情况。

下面简单地说明文献［39］中 MFPS 的实现过程。考虑不同初始条件下的响应系统（3.1.8）和驱动系统（3.1.9），投影函数 $\boldsymbol{H}(t)=\mathrm{diag}(\sin(t),\cos(t),1)$，则误差分量

$$\begin{cases} e_1 = x_1 - \sin(t) y_1 \\ e_2 = x_2 - \cos(t) y_2 \\ e_3 = x_3 - y_3 \end{cases} \tag{3.6.2}$$

误差状态系统为

$$\begin{cases} \dot{e}_1 = 10(x_2 - x_1) - \cos(t) y_1 - 10\sin(t)(y_2 - y_1) + v_1 \\ \dot{e}_2 = 28x_1 - x_1 x_3 - x_2 + y_2 \sin(t) - \cos(t)(28y_1 - y_1 y_3 - y_2) + v_2 \\ \dot{e}_3 = x_1 x_2 - 8/3 x_3 - y_1 y_2 + 8/3 c_3 + v_3 \end{cases} \tag{3.6.3}$$

根据主动控制理论，设计 MFPS 控制器

$$\begin{cases} v_1 = -10e_2 + y_1 \cos(t) - k_1 e_1 \\ v_2 = -28e_1 + x_1 x_3 - y_1 y_3 \cos(t) - y_2 \sin(t) - k_2 e_2 \\ v_3 = -x_1 x_2 + y_1 y_2 - k_3 e_3 \end{cases} \tag{3.6.4}$$

式中，k_1、k_2、k_3是控制强度因子，一般是正常数。

下面通过仿真实验验证 MFPS 控制器的效果。令$\{x_1(0), x_2(0), x_3(0)\} = \{8,4,6\}$、$\{y_1(0), y_2(0), y_3(0)\} = \{5,1,2\}$、$k_1 = 1500$、$k_2 = 1500$、$k_3 = 100$。图 3.7 所示为 MFPS 误差状态图，可见误差状态系统（3.6.3）趋于零，两个不同的 Lorenz 混沌系统实现了修正投影函数同步。注意 k_1和 k_2的数值大于 k_3，这是由于投影函数 $h_1(t)$ 和 $h_2(t)$ 比 $h_3(t)$ 更为复杂。一般来说，在保证控制器稳定性的前提下，控制强度越大，误差系统的稳定性和快速性就越好。

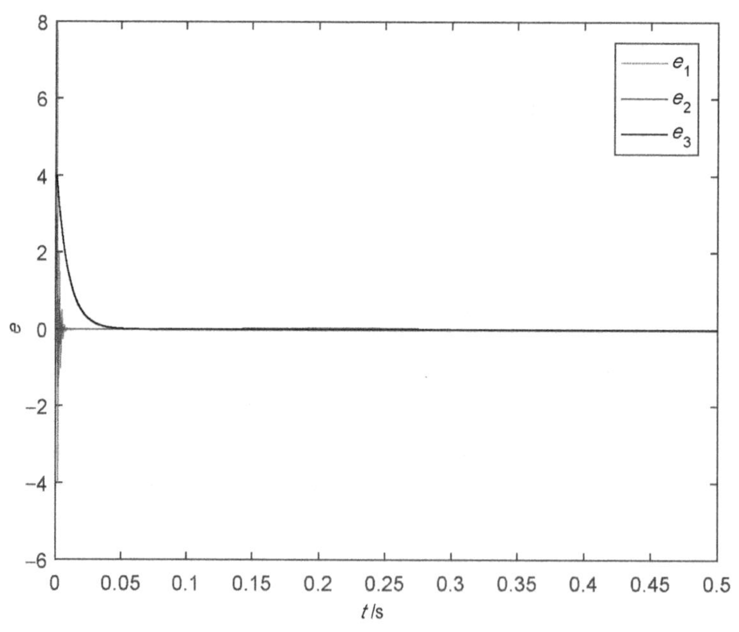

图 3.7　MFPS 误差状态图

2009 年，Li 等[193]结合 LS 和 PS 的特性，提出了投影滞后同步（PLS）。这意味着响应系统的当前状态与驱动系统的过去状态满足恒定的投影关系，具体定义如下。

定义 3.12 对于响应系统（3.1.2）和驱动系统（3.1.1），如果设计控制器使得

$$\lim_{t\to+\infty}\|\boldsymbol{x}(t)-\boldsymbol{H}\boldsymbol{y}(t-\tau)\|=0 \tag{3.6.5}$$

式中，$\boldsymbol{H}=\mathrm{diag}(h,h,\cdots,h)$为对角线元素相等的投影因子矩阵，称两个系统实现投影滞后同步。

同年，Tae 等[194]将 PLS 扩展到函数投影滞后同步（FPLS），并通过自适应控制器实现 FPLS。PLS 与 FPLS 的区别在于，FPLS 中的比例因子是投影函数矩阵 $\boldsymbol{H}(t)$，不再是常数，即

$$\lim_{t\to+\infty}\|\boldsymbol{x}(t)-\boldsymbol{H}(t)\boldsymbol{y}(t-\tau)\|=0 \tag{3.6.6}$$

式中，$\boldsymbol{H}(t)=\mathrm{diag}(h(t),h(t),\cdots,h(t))$为投影函数矩阵。

注 3.14 当投影函数矩阵 $\boldsymbol{H}(t)$为常数时，FPLS 将简化为 PLS。

注 3.15 当 $\tau=0$ 时，FPLS 将简化为 FPS，FPS 的各种扩展也适用于 FPLS。

3.6.2 复混沌系统的复函数投影同步及其扩展

对于复混沌系统的 MFPS 的文献很少。2012 年，刘平和刘树堂等[113]研究了不确定复混沌系统的 MFPS，2013 年，骆超和王兴元[195]讨论了不同维度复混沌系统的修正混合函数投影同步。

然而，上述文献中的标度函数都局限于实数域。事实上，复变量 x 和 y 之间的关系可以表示为 $y=\rho e^{j\theta t}x$，其中 $\rho e^{j\theta t}=\rho(\cos\theta t+j\sin\theta t)$，$\rho>0$ 表示放大率，θt 表示旋转角，$\theta\in[0,2\pi)$。于是，2014 年刘树堂和张芳芳[123]研究了参数确定的耦合复混沌系统的复函数投影同步（Function Projective Synchronization with Complex Scaling Function，CFPS），并应用于保密通信，提高了混沌通信的多样性和安全性。其实，文献［123］中的复函数投影同步应该称为复修正函数投影同步，复函数投影同步即标度矩阵为相同复函数的对角阵，复修正函数投影同步即标度矩阵为不同复函数的对角阵。2017 年，刘坚和刘树堂正式提出了复修正函数投影同步（Modified Function Projective Synchronization with Complex Scaling Function，CMFPS）[196]，它是复函数投影同步的进一步扩展。下面首先给出复修正函数投影同步的定义。

定义 3.13 对于复驱动系统（3.1.12）和复响应系统（3.1.13），任意的初始状态 $(\boldsymbol{y}(0),\boldsymbol{x}(0))\in\mathbb{C}^n\times\mathbb{C}^n$，对于复函数矩阵 $\boldsymbol{H}(t)$，如果存在复控制输入 $\boldsymbol{v}$，使得在 $t\to+\infty$ 时，

$$\begin{aligned}\lim_{t\to\infty}\|\boldsymbol{x}(t)-\boldsymbol{H}(t)\boldsymbol{y}(t)\|^2&=\|\boldsymbol{x}^{\mathrm{r}}(t)-\boldsymbol{H}^{\mathrm{r}}(t)\boldsymbol{y}^{\mathrm{r}}(t)+\boldsymbol{H}^{\mathrm{i}}(t)\boldsymbol{y}^{\mathrm{i}}(t)\|^2+\\&\quad\|\boldsymbol{x}^{\mathrm{i}}(t)-\boldsymbol{H}^{\mathrm{r}}(t)\boldsymbol{y}^{\mathrm{i}}(t)-\boldsymbol{H}^{\mathrm{i}}(t)\boldsymbol{y}^{\mathrm{i}}(t)\|^2\\&=0\end{aligned}$$

成立，则对于指定的复函数矩阵 $\boldsymbol{H}(t)$，$\boldsymbol{x}(t)$、$\boldsymbol{y}(t)$实现了复修正函数投影同步。这里 $\boldsymbol{H}(t)=\mathrm{diag}\{h_1(t),h_2(t),\cdots,h_n(t)\}$称为复函数比例矩阵，$h_l(t):\mathbb{C}^n\to\mathbb{C}$ $(l=1,2,\cdots,n)$是连续可微有界复函数，且对于任意 t，$h_l(t)\neq0$，称之为复函数比例因子。

两系统 CMFPS 误差 $\boldsymbol{e}(t)=\boldsymbol{x}(t)-\boldsymbol{H}(t)\boldsymbol{y}(t)$，其中 $\boldsymbol{e}=\boldsymbol{e}^{\mathrm{r}}+j\boldsymbol{e}^{\mathrm{i}}$，$\boldsymbol{e}^{\mathrm{r}}=\boldsymbol{x}^{\mathrm{r}}(t)-\boldsymbol{H}^{\mathrm{r}}(t)\boldsymbol{y}^{\mathrm{r}}(t)+\boldsymbol{H}^{\mathrm{i}}(t)\boldsymbol{y}^{\mathrm{i}}(t)$，$\boldsymbol{e}^{\mathrm{i}}=\boldsymbol{x}^{\mathrm{i}}(t)-\boldsymbol{H}^{\mathrm{r}}(t)\boldsymbol{y}^{\mathrm{i}}(t)-\boldsymbol{H}^{\mathrm{i}}(t)\boldsymbol{y}^{\mathrm{r}}(t)$。下面介绍通用的控制器方案。

考虑如下 n 维耦合复混沌系统

$$\begin{cases}\dot{\boldsymbol{x}}=\boldsymbol{p}(\boldsymbol{x},\boldsymbol{z})+\boldsymbol{v}\\ \dot{\boldsymbol{y}}=\boldsymbol{f}(\boldsymbol{y},\boldsymbol{z})\\ \dot{\boldsymbol{z}}=\boldsymbol{g}(\boldsymbol{y},\boldsymbol{z})\end{cases} \tag{3.6.7}$$

式中，$\boldsymbol{x}$ 和 $\boldsymbol{y}$ 分别是响应系统和驱动系统的复状态变量；$\boldsymbol{z}$ 是耦合状态变量；$\boldsymbol{v}$ 是复控制器。

根据 CMFPS 的定义，可以得到误差状态的导数

$$\begin{aligned}\dot{\boldsymbol{e}}&=\dot{\boldsymbol{x}}(t)-\frac{\mathrm{d}(\boldsymbol{H}(t)\boldsymbol{y}(t))}{\mathrm{d}t}\\&=\dot{\boldsymbol{x}}(t)-\dot{\boldsymbol{H}}(t)\boldsymbol{y}(t)-\dot{\boldsymbol{y}}(t)\boldsymbol{H}(t)\end{aligned} \tag{3.6.8}$$

令$\frac{\mathrm{d}(\boldsymbol{H}(t)\boldsymbol{y}(t))}{\mathrm{d}t}=\boldsymbol{M}$，则$\dot{\boldsymbol{e}}(t)=\boldsymbol{p}-\boldsymbol{M}+\boldsymbol{v}$。控制器设计为

$$\boldsymbol{v}=-\boldsymbol{p}+\boldsymbol{M}-\boldsymbol{k}\boldsymbol{e} \tag{3.6.9}$$

式中，$\boldsymbol{k}$ 是控制强度对角矩阵，对角线元素通常都是正值。

将控制器式（3.6.9）代入误差系统（3.6.8），可得

$$\begin{aligned}\dot{\boldsymbol{e}}&=\dot{\boldsymbol{e}}^{\mathrm{r}}+\mathrm{j}\dot{\boldsymbol{e}}^{\mathrm{r}}\\&=-\boldsymbol{k}\boldsymbol{e}=-(\boldsymbol{k}\boldsymbol{e}^{\mathrm{r}}+\mathrm{j}\boldsymbol{k}\boldsymbol{e}^{\mathrm{i}})\end{aligned} \tag{3.6.10}$$

考虑下面的 Lyapunov 函数

$$V(\boldsymbol{e},\boldsymbol{t})=\frac{1}{2}[(\boldsymbol{e}^{\mathrm{r}})^{\mathrm{T}}\boldsymbol{e}^{\mathrm{r}}+[(\boldsymbol{e}^{\mathrm{i}})^{\mathrm{T}}\boldsymbol{e}^{\mathrm{i}}] \tag{3.6.11}$$

则其导数

$$\begin{aligned}\dot{V}&=(\dot{\boldsymbol{e}}^{\mathrm{r}})^{\mathrm{T}}\boldsymbol{e}^{\mathrm{r}}+(\dot{\boldsymbol{e}}^{\mathrm{i}})\boldsymbol{e}^{\mathrm{i}}\\&=-(\boldsymbol{k}(\boldsymbol{e}^{\mathrm{r}})^2+\boldsymbol{k}(\boldsymbol{e}^{\mathrm{i}})^2)\\&=-\boldsymbol{k}\|\boldsymbol{e}\|^2<0\end{aligned} \tag{3.6.12}$$

因此，针对一般耦合复混沌系统，可通过控制器式（3.6.9）实现复修正函数投影同步。利用文献［123］的仿真数据，可得 CMFPS 误差变量图，如图 3.8 所示。仿真结果表明，复驱动系统和复响应系统可以快速达到 CMFPS。

注 3.16 CMFPS 是混沌同步更一般的类型，它表明了两个复混沌系统之间更复杂的函数投影关系。

注 3.17 当 $h_1(t)=h_2(t)=\cdots=h_n(t)=\delta$（$\delta\in\mathbb{C}$ 是复常数）时，CMFPS 简化为 CMPS。

事实上，函数投影同步也可以通过不同维度的振荡器来实现，驱动系统和响应系统可以通过一个所需的转换矩阵来同步，而不仅仅是一个对角阵。通过状态变换，将驱动系统中的 m 个状态变量按普通函数矩阵对应于响应系统的 n 个状态变量。很明显，变换矩阵是任意的，比对角标度矩阵更加不可预测。因此，Luo 和 Wang[195] 曾讨论了两种不同维复混沌系统的修正混合实函数投影同步（MHFPS）。由于复函数变换矩阵比实函数变换矩阵更加不可预测，将大大增加同步的复杂性和多样性，故 J. Liu 等[197] 提出复修正混合函数投影同步（Complex Modified Hybrid Function Projective Synchronization，CMHFPS）。

CS、AS、PS、MPS、FPS、FSHPS、MFPS 和 GFPS 都是 CFPS 的特殊情形，CFPS 是 CMFPS 的特殊情形，CMFPS 又是 CMHFPS 的特殊情形。函数投影同步类型的关系如

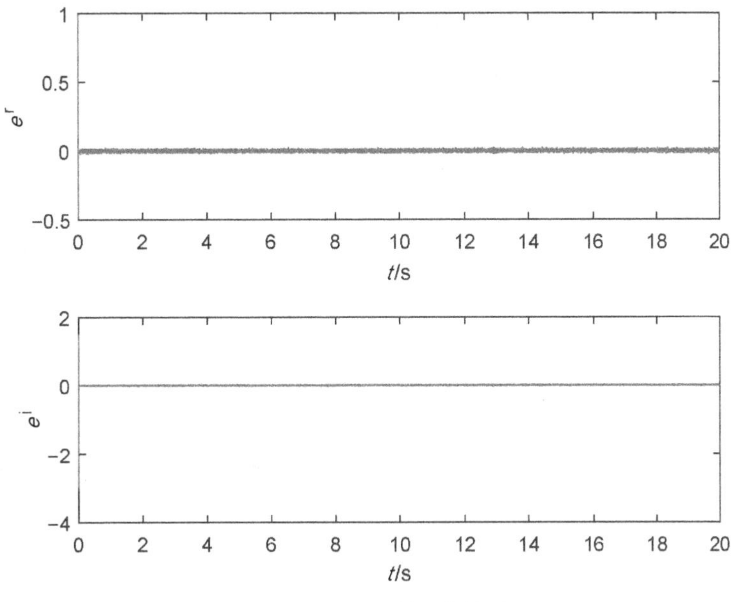

图 3.8　CMFPS 误差变量图

表 3.2 所示。因此，复修正混合函数投影同步几乎包括了所有存在的同步情形，这扩展了以前的工作。它在很大程度上增加了同步的复杂性和多样性。从应用的角度来说，不同类型的同步将提高混沌通信的安全性。

表 3.2　函数投影同步类型的关系

矩阵 $\boldsymbol{H}(t)$	同步类型
$\boldsymbol{H}(t)\in\mathbb{C}^{n\times m}$	CMHFPS
$\boldsymbol{H}(t)=\mathrm{diag}\{h_1(t),h_2(t),\cdots,h_n(t)\}\in\mathbb{C}^{n\times n}$	CMFPS
$\boldsymbol{H}(t)=\mathrm{diag}\{h_1(t),h_2(t),\cdots,h_n(t)\}\in\mathbb{R}^{n\times n}$	MFPS
$\boldsymbol{H}(t)=\mathrm{diag}\{h(t),h(t),\cdots,h(t)\}\in\mathbb{C}^{n\times n}$	CFPS
$\boldsymbol{H}(t)=\mathrm{diag}\{h(t),h(t),\cdots,h(t)\}\in\mathbb{R}^{n\times n}$	FPS

复修正函数投影同步目前的研究仅限于整数阶复混沌系统。由于分数阶复混沌系统和复函数矩阵的复杂性，同步控制器的稳定性证明尚需验证，因此，复修正函数投影同步在分数阶复混沌系统中的应用还有待进一步研究。

3.7　组合同步及其扩展

3.7.1　实组合同步及其扩展

上文所讲各种同步形式仅限于两个混沌系统之间的投影关系。混沌同步可以在两个驱动系统和两个响应系统中发生吗？早在 2000 年，Liu 和 Davis[198] 就研究了两对混沌系统（两个响应系统 $x_1(t)$、$x_2(t)$ 和两个驱动系统 $y_1(t)$、$y_2(t)$）之间的同步问题，提出混沌的对

偶同步（Dual Synchronization，DS），具体形式如下

$$\lim_{t\to+\infty}(\|x_1(t)-y_1(t)\|+\|x_2(t)-y_2(t)\|)=0 \tag{3.7.1}$$

式中，$x_1(t)$、$x_2(t)$是响应系统；$y_1(t)$、$y_2(t)$是驱动系统。

DS 的原理结构如图 3.9 所示，其中主系统 1 和从系统 1 是一对混沌系统，主系统 2 和从系统 2 是一对混沌系统。

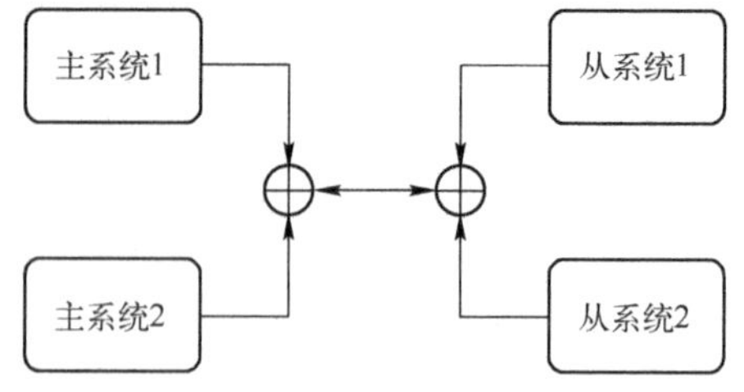

图 3.9　DS 的原理结构

注 3.18　DS 是指在一个控制器的作用下两对不同的混沌系统同时达到完全同步，这是与以前的单系统与单系统同步的不同之处。

2011 年，R. Z. Luo 等[129]尝试实现三个混沌系统的同步，提出了组合同步（Combination Synchronization，COS），其定义如下。

定义 3.14　考虑如下的两个 n 维混沌系统作为驱动系统

$$\dot{\boldsymbol{x}}(t)=\boldsymbol{f}(\boldsymbol{x}) \tag{3.7.2}$$

和

$$\dot{\boldsymbol{y}}(t)=\boldsymbol{g}(\boldsymbol{y}) \tag{3.7.3}$$

响应系统为

$$\dot{\boldsymbol{z}}(t)=\boldsymbol{p}(\boldsymbol{z})+\boldsymbol{v} \tag{3.7.4}$$

式中，$\boldsymbol{f}$、$\boldsymbol{g}$、$\boldsymbol{p}$ 是非线性函数；$\boldsymbol{v}$ 是待设计的控制器。设计控制器，使得

$$\lim_{t\to+\infty}\|\boldsymbol{A}_1x(t)+\boldsymbol{A}_2y(t)-\boldsymbol{A}_3z(t)\|=0 \tag{3.7.5}$$

成立，则称驱动系统（3.7.2）、（3.7.3）和响应系统（3.7.4）实现组合同步，其中 $\boldsymbol{A}_1$、$\boldsymbol{A}_2$、$\boldsymbol{A}_3$是三个常数矩阵且 $\boldsymbol{A}_3\neq0$。

文献［129］中给出了控制器及其相应的稳定性定理。考虑如下的第一个驱动系统

$$\begin{cases}\dot{x}_1=a_1(x_2-x_1)\\ \dot{x}_2=-b_1x_1-x_2-x_1x_3\\ \dot{x}_3=x_1x_2-c_1x_3\end{cases} \tag{3.7.6}$$

第二个驱动系统为 Chen 混沌系统

$$\begin{cases}\dot{y}_1=a_2(y_2-y_1)\\ \dot{y}_2=(c_2-a_2)y_1-c_2y_2-y_1y_3\\ \dot{y}_3=y_1y_2-b_2y_3\end{cases} \tag{3.7.7}$$

响应系统为

$$\begin{cases}\dot{z}_1=a_3(z_2-z_1)+v_1\\ \dot{z}_2=c_3z_2-z_1z_3+v_2\\ \dot{z}_3=z_1z_2-b_3z_3+v_3\end{cases} \tag{3.7.8}$$

令 $e_1=\gamma_1z_1-\alpha_1x_1-\beta_1y_1$、$e_2=\gamma_2z_2-\alpha_2x_2-\beta_2y_2$、$e_3=\gamma_3z_3-\alpha_3x_3-\beta_3y_3$，则误差系统为

$$\begin{cases}\dot{e}_1=\dfrac{\gamma_1 a_3}{\gamma_2}e_2-a_3e_1+f'+\gamma_1v_1\\ \dot{e}_2=e_2c_3-\dfrac{\gamma_2}{\gamma_3\gamma_1}e_1e_3-\dfrac{\gamma_2}{\gamma_3\gamma_1}(\alpha_3x_3+y_3\beta_3)e_1+\\ \quad\dfrac{\gamma_2}{\gamma_3\gamma_1}(\alpha_1x_1+y_1\beta_1)e_3+g'+\gamma_2v_2\\ \dot{e}_3=\dfrac{\gamma_3}{\gamma_2\gamma_1}e_2e_1+\dfrac{\gamma_3}{\gamma_2\gamma_1}e_1(x_2\alpha_2+y_2\beta_2)+\\ \quad\dfrac{\gamma_3}{\gamma_2\gamma_1}e_2(\alpha_1x_1+\beta_1y_1)-b_3e_3+p'+\gamma_3v_3\end{cases}\tag{3.7.9}$$

其中

$$\begin{cases}f'=\dfrac{\gamma_1\alpha_2a_3}{\gamma_2}x_2+\dfrac{\gamma_1\beta_2a_3}{\gamma_2}y_2-a_3\alpha_1x_1-\\ \quad a_3\beta_1y_1-a_1x_2\alpha_1+a_1x_1\alpha_1-\beta_1y_2a_2+\beta_1y_1a_2\\ g'=c_3(\alpha_2x_2+\beta_2y_2)-\dfrac{\gamma_2}{\gamma_3\gamma_1}(\alpha_1x_1+y_1\beta_1)(\beta_3y_3+x_3\alpha_3)+\\ \quad b_1x_1\alpha_2+x_2\alpha_2+\alpha_2x_1x_3-\beta_2y_1(c_2-a_2)-\beta_2y_2c_2+\beta_2y_3y_1\\ p'=\dfrac{\gamma_3}{\gamma_2\gamma_1}e_2(\alpha_1x_1+\beta_1y_1)+\dfrac{\gamma_3}{\gamma_2\gamma_1}(x_1\alpha_1+y_1\beta_1)\times\\ \quad(x_2\alpha_2+y_2\beta_2)-b_3(x_3\alpha_3+y_3\beta_3)-x_1x_2\alpha_3+\\ \quad\alpha_3c_1x_3-y_1y_3\beta_3+b_3y_3\beta_3+\gamma_3v_3\end{cases}\tag{3.7.10}$$

控制器设计为

$$\begin{cases}v_1=-\dfrac{1}{\gamma_1}f'\\ v_2=-\dfrac{1}{\gamma_2}\left(\left(\dfrac{\gamma_2(a_3-1)}{\gamma_1a_3}+\dfrac{\gamma_2(a_3-1)c_3}{\gamma_1a_3}-\right.\right.\\ \quad\left.\left.\dfrac{\gamma_2}{\gamma_1\gamma_3}(\alpha_3x_3+y_3\beta_3)\right)s_1+\dfrac{\gamma_1a_3}{\gamma_2}s_1+s_2(c_3-a_3+2)+g'\right)\\ v_3=-\dfrac{1}{\gamma_3}\left(s_3(1-b_3)+\dfrac{(a_3-1)}{a_3\gamma_1^2}s_1^2\gamma_3+\right.\\ \quad\dfrac{\gamma_3}{\gamma_1\gamma_2}s_1(x_2\alpha_2+\beta_2y_2)+\dfrac{\gamma_3(-1+a_3)}{\gamma_1^2a_3}(\beta_1y_1+x_1a_1)s_1+\\ \quad\left.\left(\dfrac{\gamma_3}{\gamma_1\gamma_2}-\dfrac{\gamma_2}{\gamma_1\gamma_3}s_2(\alpha_1x_1+s_1+\beta_1y_1)\right)+p'\right)\end{cases}\tag{3.7.11}$$

式中，$s_1=e_1$；$s_2=e_2-s_1\dfrac{\gamma_2(a_3-1)}{\gamma_1 a_3}$；$s_3=e_3$。

首先考虑 $s_1=e_1$，则

$$\dot{s}_1=\frac{a_3\gamma_1}{\gamma_2}e_2-e_1a_3 \tag{3.7.12}$$

令 $e_2=\alpha_1(s_1)$，将其视为虚拟控制器。为了稳定 s_1系统，令 Lyapunov 函数为

$$V_1=\frac{1}{2}s_1^2$$

且

$$\dot{V}_1=s_1\frac{\gamma_1a_3}{\gamma_2}\alpha_1(s_1)-s_1^2a_3$$

假设 $\alpha_1(s_1)=\dfrac{\gamma_2a_3-\gamma_2}{\gamma_1a_3}$，则可得$\dot{V}_1=-s_1^2<0$。因此，$\dot{V}_1$是负定的，$s_1$系统是渐近稳定的。考虑到函数 $\alpha_1(s_1)$是假设的估计函数，则 $s_2=e_2-\alpha_1(s_1)$，可得

$$\begin{cases}\dot{s}_1=\dfrac{\gamma_1a_3}{\gamma_2}s_2-s_1\\[2ex] \dot{s}_2=-\dfrac{\gamma_2}{\gamma_1\gamma_3}[(\alpha_1x_1+\beta_1y_1)+s_1]e_3-\dfrac{\gamma_1a_3}{\gamma_2}s_1-s_2\end{cases} \tag{3.7.13}$$

式中，$e_3=\alpha_2(s_1,s_2)$，将其看作另一个虚拟控制器。

接着，为了稳定 s_1-s_2系统，给出如下 Lyapunov 函数

$$V_2=V_1+\frac{1}{2}s_2^2$$

则

$$\begin{aligned}\dot{V}_2=&s_1\left(\frac{\gamma_1a_3}{\gamma_2}s_2-s_1\right)-\frac{\gamma_2v_2}{\gamma_1\gamma_3}[(\alpha_1x_1+y_1\beta_1)+s_1]\alpha_2(s_1,s_2)-\\&\frac{\gamma_1a_3}{\gamma_2}s_1s_2-s_2^2\end{aligned} \tag{3.7.14}$$

令 $\alpha_2(s_1,s_2)=0$，可得$\dot{V}_2=-s_1^2-s_2^2\leqslant 0$。故 s_1-s_2系统是渐近稳定的。按照选择 s_2的方法，可得 $s_3=e_3-\alpha_2(s_1,s_2)$，则 s_3的导数

$$\dot{s}_3=-s_3+\frac{\gamma_2}{\gamma_1\gamma_3}(s_1+\alpha_1x_1+\beta_1y_1)s_2$$

故 $s_1-s_2-s_3$系统为

$$\begin{cases}\dot{s}_1=\dfrac{\gamma_1a_3}{\gamma_2}s_2-s_1\\[2ex] \dot{s}_2=-\dfrac{\gamma_2}{\gamma_1\gamma_3}(\alpha_1x_1+\beta_1y_1+s_1)s_3-\dfrac{\gamma_1a_3}{\gamma_2}s_1-s_2\\[2ex] \dot{s}_3=-s_3+\dfrac{\gamma_2}{\gamma_1\gamma_3}(s_1+\alpha_1x_1+\beta_1y_1)s_2\end{cases} \tag{3.7.15}$$

选择下面的 Lyapunov 函数

$$V_3=\frac{1}{2}s_3^2+V_2$$

和

$$\dot{V}_3=s_3\dot{s}_3+\dot{V}_2=-s_1^2-s_2^2-s_3^2\leqslant 0$$

根据 Lyapunov 稳定性定理，可以得出 $s_1-s_2-s_3$系统是渐近稳定的。另外，如果选择合适的 $s_1=e_1$、$s_2=e_2-\alpha_1(s_1)$、$s_3=e_3-\alpha_2(s_1,s_2)$，则有 $\lim\limits_{t\to+\infty}e_1(t)=0$、$\lim\limits_{t\to+\infty}e_2(t)=0$、$\lim\limits_{t\to+\infty}e_3(t)=0$。这说明了两个驱动系统（3.7.6）、（3.7.7）和响应系统（3.7.8）实现了组合同步。令初始条件为$\{x_1(0),x_2(0),x_3(0)\}=\{1,3,5\}$、$\{y_1(0),y_2(0),y_3(0)\}=\{7,8,9\}$、$\{z_1(0),z_2(0),z_3(0)\}=\{2,1,3\}$，COS 的状态变量图如图 3.10 所示，COS 误差图如图 3.11 所示。可以看到响应系统和两个驱动系统通过控制器实现组合同步，误差系统逐渐趋于零。

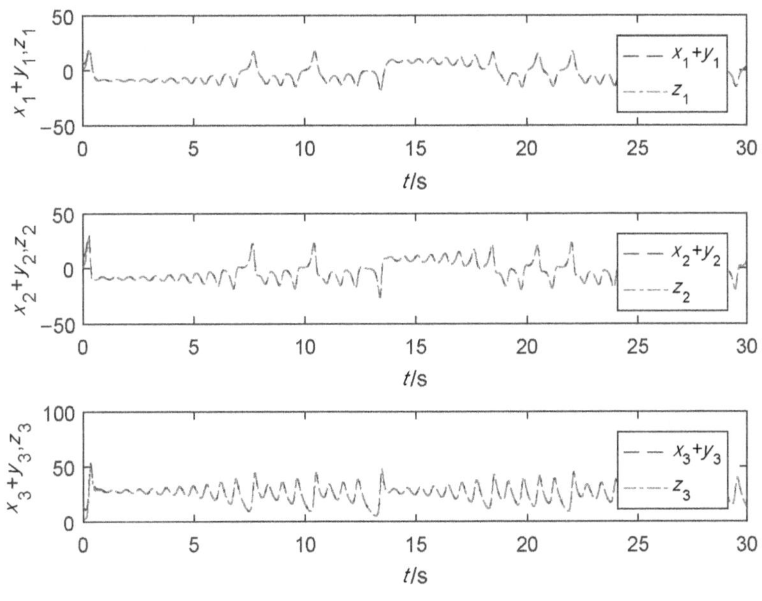

图 3.10　COS 的状态变量图

注 3.19　传统的混沌同步主要关注两个混沌系统之间的同步关系，而 COS 则是完全不同的混沌同步形式，其必要条件是至少三个混沌系统。从实际价值角度来看，智能通信系统可以根据组合同步将信息信号调制成两部分，增加了保密通信的抗攻击能力。

注 3.20　如果 $\boldsymbol{A}_1=\boldsymbol{I}$、$\boldsymbol{A}_3=0$，$\boldsymbol{A}_2$是一个常数比例对角矩阵，那么 COS 将简化成 PS；如果 $\boldsymbol{A}_1=\boldsymbol{A}_3=\boldsymbol{I}$、$\boldsymbol{A}_2=0$，那么 COS 将简化成 CS。

随后，许多学者对 COS 进行了大量的扩展。R. Luo 和 Y. Zeng 基于 COS 提出了等组合同步（Equal Combination Synchronization，ECOS）[199]。ECOS 的定义形式类似于 COS，具体内容如下。

定义 3.15　考虑两个驱动系统（3.7.2）、（3.7.3）和一个响应系统（3.7.4），设计控制器，使得

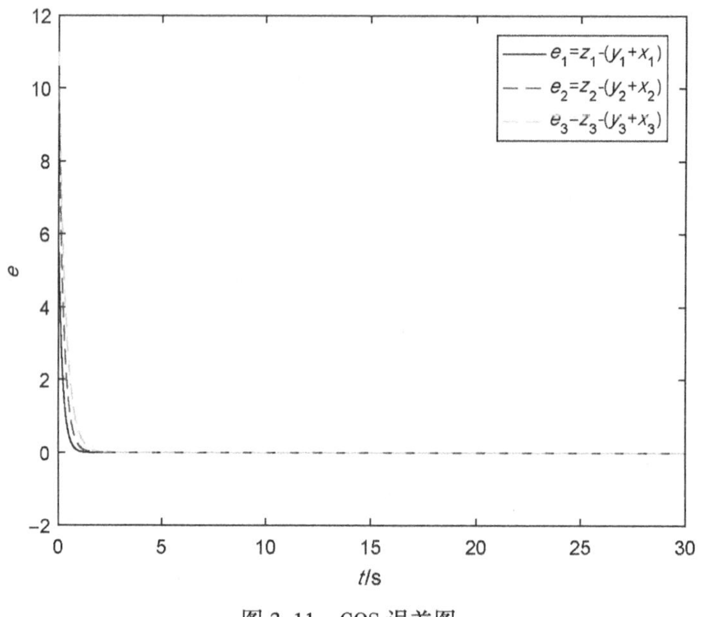

图 3.11　COS 误差图

$$\lim_{t\to+\infty}\|\boldsymbol{A}_1\boldsymbol{x}(t)+\boldsymbol{A}_2\boldsymbol{y}(t)+\boldsymbol{A}_3\boldsymbol{z}(t)\|=0 \tag{3.7.16}$$

成立，则称驱动系统（3.7.2）、（3.7.3）和响应系统（3.7.4）实现了等组合同步 ECOS。

2013 年，Sun 等[131]针对由两个驱动系统和两个响应系统实现了混沌同步，称为组合-组合同步（COCOS），具体定义如下。

定义 3.16　考虑两个驱动系统（3.7.2）、（3.7.3），以及响应系统（3.7.4）和如下的响应系统

$$\dot{\boldsymbol{w}}_1(t)=\boldsymbol{q}(\boldsymbol{w}_1)+\boldsymbol{v}' \tag{3.7.17}$$

设计控制器 $\boldsymbol{v}$ 和 $\boldsymbol{v}'$使得

$$\lim_{t\to+\infty}\|\boldsymbol{A}_1\boldsymbol{x}(t)+\boldsymbol{A}_2\boldsymbol{y}(t)-\boldsymbol{A}_3\boldsymbol{z}(t)-\boldsymbol{A}_4\boldsymbol{w}_1(t)\|=0 \tag{3.7.18}$$

成立，则称两个驱动系统（3.7.2）、（3.7.3）和两个响应系统（3.7.4）、（3.7.17）实现了组合-组合同步，$\boldsymbol{A}_1$、$\boldsymbol{A}_2$、$\boldsymbol{A}_3$、$\boldsymbol{A}_4$是四个常数对角矩阵。

显然，COCOS 与 DS 是本质不同的。DS 主要强调两对混沌系统分别同时达到完全同步，而 COCOS 是四个混沌系统状态变量的某些线性组合为零。

此外，J. Sun 等[200]继续研究四个混沌系统的同步形式。以前的混沌同步类型只关注从不同的混沌系统中加减的形式，Sun 首先提出了复合同步。复合同步有两类驱动系统，一类是基础驱动系统，另一类是比例驱动系统。由于其复杂的、不可预测的动态特性，使它在安全通信方面具有天然的优势。具体定义如下。

定义 3.17　考虑三个驱动系统（3.7.2）、（3.7.3）、（3.7.4）（不考虑该系统中的控制器时，可将其作为驱动系统）和响应系统（3.7.17），设计控制器 $\boldsymbol{v}'$，使得

$$\lim_{t\to+\infty}\|\boldsymbol{B}z(t)(\boldsymbol{A}_1x(t)+\boldsymbol{A}_2y(t))-\boldsymbol{C}\boldsymbol{w}_1(t)\|=0 \tag{3.7.19}$$

成立，则称三个驱动系统（3.7.2）、（3.7.3）、（3.7.4）和响应系统（3.7.17）实现了复合同步。其中 $\boldsymbol{x}(t)$ 和 $\boldsymbol{y}(t)$ 是基础驱动系统，$\boldsymbol{z}(t)$ 是复合同步中的比例驱动系统，$\boldsymbol{w}_1(t)$ 是响应系统。$\boldsymbol{A}_1$、$\boldsymbol{A}_2$、$\boldsymbol{B}$、$\boldsymbol{C}$ 是四个常数对角矩阵。

2016 年，J. Sun 等[201]继续对复合同步进行了扩展。他们添加了一个响应系统，提出了五个混沌系统的复合组合同步，具体定义如下。

定义 3.18　考虑三个驱动系统（3.7.2）、（3.7.3）、（3.7.4），响应系统（3.7.17）和如下的响应系统

$$\dot{\boldsymbol{w}}_2(t)=\boldsymbol{q}'(\boldsymbol{w}_2)+\boldsymbol{v}'' \tag{3.7.20}$$

设计控制器 $\boldsymbol{v}'$ 和 $\boldsymbol{v}''$，使得

$$\lim_{t\to+\infty}\|\boldsymbol{B}z(t)(\boldsymbol{A}_1x(t)+\boldsymbol{A}_2y(t))-\boldsymbol{C}_1w_1(t)-\boldsymbol{C}_2w_2(t)\|=0 \tag{3.7.21}$$

成立，则称三个驱动系统（3.7.2）、（3.7.3）、（3.7.4）和两个响应系统（3.7.17）、（3.7.20）实现了复合组合同步。其中 $x(t)$、$y(t)$ 是基础驱动系统，$z(t)$ 是比例驱动系统，$w_1(t)$、$w_2(t)$ 是两个响应系统且 $\boldsymbol{A}_1$、$\boldsymbol{A}_2$、$\boldsymbol{B}$、$\boldsymbol{C}_1$、$\boldsymbol{C}_2$ 是五个常数对角矩阵。

同时，基于对偶同步和组合同步，J. Sun 等[202]提出了六个混沌系统的对偶组合同步（Dual Combination Synchronization，DCOS），具体形式为

$$\lim_{t\to+\infty}(\|\boldsymbol{A}_1x_1(t)+\boldsymbol{B}_1y_1(t)-\boldsymbol{C}_1w_1(t)\|+\|\boldsymbol{A}_2x_2(t)+\boldsymbol{B}_2y_2(t)-\boldsymbol{C}_2w_2(t)\|)=0 \tag{3.7.22}$$

式中，$x_1(t)$、$x_2(t)$、$y_1(t)$、$y_2(t)$ 是驱动系统；$w_1(t)$、$w_2(t)$ 是响应系统；$\boldsymbol{A}_1$、$\boldsymbol{A}_2$、$\boldsymbol{B}_1$、$\boldsymbol{B}_2$、$\boldsymbol{C}_1$、$\boldsymbol{C}_2$ 是六个常数对角矩阵。

注 3.21　当 $\boldsymbol{A}_1=\boldsymbol{B}_1=\boldsymbol{C}_1=0$（或 $\boldsymbol{A}_2=\boldsymbol{B}_2=\boldsymbol{C}_2=0$）时，DCOS 问题将简化为 COS 问题。当 $\boldsymbol{A}_1=\boldsymbol{C}_1=\boldsymbol{I}$，$\boldsymbol{B}_1=0$，$\boldsymbol{A}_2=\boldsymbol{C}_2=\boldsymbol{I}$，$\boldsymbol{B}_2=0$（或 $\boldsymbol{B}_1=\boldsymbol{C}_1=\boldsymbol{I}$，$\boldsymbol{A}_1=0$，$\boldsymbol{B}_2=\boldsymbol{C}_2=\boldsymbol{I}$，$\boldsymbol{A}_2=0$）时，DCOS 问题将简化为对偶同步问题。

2018 年，Mahmoud 等[203]根据复合同步和复合组合同步的定义，提出八个混沌系统的双复合组合同步，具体形式为

$$\begin{aligned}\lim_{t\to+\infty}&\|(\boldsymbol{B}_1z_1(t)+\boldsymbol{B}_2z_2(t))(\boldsymbol{A}_1x(t)+\boldsymbol{A}_2y(t))-\\&\boldsymbol{C}_1w_1(t)-\boldsymbol{C}_2w_2(t)-\boldsymbol{C}_3w_3(t)-\boldsymbol{C}_4w_4(t)\|=0\end{aligned} \tag{3.7.23}$$

其中 $x(t)$、$y(t)$ 是基础驱动系统，$z_1(t)$、$z_2(t)$ 是比例驱动系统，$w_1(t)$、$w_2(t)$、$w_3(t)$、$w_4(t)$ 是响应系统，$\boldsymbol{A}_1$、$\boldsymbol{A}_2$、$\boldsymbol{B}_1$、$\boldsymbol{B}_2$、$\boldsymbol{C}_1$、$\boldsymbol{C}_2$、$\boldsymbol{C}_3$、$\boldsymbol{C}_4$ 是八个常数对角矩阵。

注 3.22　当一个 $\boldsymbol{A}_i=0$（或一个 $\boldsymbol{B}_i=0$，$i=1,2$），任意两个 $\boldsymbol{C}_i=0(i=1,2,3,4)$ 时，双复合组合同步将简化为复合组合同步。

另外，还有学者提出了函数组合同步（FCOS）[204]、函数组合-组合同步（FCO-COS）[205]等，由于篇幅所限，不再赘述。

3.7.2　复组合同步及其扩展

对于多个复混沌系统的混沌同步，J. Sun 等[206]在 2014 年首先对三个复混沌系统的复组合同步（CCOS）进行了研究。此后，Zhang 等[207]实现了四种复忆阻振荡器系统的复合组合同步（CCOCOS）。C. Jiang 等[208]在 2015 年提出了一种复广义组合同步，其中两个驱动系统和一个响应系统可以同步到两个复矩阵。J. Sun 等[209]完成了四个复混沌系统的复

合同步，并设计了相应的控制器。虽然已有的文献在混沌同步的多样性方面做了一些创新，但大部分的文献在本质上都是将以前的混沌同步应用到复混沌系统中。

3.8 修正差函数同步及其扩展

到目前为止，上述混沌同步类型都是驱动系统和响应系统的投影关系，那么是否可以从它们之间的差研究其关系呢？答案是肯定的。2018 年，Y. Chen 和 F. Zhang 等[210] 提出了修正差函数同步（Modified Difference Function Synchronization，MDFS），目的是将两个混沌系统的差同步到期望的差函数矩阵，具体定义如下。

定义 3.19 考虑驱动系统（3.1.1）和响应系统（3.1.2），设计控制器，使得

$$\lim_{t\to+\infty}\|\boldsymbol{x}(t)-\boldsymbol{y}(t)\|=\boldsymbol{H}(t) \tag{3.8.1}$$

成立，则称驱动系统（3.1.1）和响应系统（3.1.2）实现了修正差函数同步，其中，$\boldsymbol{H}(t)\in\mathbb{R}^n$是期望的差函数对角矩阵。

同理，针对复驱动系统（3.1.12）和复响应系统（3.1.13），设计合适的控制器使得式（3.8.1）成立，其中$\boldsymbol{H}(t)\in\mathbb{C}^n$，则称两系统（3.1.12）和（3.1.13）实现了复修正差函数同步（Complex Modified Difference Function Synchronization，CMDFS）。

事实上，根据主动控制思想，可以设计控制器 $\boldsymbol{v}$ 实现任何期望的复修正差函数同步，CMDFS 进一步增加了混沌同步的复杂性和多样性，从而提高了通信的多样性和安全性，具体内容将在第 4 章详细讲解。

3.9 *N* 系统组合函数投影同步系列

3.9.1 *N* 系统组合函数投影同步

回顾上述所有混沌同步类型，为了更好地统一同步形式，本书提出 *N* 系统组合函数投影同步（*N*-systems Combination Function Projective Synchronization，NCOFPS），定义如下。

定义 3.20 考虑 N 个驱动（主）系统

$$\begin{cases}\dot{\boldsymbol{y}}_1=\boldsymbol{g}_1(\boldsymbol{y}_1), & \boldsymbol{y}_1\in\mathbb{C}^n\\ \dot{\boldsymbol{y}}_2=\boldsymbol{g}_2(\boldsymbol{y}_2), & \boldsymbol{y}_2\in\mathbb{C}^n\\ \qquad\vdots & \quad\vdots\\ \dot{\boldsymbol{y}}_N=\boldsymbol{g}_N(\boldsymbol{y}_N), & \boldsymbol{y}_N\in\mathbb{C}^n\end{cases} \tag{3.9.1}$$

和 N'个响应（从）系统

$$\begin{cases}\dot{\boldsymbol{x}}_1=\boldsymbol{f}_1(\boldsymbol{x}_1)+\boldsymbol{v}_1, & \boldsymbol{x}_1\in\mathbb{C}^n\\ \dot{\boldsymbol{x}}_2=\boldsymbol{f}_2(\boldsymbol{x}_2)+\boldsymbol{v}_2, & \boldsymbol{x}_2\in\mathbb{C}^n\\ \qquad\vdots & \quad\vdots\\ \dot{\boldsymbol{x}}_{N'}=\boldsymbol{f}_{N'}(\boldsymbol{x}_{N'})+\boldsymbol{v}_{N'}, & \boldsymbol{x}'_N\in\mathbb{C}^n\end{cases} \tag{3.9.2}$$

式中，$\boldsymbol{x}_1,\boldsymbol{x}_2,\cdots,\boldsymbol{x}_{N'}$分别为 N'个响应（从）系统的复状态向量；$\boldsymbol{y}_1,\boldsymbol{y}_2,\cdots,\boldsymbol{y}_N$分别为 N 个驱动（主）系统的复状态向量；$\boldsymbol{v}_1,\boldsymbol{v}_2,\cdots,\boldsymbol{v}_{N'}$分别是 N'个响应（从）系统的同步控制器；$\boldsymbol{g}_1,\boldsymbol{g}_2,\cdots,\boldsymbol{g}_N$分别是 N 个驱动（主）系统的非线性复函数向量；$\boldsymbol{f}_1,\boldsymbol{f}_2,\cdots,\boldsymbol{f}_{N'}$分别是 N'个响应（从）系统的非线性复函数向量。设计控制器，使得

$$\begin{aligned}&\lim_{t\to+\infty}\|\boldsymbol{J}_1\boldsymbol{x}_1(t-\tau_1')+\boldsymbol{J}_2\boldsymbol{x}_2(t-t_2')+\cdots+\boldsymbol{J}_{N'}\boldsymbol{x}_{N'}(t-\tau_{N'}')-\\&\boldsymbol{O}_1\boldsymbol{y}_1(t-\tau_1)-\boldsymbol{O}_2\boldsymbol{y}_2(t-\tau_2)-\cdots-\boldsymbol{O}_N\boldsymbol{y}_N(t-\tau_N)\|\\&=0\end{aligned}\tag{3.9.3}$$

成立，则称驱动系统（3.9.1）和响应系统（3.9.2）实现了 NCOFPS，其中$\boldsymbol{J}_1,\boldsymbol{J}_2,\cdots,\boldsymbol{J}_{N'}$分别为 N'个响应（从）系统的比例函数对角矩阵，$\boldsymbol{\tau}'=\text{diag}\{\tau_1',\tau_2',\cdots,\tau_{N'}'\}$分别是 N'个响应系统的时滞因数，$\boldsymbol{O}_1,\boldsymbol{O}_2,\cdots,\boldsymbol{O}_N$分别是 N 个驱动（主）系统的比例函数对角矩阵，$\boldsymbol{\tau}=\text{diag}\{\tau_1,\tau_2,\cdots,\tau_N\}$分别是 N 个驱动系统的时滞因数。

首先讨论当对角矩阵$\boldsymbol{\tau}$和$\boldsymbol{\tau}'$中的元素全为 0 时的情形，可得出以下推论。

注 3.23　当$\boldsymbol{J}_1=\boldsymbol{I}_n$，$\boldsymbol{J}_i(i=2,\cdots,N')=0$，$\boldsymbol{O}=0$时，NCOFPS 简化为混沌系统收敛到原点。

注 3.24　当$\boldsymbol{J}_1=\boldsymbol{I}_n$，$\boldsymbol{O}_1=\boldsymbol{I}_n$，$\boldsymbol{J}_i(i=2,\cdots,N')=0$，$\boldsymbol{O}_i(i=2,\cdots,N)=0$时，NCOFPS 将简化为 CS。

注 3.25　当$\boldsymbol{J}_1=\boldsymbol{I}_n$，$\boldsymbol{O}_1=-\boldsymbol{I}_n$，$\boldsymbol{J}_i(i=2,\cdots,N')=0$，$\boldsymbol{O}_i(i=2,\cdots,N)=0$时，NCOFPS 将简化为 AS。

注 3.26　当$\boldsymbol{J}_1=\boldsymbol{I}_n$，$\boldsymbol{O}_1$的元素为相同常数，$\boldsymbol{J}_i(i=2,\cdots,N')=0$，$\boldsymbol{O}_i(i=2,\cdots,N)=0$时，NCOFPS 将简化为 PS。

注 3.27　当$\boldsymbol{J}_1=\boldsymbol{I}_n$，$\boldsymbol{O}_1$的元素为任意常数，$\boldsymbol{J}_i(i=2,\cdots,N')=0$，$\boldsymbol{O}_i(i=2,\cdots,N)=0$时，NCOFPS 将简化为 MPS。

注 3.28　当$\boldsymbol{J}_1=\boldsymbol{I}_n$，$\boldsymbol{O}_1$的元素是相同的函数，$\boldsymbol{J}_i(i=2,\cdots,N')=0$，$\boldsymbol{O}_i(i=2,\cdots,N)=0$时，NCOFPS 将简化为 FPS。

注 3.29　当$\boldsymbol{J}_1=\boldsymbol{I}_n$，$\boldsymbol{O}_1$的元素为任意函数，$\boldsymbol{J}_i(i=2,\cdots,N')=0$，$\boldsymbol{O}_i(i=2,\cdots,N)=0$时，NCOFPS 将简化为 MFPS。

注 3.30　当$\boldsymbol{J}_1$、$\boldsymbol{J}_2$、$\boldsymbol{O}_1$是常数矩阵，$\boldsymbol{J}_i(i=3,\cdots,N')=0$，$\boldsymbol{O}_i(i=2,\cdots,N)=0$时，NCOFPS 将简化为 COS。

注 3.31　当$\boldsymbol{J}_1$、$\boldsymbol{J}_2$、$\boldsymbol{O}_1$为函数矩阵，$\boldsymbol{J}_i(i=3,\cdots,N')=0$，$\boldsymbol{O}_i(i=2,\cdots,N)=0$时，NCOFPS 将简化为 FCOS。

注 3.32　当$\boldsymbol{J}_1$、$\boldsymbol{J}_2$、$\boldsymbol{O}_1$、$\boldsymbol{O}_2$都为比例常数对角矩阵，$\boldsymbol{J}_i(i=3,\cdots,N')=0$,$\boldsymbol{O}_i(i=2,\cdots,N)=0$时，NCOFPS 将简化为 COCOS。

注 3.33　当$\boldsymbol{J}_1$、$\boldsymbol{J}_2$、$\boldsymbol{J}_3$都为比例常数对角矩阵，$\boldsymbol{J}_i(i=4,\cdots,N')=0$，$\boldsymbol{O}_i(i=1,\cdots,N)=0$时，NCOFPS 将简化为 ECOS。

注 3.34　当$\boldsymbol{J}_1=\boldsymbol{I}_n$，$\boldsymbol{O}_1$是一个复比例因子对角矩阵，$\boldsymbol{J}_i(i=2,\cdots,N')=0$，$\boldsymbol{O}_i(i=2,\cdots,N)=0$时，NCOFPS 将简化为 CMPS。

注 3.35　当$\boldsymbol{J}_1=\boldsymbol{I}_n$，$\boldsymbol{O}_1$是一个复函数对角矩阵，$\boldsymbol{J}_i(i=2,\cdots,N')=0$，$\boldsymbol{O}_i(i=2,\cdots,N)=0$时，NCOFPS 将简化为 CFPS。

当$\boldsymbol{\tau}$和$\boldsymbol{\tau}'$中的元素不全为0时，可得出以下注解。

注 3.36 当$\boldsymbol{J}_1=\boldsymbol{I}_n$，$\boldsymbol{O}_1=\boldsymbol{I}_n$，$\tau_1\neq 0$，$\tau_1'=0$，$\boldsymbol{J}_i(i=2,\cdots,N')=0$，$\boldsymbol{O}_i(i=2,\cdots,N)=0$时，NCOFPS将简化为LS。

不难看出，NCOFPS是更一般的混沌同步形式，几乎包含了本书中介绍的大部分同步形式。此外，NCOFPS的类型并不完全局限于上述形态，研究新的不同形态的NCOFPS是我们未来的工作。那么根据NCOFPS能否产生更多新型的混沌同步类型呢？当标度函数为时滞函数时，可得以下注解。

注 3.37 当$\boldsymbol{J}_1$和$\boldsymbol{O}_1$均为时滞比例函数矩阵，$\boldsymbol{J}_i(i=2,\cdots,N')=0$，$\boldsymbol{O}_i(i=2,\cdots,N)=0$时，NCOFPS将简化为时滞函数投影同步（Time-Delay Function Projective Synchronization，TDFPS）。进一步将其拓展，当$\boldsymbol{J}_1$和$\boldsymbol{O}_1$为均为复数域的时滞比例函数矩阵时，则称为复时滞函数投影同步（CTDFPS）。类似地，当$\boldsymbol{J}_1$、$\boldsymbol{J}_2$和$\boldsymbol{O}_1$为时滞比例函数矩阵时，也可得到组合时滞函数投影同步和组合复时滞函数投影同步。下面进行详细分析。

3.9.2 时滞函数投影同步

现有的文献对时滞函数投影同步（TDFPS）几乎没有研究。在实际的安全通信中，有时不需要传输所有的信息信号，如长时间的会议，只需挑选部分信息进行加密并传送即可。因此，如何才能挑选有用的短消息，而不是整个长信息？为了解决这一问题，可以采用时滞投影函数，根据滞后的时间不同取出长信息中需要传送的部分特定信息。下面首先给出时滞函数投影同步（TDFPS）的具体定义。

定义 3.21 考虑驱动系统（3.1.1）和响应系统（3.1.2），时滞函数矩阵$\boldsymbol{H}(t-\boldsymbol{\tau})$记为$\boldsymbol{H}_\tau$，若设计合适的控制器$\boldsymbol{v}(t)$，使得

$$\lim_{t\to+\infty}\|\boldsymbol{x}(t)-\boldsymbol{H}_\tau\boldsymbol{y}(t)\|=0 \tag{3.9.4}$$

成立，则称驱动系统（3.1.1）和响应系统（3.1.2）实现了时滞函数投影同步。

注 3.38 $\boldsymbol{H}_\tau$是一个时滞函数矩阵，当$\tau=0$时，MFPS、FPS、CMPS、PS等混沌同步都是TDFPS的特殊情况。

定理 3.1 设计控制器为

$$\boldsymbol{v}(t)=-\boldsymbol{f}(\boldsymbol{x})+\frac{\mathrm{d}(\boldsymbol{H}_\tau\boldsymbol{y})}{\mathrm{d}t}+\boldsymbol{ke} \tag{3.9.5}$$

式中，$\boldsymbol{e}=\boldsymbol{x}-\boldsymbol{H}_\tau\boldsymbol{y}$，$\boldsymbol{k}$是控制强度矩阵，使得式（3.9.4）成立，则驱动系统（3.1.1）和响应系统（3.1.2）实现时滞函数投影同步。

证明：选择Lyapunov函数

$$V(t)=\frac{1}{2}\boldsymbol{e}^2 \tag{3.9.6}$$

则其导数是

$$\dot{V}=\frac{1}{2}\times(2\boldsymbol{e}\times\dot{\boldsymbol{e}})=\boldsymbol{e}^{\mathrm{T}}\dot{\boldsymbol{e}} \tag{3.9.7}$$

将式（3.9.5）代入式（3.9.7），则

$$
\begin{aligned}
\dot{V} &= \boldsymbol{e}^{\mathrm{T}}\dot{\boldsymbol{e}} \\
&= \boldsymbol{e}^{\mathrm{T}}(\dot{\boldsymbol{x}}-\dot{\boldsymbol{H}}_{\tau}\boldsymbol{y}-\boldsymbol{H}_{\tau}\dot{\boldsymbol{y}}) \\
&= \boldsymbol{e}^{\mathrm{T}}(\boldsymbol{f}(\boldsymbol{x})+v-\dot{\boldsymbol{H}}_{\tau}\boldsymbol{y}-\boldsymbol{H}_{\tau}\dot{\boldsymbol{y}}) \\
&= \boldsymbol{e}^{\mathrm{T}}\left(\boldsymbol{f}(\boldsymbol{x})-\dot{\boldsymbol{H}}_{\tau}\boldsymbol{y}-\boldsymbol{H}_{\tau}\dot{\boldsymbol{y}}-\boldsymbol{f}(\boldsymbol{x})+\frac{\mathrm{d}\boldsymbol{H}_{\tau}\boldsymbol{y}}{\mathrm{d}t}+\boldsymbol{ke}\right) \\
&= \boldsymbol{ke}^{\mathrm{T}}\boldsymbol{e}
\end{aligned}
\tag{3.9.8}
$$

选择控制强度矩阵 $\boldsymbol{k}$ 为一个负定矩阵，则$\dot{V}<0$，故证明了误差系统$\dot{\boldsymbol{e}}$渐渐稳定，误差状态变量趋于零，即实现了时滞函数投影同步。下面进行了仿真验证。

选择响应系统为

$$
\begin{cases}
\dot{x}_1 = 10(x_2-x_1)+v_1 \\
\dot{x}_2 = 28x_1-x_2-x_1x_3+v_2 \\
\dot{x}_3 = x_1x_2-\dfrac{8}{3}x_3+v_3
\end{cases}
\tag{3.9.9}
$$

驱动系统为

$$
\begin{cases}
\dot{y}_1 = 10(y_2-y_1) \\
\dot{y}_2 = 28y_1-y_2-y_1y_3 \\
\dot{y}_3 = y_1y_2-\dfrac{8}{3}y_3
\end{cases}
\tag{3.9.10}
$$

时滞函数矩阵为

$$
\boldsymbol{H}_{\tau} = \begin{bmatrix} \sin[\pi(t-\tau)] & 0 & 0 \\ 0 & \cos[\pi(t-\tau)] & 0 \\ 0 & 0 & 1 \end{bmatrix}
$$

因此，误差状态变量为 $e_1=x_1-\sin[\pi(t-\tau)]y_1$，$e_2=x_2-\cos[\pi(t-\tau)]y_2$，$e_3=x_3-y_3$，并且误差系统为

$$
\begin{cases}
\dot{e}_1 = 10(x_2-x_1)-y_1\cos[\pi(t-\tau)]- \\
\qquad 10\sin[\pi(t-\tau)](y_2-y_1)+v_1 \\
\dot{e}_2 = 28x_1-x_2-x_1x_3+y_2\sin[\pi(t-\tau)]- \\
\qquad \cos[\pi(t-\tau)](28y_1-y_1y_3-y_2)+v_2 \\
\dot{e}_3 = x_1x_2-\dfrac{8}{3}x_3-y_1y_2+\dfrac{8}{3}y_3+v_3
\end{cases}
\tag{3.9.11}
$$

根据式（3.9.5），设计控制器为

$$
\begin{cases}
v_1 = 10e_2-y_1\cos[\pi(t-\tau)]+k_1e_1 \\
v_2 = -28e_1+x_1x_3-y_1y_3\cos[\pi(t-\tau)]- \\
\qquad y_2\sin[\pi(t-\tau)]+k_2e_2 \\
v_3 = -x_1x_2+y_1y_3+k_3e_3
\end{cases}
\tag{3.9.12}
$$

时滞 $\tau=10$，令 $k_1=k_2=-1500$，$k_3=-100$，初始条件为 $\{x_1(0),x_2(0),x_3(0)\}=\{10,6,2\}$，$\{y_1(0),y_2(0),y_3(0)\}=\{5,1,8\}$。图 3.12 所示为 TDFPS 误差图。由此可见，误差很快趋于零，这充分说明了 TDFPS 的可行性和控制器的有效性。

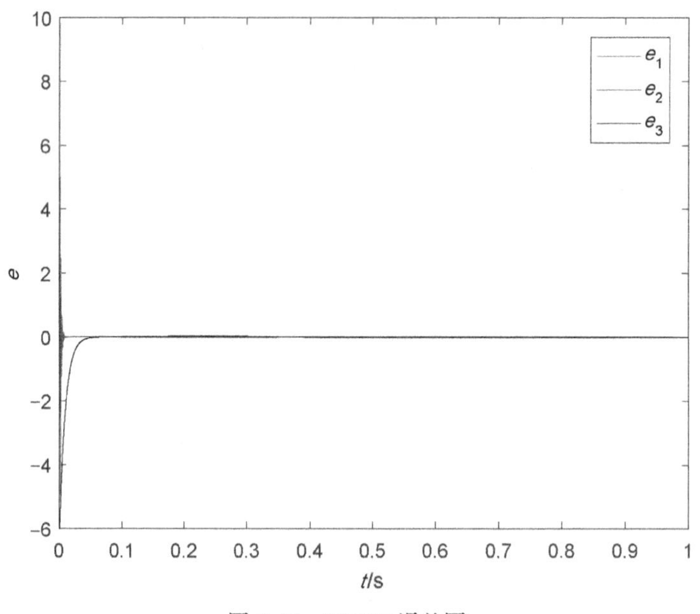

图 3.12　TDFPS 误差图

3.10　本章小结

混沌同步作为混沌领域的一个重要分支，自提出以来就受到了广泛的关注。本章我们调查了近 29 年来出现的各种连续时间混沌同步类型。将混沌同步分为两部分：实数域的混沌同步和复数域的混沌同步，并且对几种典型的混沌同步、控制器及其稳定性理论进行了综述。此外，提出了一种新的混沌同步方法，即 N 系统组合函数投影同步（NCOFPS）。有趣且重要的是，大多数已有的混沌同步类型都属于 NCOFPS，并由此衍生出时滞函数投影同步（TDFPS）及其系列，设计了 TDFPS 控制器，给出了相应的数学证明和仿真实验。本章属于混沌同步形式的综述性总结，为混沌同步的演化提供了一个概括性的视角。

第 4 章　复混沌系统的复修正差函数同步（CMDFS）及其通信方案

2012 年，当 G. M. Mahmoud 和 E. E. Mahmoud 研究两个相同的复超混沌非线性系统的相位同步时[108]，在某类控制器下，相同步（PHS）误差的导数为零，即误差趋于常数。因此，PHS 意味着不同初始值的两系统的状态变量的差收敛到常数，而 CS 则意味着状态变量的差收敛到零。

因此，受 PHS 和 CS 启发，本章将两个混沌系统的状态变量的差推广到普通函数，提出复修正差函数同步。以往人们研究了混沌系统之间的投影关系（比例关系），如 PS、MPS、CMPS、FPS、MFPS、CFPS、CMFPS 等，都是从两状态变量相除的角度，还没有从相减的角度来研究同步；而复修正差函数同步从两个状态变量之差的角度来研究同步，打破了以前学者只从状态变量之间的比例关系来研究同步的局限，具有很大的创新性。复修正差函数同步是一种更广泛的同步，完全同步和相同步都是它的特殊情况。

从控制学的角度考虑，复修正差函数同步将两个状态变量之差控制到任意一个期望函数，而不再是零，从而扩大控制的范围。从应用的角度考虑，有的文献提出的基于 CMFPS 的通信方案中，信息信号也是复函数比例因子，故恢复信息信号时需要两个混沌系统的状态变量相除，而当作被除数的状态变量接近于零时，容易产生误差。但是，如果把差函数作为信息信号，就可以避免这个问题。

综上所述，本章提出复修正差函数向量，分别介绍整数阶复混沌系统的复修正差函数同步和分数阶复混沌系统的复修正差函数同步及其各自的通信方案。

4.1　整数阶复混沌系统的复修正差函数同步及其通信方案

4.1.1　复修正差函数同步（CMDFS）

考虑如下两个混沌系统。

驱动系统

$$\dot{\boldsymbol{y}}=\boldsymbol{g}(\boldsymbol{y}),\ \boldsymbol{y}\in\mathbb{C}^n$$

响应系统

$$\dot{\boldsymbol{x}}=\boldsymbol{f}(\boldsymbol{x})+\boldsymbol{v},\ \boldsymbol{x}\in\mathbb{C}^n \tag{4.1.1}$$

式中，$\boldsymbol{v}$ 是控制器。

定义 4.1　对于状态向量 $\boldsymbol{x}(t)$ 和 $\boldsymbol{y}(t)$，它们的差称为差函数向量，即

$$\boldsymbol{H}(t)=\boldsymbol{x}(t)-\boldsymbol{y}(t) \tag{4.1.2}$$

式中，$\boldsymbol{H}(t)=\{h_1(t),h_2(t),\cdots,h_n(t)\}^{\mathrm{T}}$ 是一个有界的复函数向量，且 $h_1(t),h_2(t),\cdots,h_n(t)$ 是复修正差函数因子。

定义 4.2 对于任意指定的复修正差函数向量 $\boldsymbol{H}(t)$，设计控制器 $\boldsymbol{v}$ 使得

$$
\begin{aligned}
\lim_{t\to+\infty}\|\boldsymbol{e}(t)\|^2 &= \lim_{t\to+\infty}\|\boldsymbol{x}(t)-\boldsymbol{H}(t)-\boldsymbol{y}(t)\|^2 \\
&= \lim_{t\to+\infty}(\|\boldsymbol{x}(t)^{\mathrm{r}}-\boldsymbol{H}(t)^{\mathrm{r}}-\boldsymbol{y}(t)^{\mathrm{r}}\|^2+\|\boldsymbol{x}(t)^{\mathrm{i}}-\boldsymbol{H}(t)^{\mathrm{i}}-\boldsymbol{y}(t)^{\mathrm{i}}\|^2) \\
&= 0
\end{aligned}
\tag{4.1.3}
$$

时，称 $\boldsymbol{x}(t)$ 和 $\boldsymbol{y}(t)$ 之间对于指定的函数 $\boldsymbol{H}(t)$ 实现了复修正差函数同步（Complex Modified Difference Function Synchronization，CMDFS）。

注 4.1 当 $h_1(t)=h_2(t)=\cdots=h_n(t)$ 且它们均是复函数时，我们称为复差函数同步（CDFS）。

注 4.2 CS 和 PHS[108]分别是差函数为零和常数的特殊情形。

注 4.3 如果设计控制器 $\boldsymbol{v}$ 使得两个复混沌系统实现任意指定的复修正差函数向量同步，则是两个复混沌系统的一种广义的同步和控制，其实质是对复混沌系统的跟踪控制。

一个普遍的受控的耦合复混沌系统可用如下 n 维微分方程来描述

$$
\begin{cases}
\dot{\boldsymbol{y}}=\boldsymbol{p}(\boldsymbol{y},\boldsymbol{z}) \\
\dot{\boldsymbol{z}}=\boldsymbol{g}(\boldsymbol{y},\boldsymbol{z}) \\
\dot{\boldsymbol{x}}=\boldsymbol{f}(\boldsymbol{x},\boldsymbol{z})+\boldsymbol{v}
\end{cases}
\tag{4.1.4}
$$

式中，驱动系统的状态向量分为两部分$(\boldsymbol{y},\boldsymbol{z})$，$\boldsymbol{y}=(y_1,y_2,\cdots,y_q)^{\mathrm{T}}$ 和 $\boldsymbol{z}=(z_1,z_2,\cdots,z_{n-q})^{\mathrm{T}}$ 是复状态向量，并且 $\boldsymbol{z}$ 是耦合向量，$\boldsymbol{x}=(x_1,x_2,\cdots,x_q)^{\mathrm{T}}$ 是响应系统的复状态向量。$\boldsymbol{p}(\boldsymbol{y},\boldsymbol{z})$、$\boldsymbol{g}(\boldsymbol{y},\boldsymbol{z})$ 和 $\boldsymbol{f}(\boldsymbol{x},\boldsymbol{z})$ 分别是 $q\times1$、$(n-q)\times1$、$q\times1$ 的复函数向量。所要设计的控制器是 $\boldsymbol{v}=\boldsymbol{v}^{\mathrm{r}}+\mathrm{j}\boldsymbol{v}^{\mathrm{i}}$。本节的控制目标就是设计控制器 $\boldsymbol{v}$ 使得 $\boldsymbol{x}(t)$ 和 $\boldsymbol{y}(t)$ 实现复修正差函数同步。

令 $J_l(t)=\dfrac{\mathrm{d}h_l(t)}{\mathrm{d}t}$，那么 $\boldsymbol{J}=\dfrac{\mathrm{d}\boldsymbol{H}(t)}{\mathrm{d}t}=(J_1,J_2,\cdots,J_q)^{\mathrm{T}}$ 是一个复向量。根据 CMDFS 的定义，可得复误差动态系统

$$
\dot{\boldsymbol{e}}(t)=\dot{\boldsymbol{x}}(t)-\dot{\boldsymbol{H}}(t)-\dot{\boldsymbol{y}}(t)=\boldsymbol{p}(\boldsymbol{x},\boldsymbol{z})+\boldsymbol{v}-\boldsymbol{J}-\boldsymbol{f}(\boldsymbol{y},\boldsymbol{z})
\tag{4.1.5}
$$

基于主动控制技术，可得定理 4.1。

定理 4.1 对指定的复修正差函数向量 $\boldsymbol{H}$ 和任意初始状态 $\boldsymbol{y}(0)$、$\boldsymbol{z}(0)$、$\boldsymbol{x}(0)$，如果对耦合复混沌系统施加如下控制器

$$
\boldsymbol{v}=-\boldsymbol{f}(\boldsymbol{x},\boldsymbol{z})+\boldsymbol{J}+\boldsymbol{p}(\boldsymbol{y},\boldsymbol{z})-\boldsymbol{K}\boldsymbol{e}
\tag{4.1.6}
$$

式中，$\boldsymbol{K}=\mathrm{diag}(k_1,k_2,\cdots,k_q)$ 是正实数控制强度矩阵，则耦合复混沌系统的状态变量 $\boldsymbol{y}$ 和 $\boldsymbol{x}$ 对于指定的 $\boldsymbol{H}$ 实现了复修正差函数同步。

证明： 将式（4.1.6）代入式（4.1.5），可得

$$
\begin{aligned}
\dot{\boldsymbol{e}}(t)&=\boldsymbol{f}(\boldsymbol{x},\boldsymbol{z})+\boldsymbol{v}-\boldsymbol{J}-\boldsymbol{p}(\boldsymbol{y},\boldsymbol{z}) \\
&=\boldsymbol{f}(\boldsymbol{x},\boldsymbol{z})-\boldsymbol{f}(\boldsymbol{x},\boldsymbol{z})+\boldsymbol{J}+\boldsymbol{p}(\boldsymbol{y},\boldsymbol{z})-\boldsymbol{K}\boldsymbol{e}-\boldsymbol{J}-\boldsymbol{p}(\boldsymbol{y},\boldsymbol{z}) \\
&=-\boldsymbol{K}\boldsymbol{e}
\end{aligned}
\tag{4.1.7}
$$

则$\dot{\boldsymbol{e}}^{\mathrm{r}}=-\boldsymbol{K}\boldsymbol{e}^{\mathrm{r}}$，$\dot{\boldsymbol{e}}^{\mathrm{i}}=-\boldsymbol{K}\boldsymbol{e}^{\mathrm{i}}$。可得 $\lim_{t\to+\infty}\|\boldsymbol{e}(t)\|^2=0$，那么状态变量 $\boldsymbol{y}$ 和 $\boldsymbol{x}$ 对于指定的 $\boldsymbol{H}$ 实现了复修正差函数同步。证毕。

注 4.4　在控制器的作用下，复修正差函数向量 $\boldsymbol{H}$ 可为任意期望有界复函数，且与时间导数$\dot{e}$无关，则能任意选取 $\boldsymbol{H}$ 而不用担心控制器的鲁棒性。因此，可将复修正差函数向量作为信息信号。

4.1.2　基于整数阶复系统 CMDFS 的通信方案

如图 4.1 所示是基于 CMDFS 的通信方案的方框图，其中 L1 和 L2 分别表示发送端和接收端。传输信号为 $s(t)=J(t)+\dot{y}(t)+D\varepsilon(t)$，其中，$J(t)$是信息信号 $h(t)$（也是复修正差函数因子）的导数。$D\varepsilon(t)$模拟了信道和噪声源产生的噪声。其他的状态向量 z 直接传输到接收端。在接收端，控制器是 v，它包含传输信号 $s(t)$。随着 CMDFS 的发生，$x(t)$将趋于 $h(t)+y(t)$。显然，恢复信号 $h_g(t)=x(t)-y(t)$。为了增加通信的安全性，取 $m(t)$为信息信号，因此 $h(t)=F(y,z,m)$是信息信号的函数。对于数字信号，增加了用虚线连接的编码器和解码器。

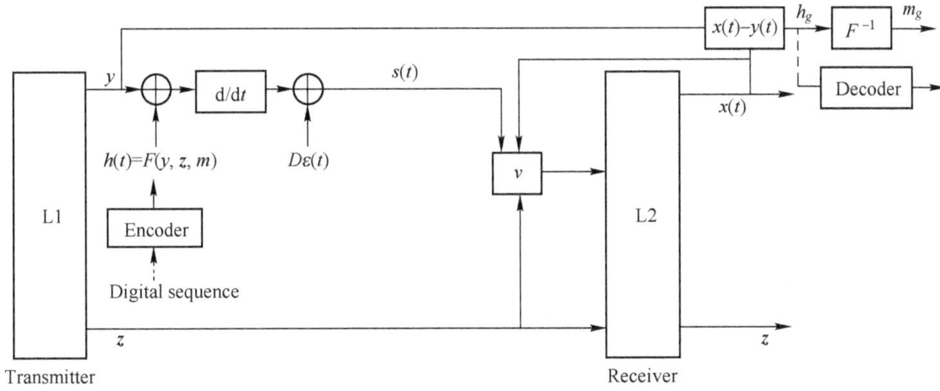

图 4.1　基于 CMDFS 的通信方案的方框图

该通信方案与基于 CMFPS 的通信方案相比，传输信号是信息信号和混沌信号的导数与噪声的和，能够完全覆盖信息信号。利用 CMDFS 的发生，同步出的信号 $x(t)=h(t)+y(t)$，则恢复出来的信号 $h_g(t)=x(t)-y(t)$，理论上保证 BER＝0，同样具有高安全性、快传输性、低误差率、强鲁棒性等优点，并避免了 CMFPS 中被除数的状态变量接近于零[123]而产生的算法误差。

4.1.3　数值仿真

为了更好地说明 CMDFS 的优势，这里采用如下的耦合复 Lorenz 混沌系统

$$\text{L1}:\begin{cases}\dot{y}=a_1(z_1-y)\\ \dot{z}_1=a_2y-yz_2-z_1\\ \dot{z}_2=-a_3z_2+(1/2)(\bar{y}z_1+y\bar{z}_1)\end{cases} \tag{4.1.8}$$

$$\text{L2}:\ \dot{x}=a_1(z_1-x)+v$$

式中，$y=y^{\mathrm{r}}+\mathrm{j}y^{\mathrm{i}}$、$z_1=z_1^{\mathrm{r}}+\mathrm{j}z_1^{\mathrm{i}}$是驱动系统 L1 的复状态变量；$x=x^{\mathrm{r}}+\mathrm{j}x^{\mathrm{i}}$是响应系统 L2 的复状态变量；复变量 z_1和实变量 z_2属于耦合变量；$(a_1,a_2,a_3)^{\mathrm{T}}$是实参数向量。

选取初始状态为 $y(0)=-1+j$、$z_1(0)=2+3j$、$z_2(0)=4$、$x(0)=1-2j$ 和参数 $a_1=14$、

$a_2=35$、$a_3=3.7$。

根据式（4.1.6）和通信方案的方框图，设计控制器为

$$\begin{cases} v^{\mathrm{r}}=-a_1(z_1^{\mathrm{r}}-x^{\mathrm{r}})+J^{\mathrm{r}}+a_1(z_1^{\mathrm{r}}-y^{\mathrm{r}})-ke^{\mathrm{r}}+D\varepsilon \\ v^{\mathrm{i}}=-a_1(z_1^{\mathrm{i}}-x^{\mathrm{i}})+J^{\mathrm{i}}+a_1(z_1^{\mathrm{i}}-y^{\mathrm{i}})-ke^{\mathrm{i}}+D\varepsilon \end{cases} \tag{4.1.9}$$

式中，$J(t)=\dfrac{\mathrm{d}h(t)}{\mathrm{d}t}$、$e^{\mathrm{r}}=x^{\mathrm{r}}-h^{\mathrm{r}}-y^{\mathrm{r}}$和 $e^{\mathrm{i}}=x^{\mathrm{i}}-h^{\mathrm{i}}-y^{\mathrm{i}}$。

1. 模拟信号

首先，传输模拟信号，令 $h(t)=2\sin(2t)+10\mathrm{j}\cos(\pi t)$，并得到其导数

$$\begin{cases} J^{\mathrm{r}}=4\cos(2t) \\ J^{\mathrm{i}}=-10\sin(\pi t) \end{cases} \tag{4.1.10}$$

采用服从如下概率分布的随机高斯噪声

$$q(\varepsilon)=\frac{1}{\sqrt{2\pi}\sigma}\exp\left(-\frac{(\varepsilon-\varepsilon_0)^2}{2\sigma^2}\right) \tag{4.1.11}$$

式中，$\varepsilon_0=0$ 和 $\sigma=1$ 分别是均值和方差[211]。

因此，当第三方不知道准确的 $D\varepsilon(t)$ 和 $y(t)$ 时，很难从传输信号 $s(t)=J(t)+\dot{y}(t)+D\varepsilon(t)$ 中提取信息信号 $h(t)$。选择噪声幅值 $D=0$，控制强度 $k=100$ 时，可得传输信号如图 4.2 所示，信道中的传输信号完全覆盖了信息信号。耦合混沌系统状态变量 $x(t)$ 和 $y(t)$ 的时间演化如图 4.3 所示，其中蓝色表示驱动系统的复状态变量 $y(t)$，红色表示响应系统的复状态变量 $x(t)$。CMDFS 的误差向量如图 4.4 所示，其误差向量随时间迅速收敛到零。这表明发生了指定的复修正差函数同步。信息信号 $h(t)$ 和恢复信号 $h_g(t)$ 及其误差如图 4.5 所示。显然，信息信号 $h(t)$ 被精确地恢复出来了。

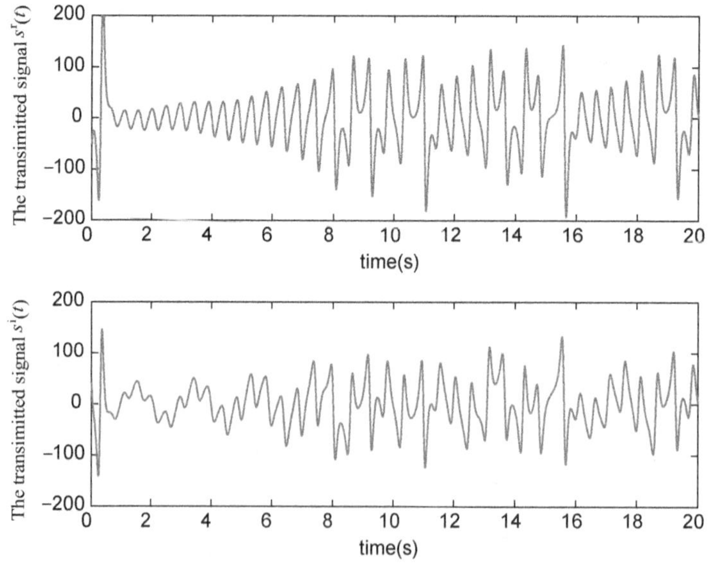

图 4.2　传输信号 $s(t)$（无噪声，$k=100$）

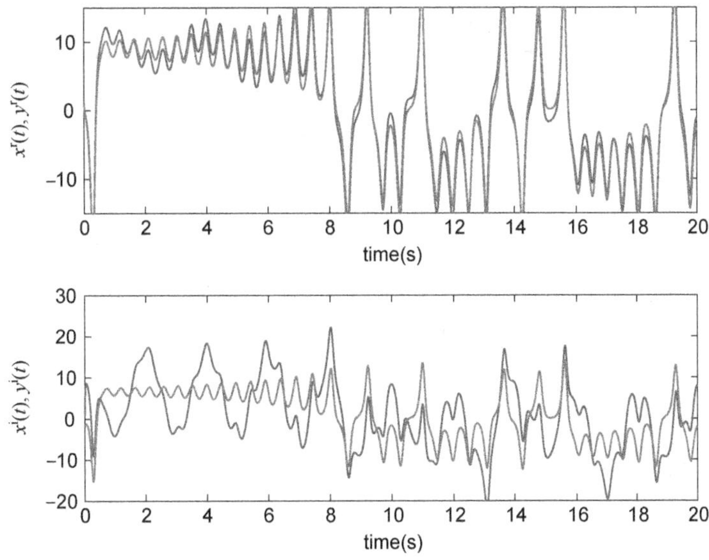

图 4.3　耦合混沌系统状态 $x(t)$ 和 $y(t)$ 时间的演化（无噪声，$k=100$）

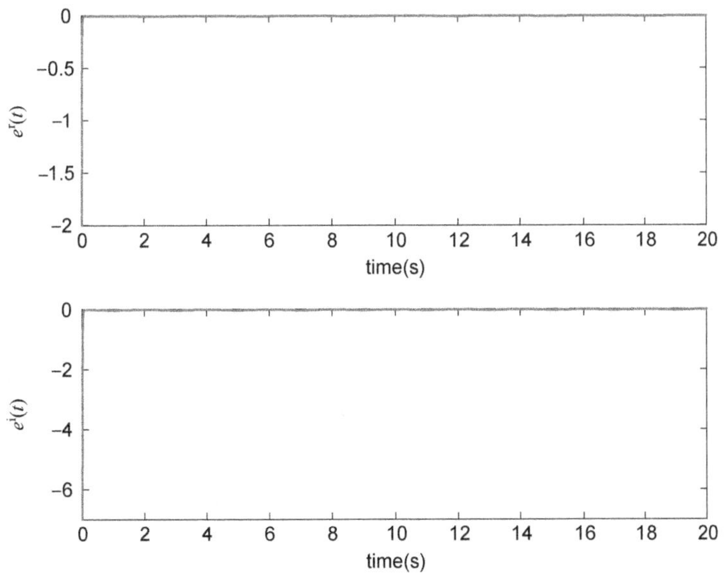

图 4.4　CMDFS 的误差向量（无噪声，$k=100$）

考虑信道中的传输噪声，选择噪声幅值 $D=50$（远大于信息信号的幅值），增加控制强度 $k=200$ 时，可得传输信号如图 4.6 所示，几乎像噪声一样，完全覆盖了信息信号；信息信号 $h(t)$ 和恢复信号 $h_g(t)$ 及其误差如图 4.7 所示，在噪声幅值远大于信号幅值的情况下，信息信号 $h(t)$ 仍以较大精度被恢复出来，这说明该控制器及其通信方案具有一定的抗噪性和鲁棒性。

2. 数字信号

然后，以字节为单位传输二进制数字序列。8 个二进制位首先进入发送数据缓冲器，

通过 2^8 进制转化为 0~255 之间的相应数字，并作为通信方案中的差函数，之后输入到控制器式（4.1.6）中。信号的持续时间为 8 个时间单位。不考虑随机高斯噪声的数字信号传输过程如图 4.8 所示。此时噪声幅值 $D=0$，控制强度 $k=500$，传输信号 $s(t)$ 是一个模拟信号且完全覆盖了最初的二进制序列。这说明驱动系统和响应系统的状态差在 8 个单位时间内趋于恒定复数。该差函数进入接收端数据缓冲器，再转化为二进制形式，故数字信号在理论上被精确地恢复出来，即理论上位误差率（Bit Error Rate，BER）为零。

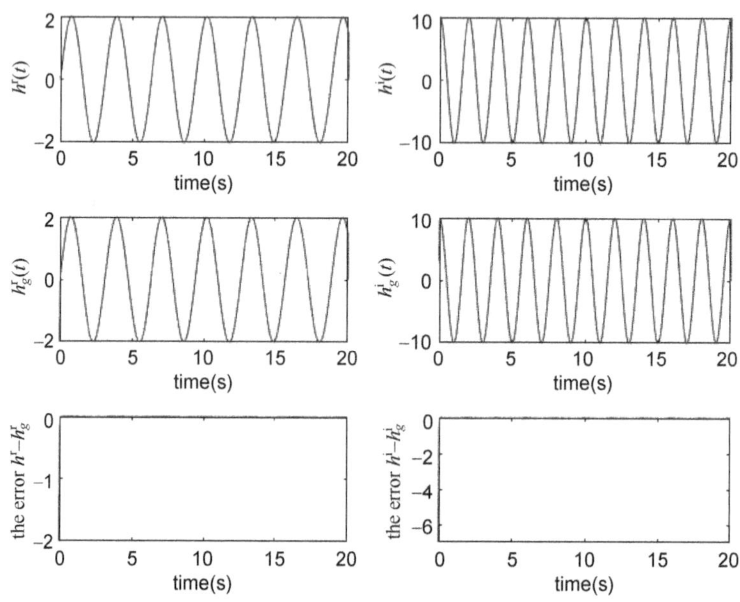

图 4.5　信息信号 $h(t)$ 和恢复信号 $h_g(t)$ 及其误差（无噪声，$k=100$）

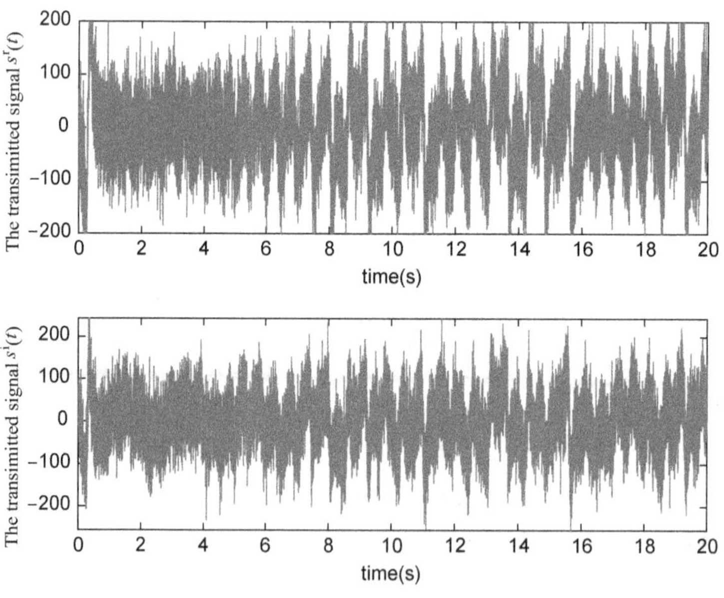

图 4.6　传输信号 $s(t)$（噪声幅值 $D=50$，$k=200$）

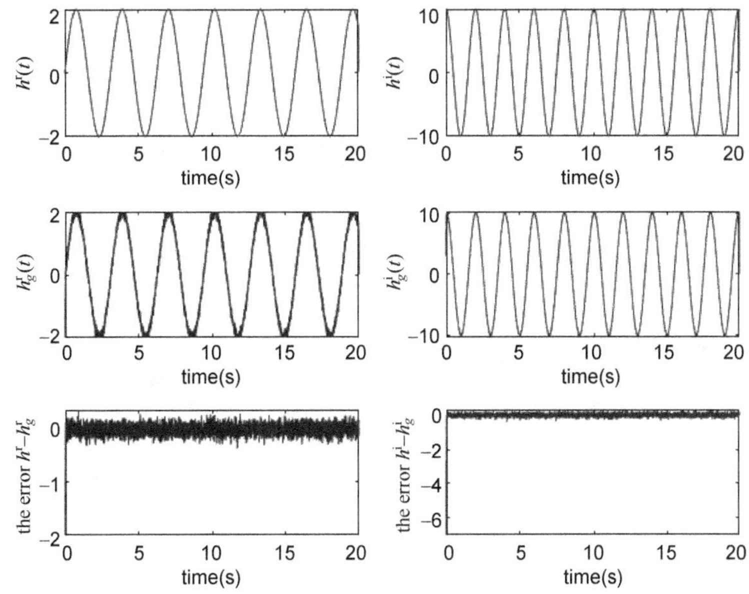

图 4.7　信息信号 $h(t)$ 和恢复信号 $h_g(t)$ 及其误差（噪声幅值 $D=50$，$k=200$）

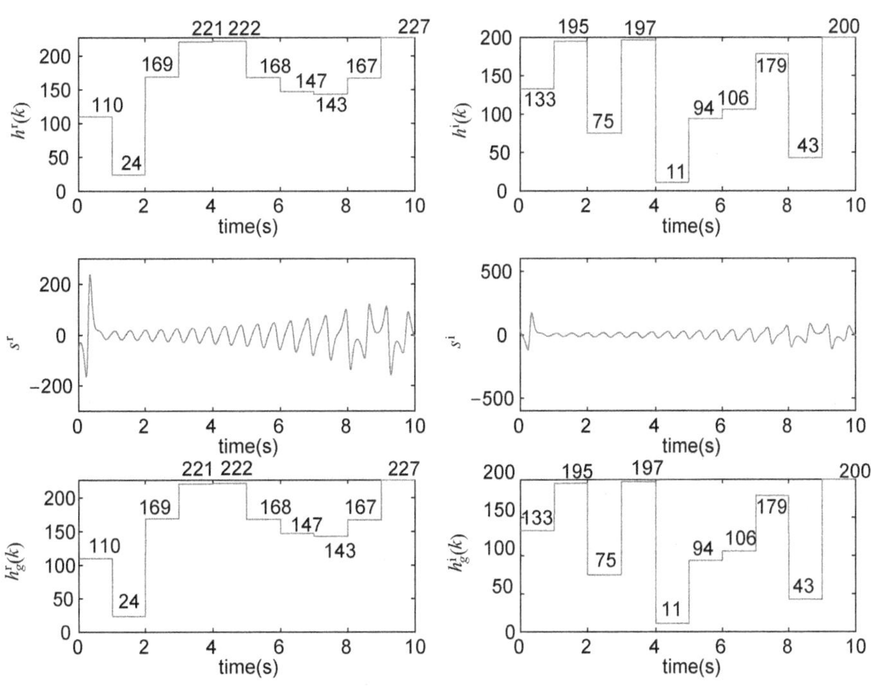

图 4.8　不考虑随机高斯噪声的数字信号传输过程（$k=500$）

考虑信道中的传输噪声，选择噪声幅值 $D=1000$（远大于信息信号的幅值），其数字信号传输过程如图 4.9 所示。传输信号完全像噪声一样，未认证的第三方不可能从中提取信号信息。控制强度取 $k=500$ 时，二进制数字序列被精确恢复出来。将控制强度减小为 100 时，其数字信号传输过程如图 4.10 所示。不难发现，此时个别数字没有被完全精确恢复。这说明了控制强度对信号精度的影响，也反映了控制强度对噪声的鲁棒性。

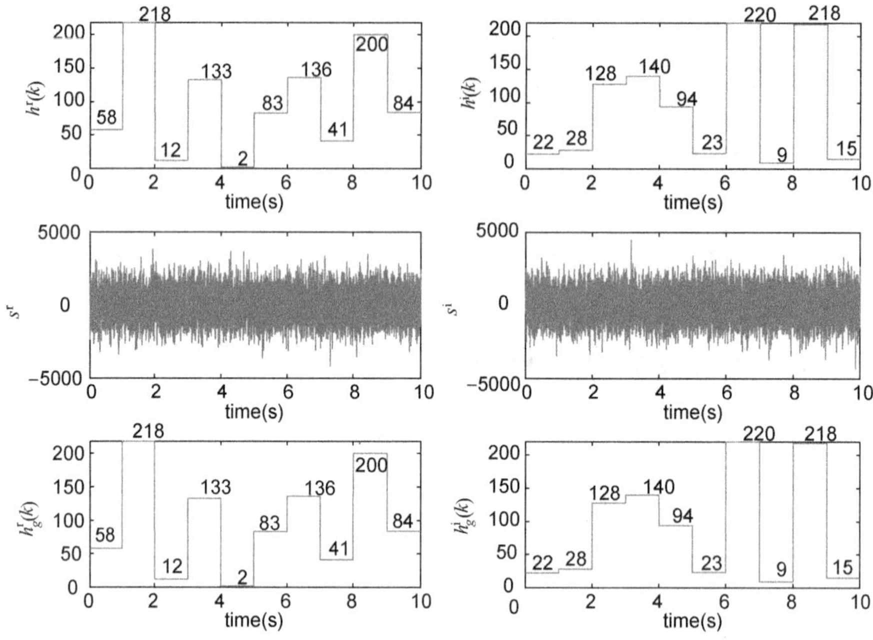

图 4.9 考虑随机高斯噪声（$D=1000$）的数字信号传输过程（$k=500$）

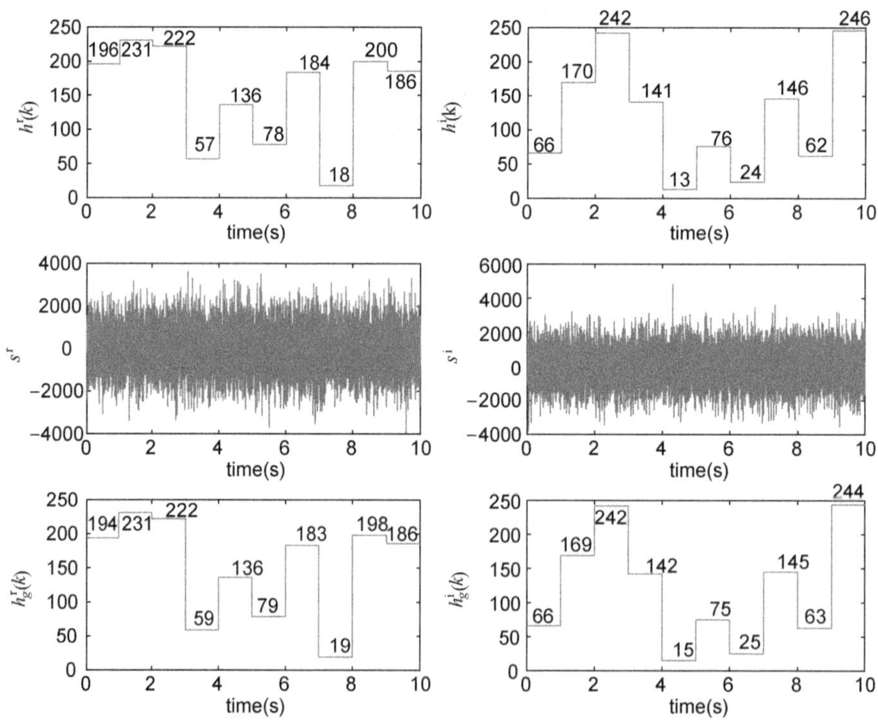

图 4.10 减小控制强度时的数字信号传输过程（$D=1000$，$k=100$）

通过上述分析，基于 CMDFS 的整数阶复混沌通信方案具有较高的精度和良好的鲁棒性。

4.2　分数阶复混沌系统的复修正差函数同步及其通信方案

由于分数阶导数在时间和空间上的非局域效应的复杂几何解释[212]，分数阶混沌系统比整数阶混沌系统表现出更难以预测和复杂的非线性动力学行为。这些优点被一些专注于混沌通信的研究人员所发现。文献［213］研究了分数阶实超混沌系统的改进广义投影同步，并将其应用于安全通信。Muthukumar 等人[215]提出了一种分数阶滑模控制器，并对其在密码系统中的应用进行了研究，利用基于教与学反馈的优化方法实现了分数阶混沌系统的安全通信。Mohammadzadeh 和 Ghaemi[204]研究了不确定分数阶超混沌同步的安全通信。这些文献对分数阶混沌系统的安全通信有着重要的贡献。

然而，我们发现大多数论文都是基于分数阶实混沌同步的。由于复修正差函数同步比函数投影同步具有更多的优点，所以本节将把分数阶复混沌的复修正差函数同步应用于安全通信中。它将结合复混沌复修正差函数同步和分数阶混沌系统本身的优势，相比传统方法和其他混沌通信方案具有更高的安全性和可靠性。

4.2.1　分数阶 CMDFS 定义及控制器

两个分数阶复混沌系统 $\mathrm{D}^{\alpha_1}\boldsymbol{x}(t)$ 和 $\mathrm{D}^{\alpha_2}\boldsymbol{y}(t)$，令

$$\mathrm{D}^{\alpha_3}\boldsymbol{H}(t)=\mathrm{D}^{\alpha_1}\boldsymbol{x}(t)-\mathrm{D}^{\alpha_2}\boldsymbol{y}(t) \tag{4.2.1}$$

式中，$\boldsymbol{H}(t)=\{h_1(t),h_2(t),\cdots,h_n(t)\}^{\mathrm{T}}$，$\boldsymbol{x}(t)=\{x_1(t),x_2(t),\cdots,x_n(t)\}^{\mathrm{T}}$，$\boldsymbol{y}(t)=\{y_1(t),y_2(t),\cdots,y_n(t)\}^{\mathrm{T}}$，$0<\alpha_1\leqslant 1$，$0<\alpha_2\leqslant 1$，$0<\alpha_3\leqslant 1$，则可称 $\mathrm{D}^{\alpha_3}\boldsymbol{H}(t)$ 为 $\mathrm{D}^{\alpha_1}\boldsymbol{x}(t)$ 与 $\mathrm{D}^{\alpha_2}\boldsymbol{y}(t)$ 的复修正差函数向量。

定义 4.3　对于式（4.2.1）中的两个分数阶复混沌系统 $\mathrm{D}^{\alpha_1}\boldsymbol{x}(t)$、$\mathrm{D}^{\alpha_2}\boldsymbol{y}(t)$ 和差函数向量 $\mathrm{D}^{\alpha_3}\boldsymbol{H}(t)$，设计控制器使得下式成立，即

$$\lim_{t\to+\infty}\|e_n(t)\|=\|y_n(t)-x_n(t)-h_n(t)\|=0$$

则称分数阶复混沌系统 $\mathrm{D}^{\alpha_1}\boldsymbol{x}(t)$ 和 $\mathrm{D}^{\alpha_2}\boldsymbol{y}(t)$ 实现了复修正差函数同步。

注 4.5　当 $\alpha_1=\alpha_2=\alpha_3=1$ 时，分数阶复修正差函数同步即整数阶的复修正差函数同步。

注 4.6　当 $\alpha_1=1$、$\alpha_2=1$、$\alpha_3=0$ 时，复修正差函数向量 $\mathrm{D}^{\alpha_3}\boldsymbol{H}(t)$ 将变为一个常数，所以分数阶复混沌系统的复修正差函数同步也是 PHS 的扩展。

考虑如下的耦合齐次分数阶复混沌系统：

$$\begin{cases}\mathrm{D}^{\alpha}\boldsymbol{x}=\boldsymbol{A}\boldsymbol{x}+F_1(\boldsymbol{x})\\ \boldsymbol{v}=F_2(\boldsymbol{x},\boldsymbol{y})\\ \mathrm{D}^{\alpha}\boldsymbol{y}=\boldsymbol{B}\boldsymbol{y}+F_3(\boldsymbol{y})+\boldsymbol{v}\end{cases} \tag{4.2.2}$$

式中，α 为分数运算符，$0<\alpha\leqslant 1$；F_1、F_3 为非线性连续向量函数；$\boldsymbol{A}$、$\boldsymbol{B}$ 分别为系统 $\mathrm{D}^{\alpha}\boldsymbol{x}$、$\mathrm{D}^{\alpha}\boldsymbol{y}$ 的 Jacobian 矩阵；$\boldsymbol{v}$ 是耦合系统的控制器部分；F_2 是非线性函数和线性函数的组合。

根据复修正差函数同步的定义，可得误差系统为

$$\begin{aligned}D^{\alpha}\boldsymbol{e} &= D^{\alpha}\boldsymbol{y}-D^{\alpha}\boldsymbol{x}-\boldsymbol{H}\\ &=\boldsymbol{B}\boldsymbol{y}-\boldsymbol{A}\boldsymbol{x}+F_3(\boldsymbol{y})-F_1(\boldsymbol{x})+F_2(\boldsymbol{x},\boldsymbol{y})-\boldsymbol{H}+\boldsymbol{v}\end{aligned} \tag{4.2.3}$$

式中，$\boldsymbol{e}=[e_1,e_2,\cdots,e_n]^{\mathrm{T}}$。

根据分数阶系统稳定理论，设计如下控制器。

定理 4.2 对于耦合齐次分数阶复混沌系统（4.2.2），可设计控制器

$$\boldsymbol{v}=\boldsymbol{A}\boldsymbol{x}-\boldsymbol{B}\boldsymbol{y}+F_1(\boldsymbol{x})-F_3(\boldsymbol{y})+\boldsymbol{H}+\boldsymbol{k}\boldsymbol{e} \tag{4.2.4}$$

式中，参数矩阵 $\boldsymbol{K}$ 满足 $|\arg(\mathrm{eig}(\boldsymbol{k}))|>\dfrac{\alpha\pi}{2}$，使得式（4.2.3）趋于零，则称耦合齐次分数阶复混沌系统中的 $\boldsymbol{x}(t)$ 和 $\boldsymbol{y}(t)$ 实现了复修正差函数同步。

证明： 将式（4.2.4）代入式（4.2.3），可得

$$\begin{aligned}D^{\alpha}\boldsymbol{e} &=\boldsymbol{B}\boldsymbol{y}-\boldsymbol{A}\boldsymbol{x}+F_3(\boldsymbol{y})-F_1(\boldsymbol{x})-\boldsymbol{H}\\ &\quad+\boldsymbol{A}\boldsymbol{x}-\boldsymbol{B}\boldsymbol{y}+F_1(\boldsymbol{x})-F_3(\boldsymbol{y})+\boldsymbol{H}+\boldsymbol{k}\boldsymbol{e}\\ &=\boldsymbol{k}\boldsymbol{e}\end{aligned}$$

又 $|\arg(\mathrm{eig}(\boldsymbol{k}))|>\dfrac{\alpha\pi}{2}$，则耦合齐次分数阶复混沌系统在控制器式（4.2.4）的作用下，使得误差函数 $D^{\alpha}\boldsymbol{e}$ 渐近趋于零，则 $\boldsymbol{x}(t)$ 和 $\boldsymbol{y}(t)$ 实现了复修正差函数同步。

4.2.2 基于分数阶复系统 CMDFS 的通信方案

由于复混沌系统的宽带特性，通常可以有效地利用混沌载波来掩盖信号。基于分数阶复混沌系统的 CMDFS 通信方案如图 4.11 所示。从图 4.11 中可以看出，该方案由两部分组成：一部分是发送端，提供了用于传输信号的载体，完成了复混沌驱动系统与信息信号之间的信息调制；另一部分是接收端，响应系统和接收到的信号用控制器进行了解调。$H(t)$ 为信息信号；$\varepsilon(t)$ 为传输过程中的潜在干扰信号；$s(t)=D^{\alpha}y(t)+H(t)+P\varepsilon(t)$ 是传输信号；Others(t) 是其他可供选择的信道；Fliter(t) 用于滤波干扰信号，可以得到准确的恢复信号。

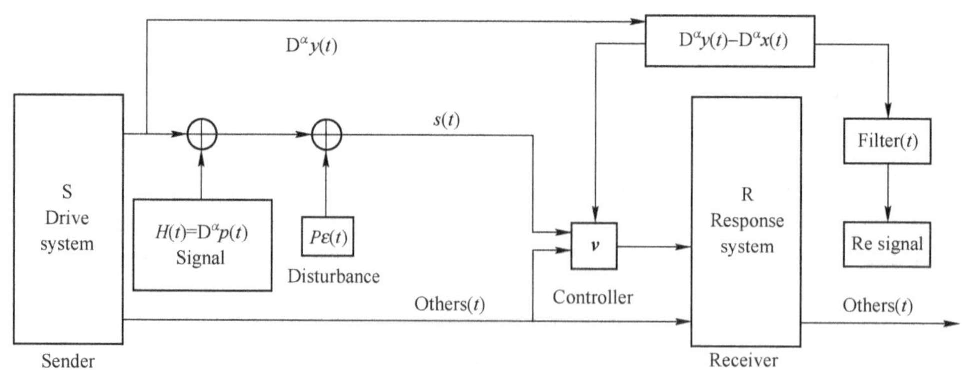

图 4.11 基于分数阶复混沌系统的 CMDFS 通信方案

4.2.3 数值仿真

为了验证所提出的密码体制的安全性，下面将对四种信息信号的传输进行仿真。采用

如下两个分数阶复 Lorenz 混沌系统[147]分别作为接收端和发送端。

$$\begin{cases} D^{\alpha}y_1=a_1(y_2-y_1)+v_1 \\ D^{\alpha}y_2=a_2y_1-y_2-y_1y_3+v_2 \\ D^{\alpha}y_3=\dfrac{1}{2}(\bar{y}_1y_2+y_1\bar{y}_2-a_3y_3)+v_3 \end{cases} \tag{4.2.5}$$

和

$$\begin{cases} D^{\alpha}x_1=a_1(x_2-x_1) \\ D^{\alpha}x_2=a_2x_1-x_2-x_1x_3 \\ D^{\alpha}x_3=\dfrac{1}{2}(\bar{x}_1x_2+x_1\bar{x}_2-a_3x_3) \end{cases} \tag{4.2.6}$$

式中，$a_1=10$、$a_2=28$、$a_3=\dfrac{8}{3}$；v_1、v_2、v_3 是控制器。

根据式（4.2.4）设计控制器为

$$\begin{cases} v_1^{\mathrm{r}}=-a_1e_2^{\mathrm{r}}+k_1e_1^{\mathrm{r}}+h^{\mathrm{r}} \\ v_1^{\mathrm{i}}=-a_1e_2^{\mathrm{i}}+k_2e_1^{\mathrm{i}}+h^{\mathrm{i}} \\ v_2^{\mathrm{r}}=-a_2e_1+y_1^{\mathrm{r}}y_3-x_1^{\mathrm{r}}x_3+k_3e_2^{\mathrm{r}} \\ v_2^{\mathrm{i}}=-a_2e_1^{\mathrm{i}}+y_1^{\mathrm{i}}y_3-x_1^{\mathrm{i}}x_3+k_4e_2^{\mathrm{i}} \\ v_3=-y_1^{\mathrm{r}}y_2^{\mathrm{r}}+x_1^{\mathrm{r}}x_2^{\mathrm{r}}-y_1^{\mathrm{i}}y_2^{\mathrm{i}}+x_1^{\mathrm{i}}x_2^{\mathrm{i}}+k_5e_3 \end{cases} \tag{4.2.7}$$

式中，$k_1,k_2,\cdots,k_5$是控制力量因子；h^{r}、h^{i} 是差函数因子，也表示所传输的信息信号。

1. 模拟信号

首先传输模拟信号 $h(t)=10\sin(0.1\pi t)+\mathrm{j}15\cos(0.1\pi t)$，则

$$h'(t)=\begin{cases} h'^{\mathrm{r}}(t)=10\sin(0.1\pi t+0.5\pi\alpha) \\ h'^{\mathrm{i}}(t)=15\cos(0.1\pi t+0.5\pi\alpha) \end{cases} \tag{4.2.8}$$

式中，$h'(t)$是 α-阶 $h(t)$的导数。$h'^{\mathrm{r}}(t)$、$h'^{\mathrm{i}}(t)$分别是 $h'(t)$的实部与虚部。

在通信通道的选择上，选择 y_1^{r}、y_1^{i} 作为发送端来加密模拟信号的实部与虚部部分，x_1^{r}、x_1^{i} 作为接收端来解密所传输的信号。为了进一步提高传输系统的保密性，在传输过程中仍考虑随机高斯噪声式（4.1.11），其中幅值 $D=10$。

图 4.12 所示为加密后的传输信号 $s(t)$，复杂且不规则。未经授权的第三方很难发现信息信号。原始信号和恢复信号如图 4.13 所示。信息信号在接收端被精确地恢复出来。

图 4.14 所示为接收端和发送端的误差。由于通信通道的选择是复变量 y_1和 x_1，因此它们的误差是信息信号。复变量 y_2和 x_2、实变量 y_3和 x_3的误差渐近为零。

2. 数字信号

首先，由随机函数产生原始数字信号。为实现快速传输，将 M 个二进制位以2^M-ary 的形式转换为一个相应的分数差函数。设 $M=4$，信号持续时间为 200 个时间单位，选择驱动器系统的 y_1^{i} 作为发送端，x_1^{i} 作为接收端。图 4.15 为无噪声数字信号的传输过程，其中原始数字信号与恢复信号的误差为零，传输信号 $s(t)$为完全覆盖二进制的模拟信号。

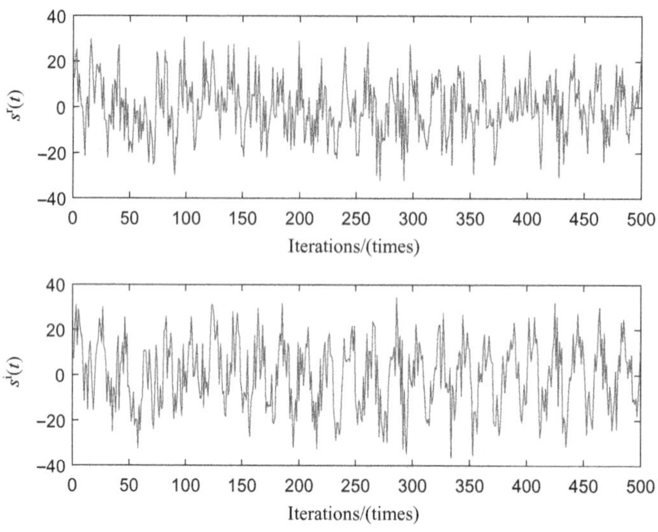

图 4.12　加密后的传输信号 $s(t)$，其中 $D=10$，$k=-1$，$\alpha=0.995$，初值为 $y_1^r(0))=7$，$y_1^i(0)=8$，$y_2^r(0)=5$，$y_2^i(0)=6$，$y_3(0)=12$，$x_1^r(0)=6.5$，$x_1^i(0)=8.3$，$x_2^r(0)=5.1$，$x_2^i(0)=6.6$，$x_3(0)=1.8$

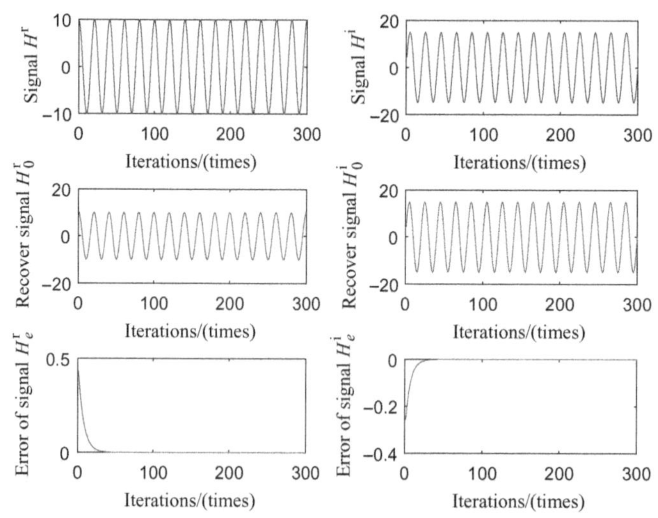

图 4.13　原始信号和恢复信号，其中 $D=10$，$k=-1$，$\alpha=0.995$，初值为 $y_1^r(0)=7$，$y_1^i(0)=8$，$y_2^r(0)=5$，$y_2^i=6$，$y_3(0)=12$，$x_1^r(0)=6.5$，$x_1^i(0)=8.3$，$x_2^r(0)=5.1$，$x_2^i(0)=6.6$，$x_3(0)=12.8$

考虑到数字信号在传输过程中存在潜在的干扰,得到了如图 4.16 所示的传输过程。传输信号 $s(t)$ 几乎是噪声类的，在未经授权的情况下几乎不可能提取信息信号。为了减小噪声的影响，采用了平均值滤波，保证了恢复过程的精度和较低的误码率。

3. 声音信号

下面提出了一种用于语音信号传输的新型音频密码系统。在发送端，选择动听的歌曲 *Traveling light* 作为信息信号，如图 4.17 所示。

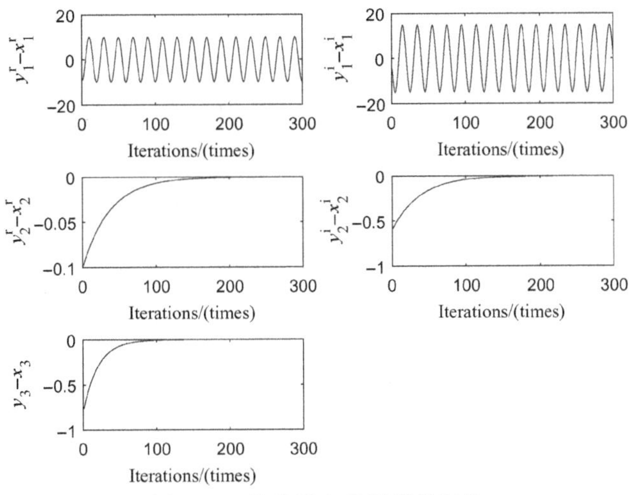

图 4.14　接收端和发送端的误差

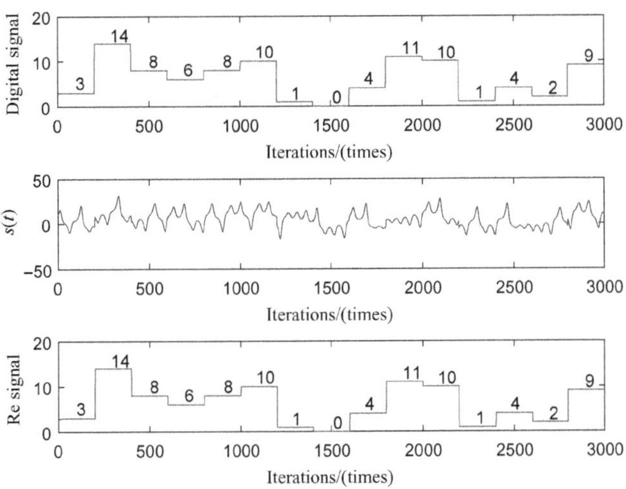

图 4.15　无噪声数字信号的传输过程，其中 $D=0$，$k=-1$，$\alpha=0.995$

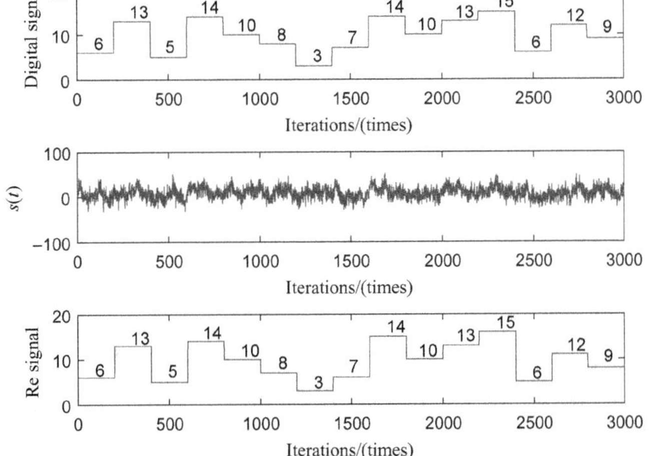

图 4.16　有噪声数字信号的传输过程，其中 $D=10$，$k=-1$，$\alpha=0.995$

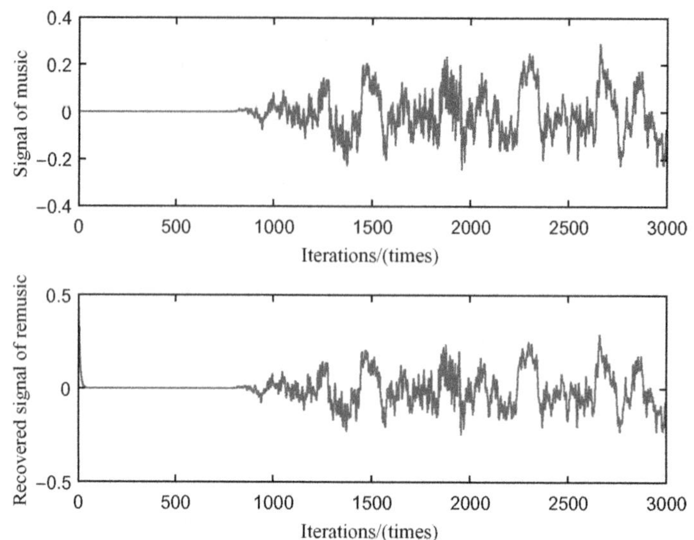

图 4.17　语音信号及其恢复的语音信号示意图，其中 $D=10$，$k=-1$，$\alpha=0.995$，初值为 $y_1^r(0)=7$，$y_1^i(0)=8$，$y_2^r(0)=5$，$y_2^i(0)=6$，$y_3(0)=12$，$x_1^r(0)=6.5$，$x_1^i(0)=8.3$，$x_2^r(0)=5.1$，$x_2^i(0)=6.6$，$x_3(0)=12.8$，$\alpha=0.995$，信号持续时间为 3000 个时间单位

这里选择 y_1^r、x_1^r 来传输声音信号。

由于语音信号有大量的样本，这里取 30 000~33 000 步的数据。如图 4.18 所示，原始语音与恢复语音之间的误差迅速渐近于零，加密语音的传输信号完全覆盖了信息信号。另外，由于存在五种可供选择的通信信道，窃听者提取原始语音的可能性更小。

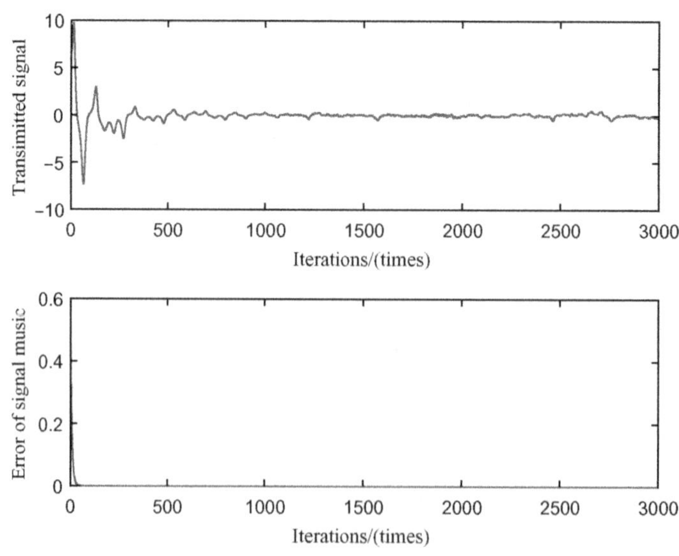

图 4.18　传输信号及其恢复信号误差示意图，其中 $D=10$，$k=-1$，$\alpha=0.995$

4. 图像信号

下面提出了一种新的图像信息共享密钥密码系统，提高了安全通信的安全性和抗破解能力。一般来说，密钥密码学的目的是允许两个不同的组织通信机密信息，即使它们从未见过面，也没有进行过通信，或者它们受到了对手的监视。该密码体制由密钥生成、加密和解密三部分组成。

（1）密钥生成

发送端和接收端均认可：

① 分数阶阶次 α；

② 耦合系统中复变量 x_1、x_2、y_1、y_2和实变量 x_3、y_3；

③ 分数阶复混沌系统的初值；

④ 耦合系统的系统参数；

⑤ 尺度参数 b_1、b_2、b_3、b_4、b_5。

（2）加密

① 原始图像的像素矩阵为 $\boldsymbol{M}_{M(c\times d)}$。

② 有五个零矩阵 $\boldsymbol{M}_{1(c\times d)}$、$\boldsymbol{M}_{2(c\times d)}$、$\boldsymbol{M}_{3(c\times d)}$、$\boldsymbol{M}_{4(c\times d)}$、$\boldsymbol{M}_{5(c\times d)}$。由于耦合混沌系统有五个备选的加密发送终端 y_1^{r}、y_1^{i}、y_2^{r}、y_2^{i}、y_3，所以通过它与耦合系统初值能够产生五个数组 s_1、s_2、s_3、s_4、s_5，其中每个数组的个数都大于$\frac{1}{5}c\times d$，c、d 是矩阵大小尺度参数。

③ 令 $\boldsymbol{M}_1\left(1:\frac{c\times d}{5}\right)=s_1\left(1:\frac{c\times d}{5}\right)$，$\boldsymbol{M}_2\left(\frac{c\times d}{5}+1:\frac{2c\times d}{5}\right)=s_2\left(1:\frac{c\times d}{5}\right)$，$\boldsymbol{M}_3\left(\frac{2c\times d}{5}+1:\frac{3c\times d}{5}\right)=s_3\left(1:\frac{c\times d}{5}\right)$，$\boldsymbol{M}_4\left(\frac{3c\times d}{5}+1:\frac{4c\times d}{5}\right)=s_4\left(1:\frac{c\times d}{5}\right)$，$\boldsymbol{M}_5\left(\frac{4c\times d}{5}+1:\frac{5c\times d}{5}\right)=s_5\left(1:\frac{c\times d}{5}\right)$，如果$\frac{c\times d}{5}$有剩余的数字个数，可以相应地调节 $\boldsymbol{M}_5$ 和 s_5。

④ $\boldsymbol{M}_{(c\times d)}=b_1\boldsymbol{M}_1+b_2\boldsymbol{M}_2+b_3\boldsymbol{M}_3+b_4\boldsymbol{M}_4+b_5\boldsymbol{M}_5+\boldsymbol{M}_M$。

⑤ 发送端发送加密矩阵 $\boldsymbol{M}$ 到接收端。

（3）解密

① 在接收到加密矩阵 $\boldsymbol{M}$ 和密钥的前提下，产生相应的五个解密矩阵 $\boldsymbol{N}_{1(c\times d)}$、$\boldsymbol{N}_{2(c\times d)}$、$\boldsymbol{N}_{3(c\times d)}$、$\boldsymbol{N}_{4(c\times d)}$、$\boldsymbol{N}_{5(c\times d)}$。在解密端，$x_1^{\mathrm{r}}$、$x_1^{\mathrm{i}}$、$x_2^{\mathrm{r}}$、$x_2^{\mathrm{i}}$、$x_3$ 在控制器式（4.2.7）的作用下，生成五个解密矩阵。

② $\boldsymbol{N}_{(c\times d)}=b_1\boldsymbol{N}_1+b_2\boldsymbol{N}_2+b_3\boldsymbol{N}_3+b_4\boldsymbol{N}_4+b_5\boldsymbol{N}_5$。

恢复的图像像素矩阵 $\boldsymbol{RI}_{(c\times d)}=\boldsymbol{M}-\boldsymbol{N}$。

③ 通过像素矩阵得到恢复后的图像。

图 4.19 和图 4.20 分别是原始图像信号和恢复图像信号示意图。加密矩阵示意图如图 4.21 所示，加密图像完全覆盖了原始图像信号，其中 $D=0$，$k=-1$，$\alpha=0.995$，$b_1=2000$，$b_2=20000$，$b_3=2000$，$b_4=20000$，$b_5=35$。由于密钥的复杂性和加密过程的复杂性，没有密钥的全部信息，未经授权的组织无法完全恢复原始图像。

图 4.19　原始图像信号

图 4.20　恢复图像信号

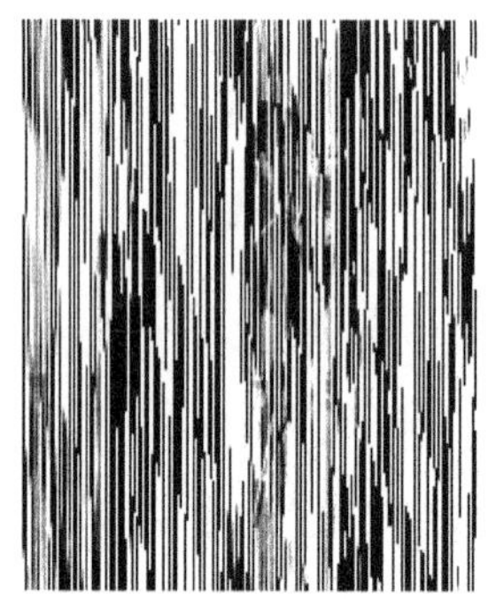

图 4.21　加密矩阵示意图

4.3　本章小结

本章从两个复函数相减的角度提出了复修正差函数同步。自同步和相位同步均是其特殊情形。本章分别针对整数阶和分数阶复混沌系统，设计了复修正差函数同步控制器，并提出了基于复修正差函数同步的通信方案。该通信方案在本质上与混沌掩盖不同，所传输的信号是信息信号与混沌信号之和的导数。它具有传输速度快、安全性好、鲁棒性强和位误差率低等优点，尤其是避免了 CMFPS 方案中产生的算法误差。分数阶复混沌系统的 CMDFS 通信方案，实现了模拟信号、数字信号、语音信号和图像的传输。此外，本章还设计了一个高安全性的图像密码系统。数值模拟结果表明，基于 CMDFS 的通信方案加密、传输和解密效果良好。

分数阶复混沌系统的安全通信是一个全新的领域，也希望越来越多的研究人员将一些传统的同步扩展到分数阶复混沌系统中，增加同步的多样性，将其应用到安全通信中，深入发展混沌通信，展示分数阶复混沌系统和混沌通信的潜在优势。

第 5 章　复混沌系统的时滞特性及其通信方案

在自然科学和工程技术的研究中，许多事物的变化不仅依赖于当时的状态，还依赖于过去的状态，系统的这种特性称为时滞，具有时滞的系统称为时滞系统。事实上，除理想情形下，由于机械、摩擦等实际因素的限制，所以各种现实系统中都无法避免时滞现象，如生物、化学、经济、机械、物理和工程学等领域。时滞是影响系统动态特性的重要因素，因此关于时滞系统的研究得到了数学、物理、控制等多个领域学者的广泛关注。

由前几章可知，复混沌系统的特性及其同步研究引起了人们的极大关注，但相关文献均未涉及时滞。时滞是实际复混沌系统不可避免存在的一个因素，因此，研究复混沌系统时，考虑时滞更符合实际的需要，并能更好地在实际中得到应用。

另一方面，由于多维超混沌系统结构复杂，实现较难，不适合实际工程应用，时滞混沌系统的出现弥补了多维超混沌系统的不足，结构简单却能产生具有极高随机性和不可预测性的时间系列，从而在同步时克服高维非时滞超混沌系统在结构上庞大而复杂的缺点。事实上，时滞复混沌系统具有无穷维状态空间，它与原系统的动力学行为有很大的差别，具有多个正的 Lyapunov 指数，产生的混沌复信号比高维超混沌系统产生的混沌信号更加复杂且难以预测，而且复状态变量本身也提高了通信的安全水平。

另外，通信过程中考虑传输的时滞，将通信发送端和接收端看成滞后同步，也具有一定的实际价值。综上所述，研究复混沌系统的时滞特性及其通信中的应用具有非常重要的现实意义和理论价值。

5.1　单时滞复混沌系统及其自时滞同步

在实际研究中，由于机械摩擦、噪声、振动等的限制，被研究对象的变化往往受过去状态和当前状态共同影响，实际系统和理想原系统并不同步。如果对时滞系统进行控制从而与期望系统或原系统同步，那么就避免了现实中因为时滞而产生的各种问题。保持系统结构和参数不变的情况下，使时滞系统和理想原系统同步，称为自时滞同步。研究时滞复混沌的自时滞同步，使得实际存在的时滞复混沌系统保持理想原系统的性能指标，具有非常重要的现实意义和理论价值。

复 Chen 混沌系统作为常见的混沌系统，已经被广泛应用到物理、生物、金融等各个领域，如混沌保密通信、生物种群繁衍预测等。因此，本节以单时滞复 Chen 混沌系统为例，首先介绍单时滞复 Chen 混沌系统特性，然后给出自时滞同步的定义和相关引理，再针对单时滞复 Chen 混沌系统设计自时滞同步控制器。

复 Chen 混沌系统为

$$\begin{cases}\dot{y}_1=a_1(y_2-y_1)\\ \dot{y}_2=(a_2-a_1)y_1+a_2y_2-y_1y_3\\ \dot{y}_3=-a_3y_3+(1/2)(\bar{y}_1y_2+y_1\bar{y}_2)\end{cases} \tag{5.1.1}$$

式中，$y_1=u_1+\mathrm{j}u_2$、$y_2=u_3+\mathrm{j}u_4$ 是复变量；$y_3=u_5$ 是实变量；$\bar{y}_1(\bar{y}_2)$ 表示 $y_1(y_2)$ 的共轭，$(a_1,a_2,a_3)^{\mathrm{T}}$ 是实参数向量。

分离系统（5.1.1）各个变量的实部和虚部，则有

$$\begin{cases}\dot{u}_1=a_1(u_3-u_1)\\ \dot{u}_2=a_1(u_4-u_2)\\ \dot{u}_3=(a_2-a_1)u_1-u_1u_5+a_2u_3\\ \dot{u}_4=(a_2-a_1)u_2-u_2u_5+a_2u_4\\ \dot{u}_5=-a_3u_5+(u_1u_3+u_2u_4)\end{cases} \tag{5.1.2}$$

考虑如下带有时滞的复 Chen 混沌系统

$$\begin{cases}\dot{x}_1=a_1(x_2-x_1)\\ \dot{x}_2=(a_2-a_1)x_1+a_2x_2-x_1x_3(t-\tau)\\ \dot{x}_3=-a_3x_3(t-\tau)+(1/2)(\bar{x}_1x_2+x_1\bar{x}_2)\end{cases} \tag{5.1.3}$$

式中，$0\leqslant\tau\leqslant\tau_m$ 为时滞因数；$x_1=u_1'+\mathrm{j}u_2'$ 和 $x_2=u_3'+\mathrm{j}u_4'$ 是系统复状态变量，$x_3=u_5'$ 是实状态变量。此时系统（5.1.3）为一个单时滞复 Chen 混沌系统。

5.1.1 单时滞复 Chen 混沌系统特性

1. 混沌基本特性

分离系统（5.1.3）各个变量的实部和虚部，则有

$$\begin{cases}\dot{u}_1'=a_1(u_3'-u_1')\\ \dot{u}_2'=a_1(u_4'-u_2')\\ \dot{u}_3'=(a_2-a_1)u_1'-u_1'u_5'(t-\tau)+a_2u_3'\\ \dot{u}_4'=(a_2-a_1)u_2'-u_2'u_5'(t-\tau)+a_2u_4'\\ \dot{u}_5'=-a_3u_5'(t-\tau)+(u_1'u_3'+u_2'u_4')\end{cases} \tag{5.1.4}$$

因此，原系统（5.1.2）的耗散性、对称性和初值敏感性对于系统（5.1.4）仍然成立，但是时滞系统的投影图与原系统有了较大差异，时滞系统产生了具有极高随机性和不可预测性的时间系列，其不同时滞因数的各投影面和投影空间的混沌吸引子如图 5.1、图 5.2 和图 5.3 所示。比较上述图形可知，在同样的参数和初值下，不同的时滞因数使得系统表现出不同的动态特性。

2. 时滞因数对 Lyapunov 指数的影响

Lyapunov 指数可以定量地反映出系统的基本性能。这里讨论时滞因数对 Lyapunov 指数的影响，从而判断时滞因数对系统性能的影响。令 $a_1=35$、$a_2=23$、$a_3=1$，可得单时滞复 Chen 混沌系统的 Lyapunov 指数随时滞因数 τ 变化示意图，如图 5.4 所示。表 5.1 给出

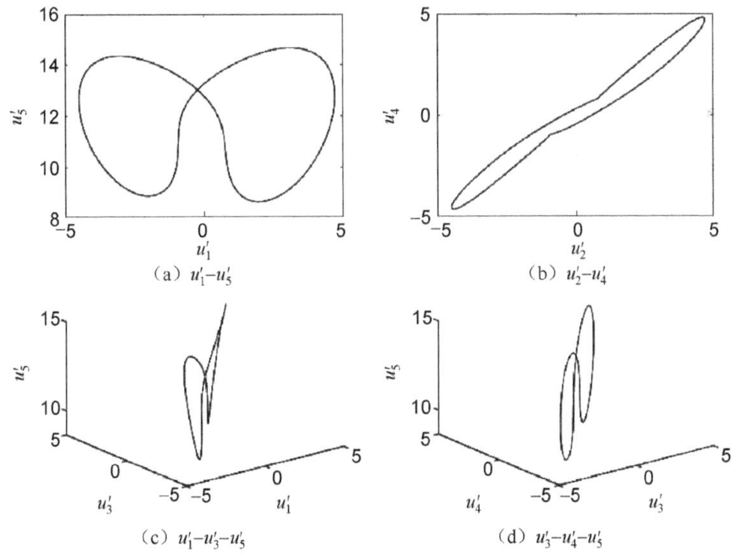

图 5.1　不同时滞因数的各投影面和投影空间的混沌吸引子（$a_1=35$，$\tau=0.02\mathrm{s}$）

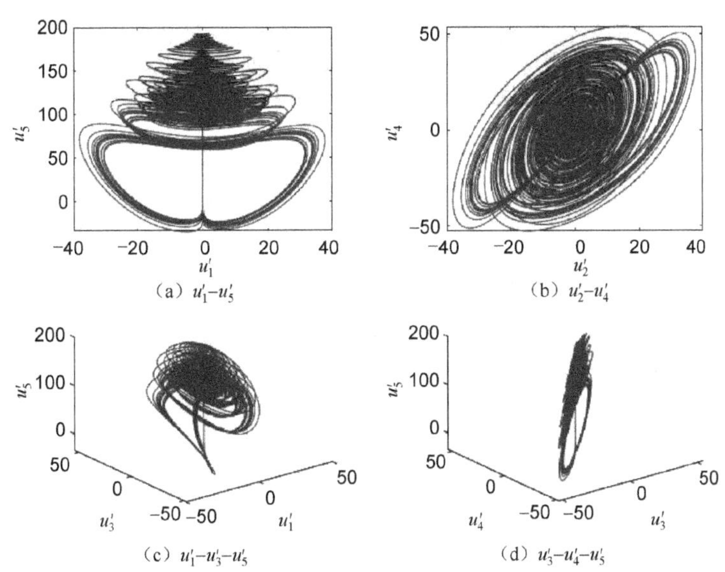

图 5.2　不同时滞因数的各投影面和投影空间的混沌吸引子（$a_1=35$，$\tau=1\mathrm{s}$）

了单时滞复 Chen 混沌系统 Lyapunov 指数的部分数值。

表 5.1　单时滞复 Chen 混沌系统 Lyapunov 指数的部分数值

变　量	LE_1	LE_2	LE_3	LE_4	LE_5	符　号	类　型
$\tau=0.02\mathrm{s}$	0.3889	−0.2942	−0.1427	−1.7196	−3.1842	(0,0,0,−,−)	极限环
$\tau=0.2\mathrm{s}$	1.8209	0.4408	−0.7426	−1.7017	−3.6189	(+,0,−,−,−)	混沌
$\tau=1\mathrm{s}$	3.9961	−0.0362	−0.0327	−0.0402	−0.2018	(+,0,0,0,−)	混沌
$\tau=\sin(t)+\cos(t)(\mathrm{s})$	1.5749	0.3880	−0.2812	−1.4697	−2.8927	(+,0,0,−,−)	混沌

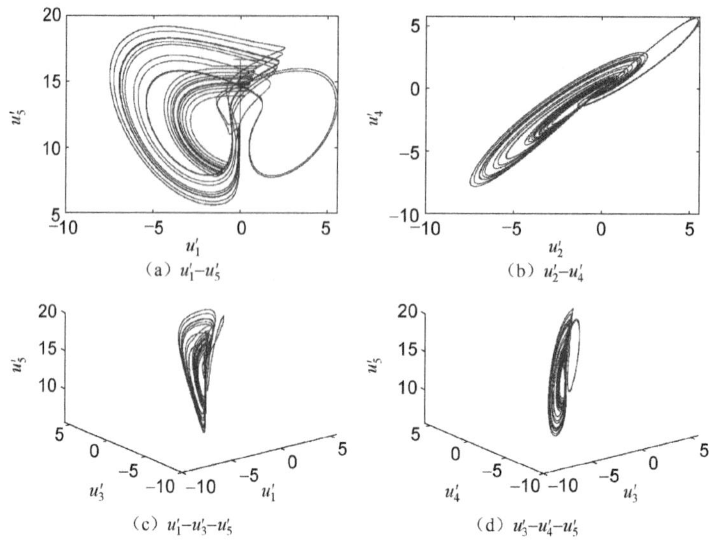

图 5.3　不同时滞因数的各投影面和投影空间的混沌吸引子（$a_1=35$，$\tau=\sin(t)+\cos(t)$）

显然，单时滞复 Chen 混沌系统的特性及正 Lyapunov 指数的个数与时滞因数 τ 有关，也展现了时滞系统因为时滞因数而产生的随机性和不可预测性。

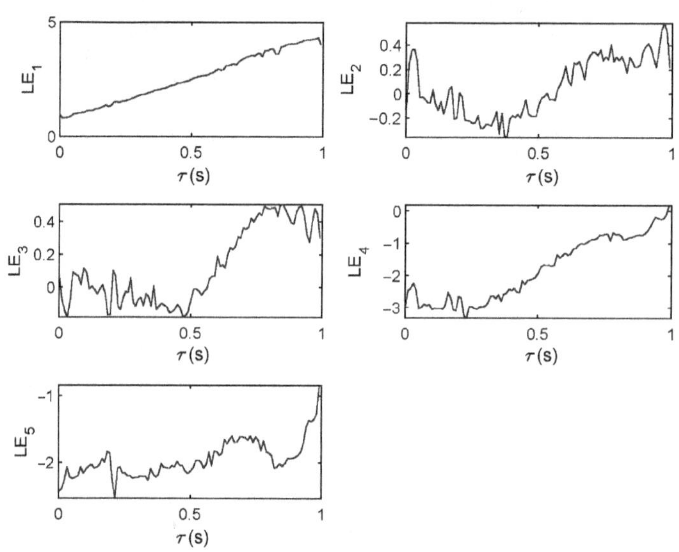

图 5.4　单时滞复 Chen 混沌系统的 Lyapunov 指数随时滞因数 τ 变化示意图

5.1.2　自时滞同步控制器

定义 5.1　考虑如下 n 维复混沌系统[124,216]

$$\dot{\boldsymbol{y}}(t)=f(\boldsymbol{y}(t))\leftarrow\text{原系统}$$

$$\dot{\boldsymbol{x}}(t)=f(\boldsymbol{x}(t-\tau))+\boldsymbol{v}(\boldsymbol{x}(t-\tau),\boldsymbol{x}(t),\boldsymbol{y}(t))\leftarrow\text{时滞系统}$$

式中，$\boldsymbol{x}(t)=\{x_1(t),x_2(t),\cdots,x_n(t)\}^{\mathrm{T}}$、$\boldsymbol{y}(t)=\{y_1(t),y_2(t),\cdots,y_n(t)\}^{\mathrm{T}}$ 是复状态向量；

$\boldsymbol{\tau}=\{\tau_1,\tau_2,\cdots,\tau_n\}^{\mathrm{T}}$（$\tau_i\geqslant 0,i=1,2,\cdots,n$）是时滞因数向量。当存在控制器 $\boldsymbol{v}$ 使得

$$\lim_{t\to\infty}\|\boldsymbol{y}(t)-\boldsymbol{x}(t)\|^2=\lim_{t\to\infty}(\|\boldsymbol{y}^{\mathrm{r}}(t)-\boldsymbol{x}^{\mathrm{r}}(t)\|^2+\|\boldsymbol{y}^{\mathrm{i}}(t)-\boldsymbol{x}^{\mathrm{i}}(t)\|^2)=0$$

成立时，则称 $\boldsymbol{y}(t)$ 和 $\boldsymbol{x}(t)$ 为自时滞同步（Self Time-Delay Synchronization，STDS）。

注 5.1　如果引入的时滞为零，即 $\tau=0$，则自时滞同步退化为自同步，因此自时滞同步包含了自同步，它是自同步的扩展，进一步拓宽了研究同步问题的视野。

注 5.2　自时滞同步与滞后同步具有完全不同的物理意义。滞后同步意味着响应系统状态与驱动系统滞后一段时间的状态 $\boldsymbol{y}(t-\tau)$ 同步，两个系统都不是时滞系统，而自时滞同步是指时滞系统的状态 $\boldsymbol{x}(t)$ 与原系统的状态 $\boldsymbol{y}(t)$ 实时同步。

引理 5.1　对于线性连续时滞系统[157]

$$\dot{\boldsymbol{z}}(t)=\boldsymbol{A}\boldsymbol{z}(t)+\boldsymbol{B}\boldsymbol{z}(t-\tau)\ (\tau\geqslant 0) \tag{5.1.5}$$

式中，$\boldsymbol{z}(t)\in\mathbb{R}^n$；$\boldsymbol{A}$、$\boldsymbol{B}$ 为 $n\times n$ 常值矩阵。如果存在正定矩阵 $\boldsymbol{P}$、$\boldsymbol{Q}$ 使得

$$\begin{pmatrix}\boldsymbol{A}^{\mathrm{T}}\boldsymbol{P}+\boldsymbol{P}\boldsymbol{A}+\boldsymbol{Q} & \dfrac{\boldsymbol{P}\boldsymbol{B}+\boldsymbol{B}^{\mathrm{T}}\boldsymbol{P}}{2}\\ \dfrac{\boldsymbol{P}\boldsymbol{B}+\boldsymbol{B}^{\mathrm{T}}\boldsymbol{P}}{2} & -\boldsymbol{Q}\end{pmatrix} \tag{5.1.6}$$

为负定矩阵，则 $\boldsymbol{z}(t)=0$ 是系统（5.1.5）的全局指数渐近稳定平衡点。

定理 5.1　考虑复 Chen 混沌系统（5.1.2）和单时滞复 Chen 混沌系统（5.1.4），对系统（5.1.4）施加如下控制器

$$\begin{cases}v_1=k_1e_1\\ v_2=k_2e_2\\ v_3=u_1'u_5'(t-\tau)-u_1u_5+k_3e_3\\ v_4=u_2'u_5'(t-\tau)-u_2u_5+k_4e_4\\ v_5=-(u_1'u_3'+u_2'u_4'-u_1u_3-u_2u_4)-a_3u_5(t-\tau)-a_3u_5+k_5e_5\end{cases} \tag{5.1.7}$$

式中，$k_i\in\mathbb{R}^n,i=1,2,\cdots,5$，那么存在 k_i 使得

$$\lim_{t\to\infty}\sum_{i=1}^{5}(u_i'-u_i)^2=0 \tag{5.1.8}$$

即复 Chen 混沌系统（5.1.2）和单时滞复 Chen 混沌系统（5.1.4）实现自时滞同步。

证明：令 $e_i(t)=u_i'(t)-u_i(t),e_i(t-\tau)=u_i'(t-\tau)-u_i(t-\tau),i=1,2,\cdots,5$，可得系统（5.1.2）和系统（5.1.4）的时滞误差系统

$$\begin{cases}\dot{e}_1=(k_1-a_1)e_1+a_1e_3\\ \dot{e}_2=(k_2-a_1)e_2+a_1e_4\\ \dot{e}_3=(a_2-a_1)e_1+(k_3+a_2)e_3\\ \dot{e}_4=(a_2-a_1)e_2+(k_4+a_2)e_4\end{cases} \tag{5.1.9}$$

$$\dot{e}_5=-a_3e_5(t-\tau)+k_5e_5 \tag{5.1.10}$$

时滞误差系统（5.1.9）是线性定常系统，选取合适的 k_1、k_2、k_3 和 k_4 使其所有特征值具有负实部，则时滞误差系统（5.1.9）指数渐近稳定。时滞误差系统（5.1.10）是线性连续时滞系统（5.1.5）中 $A=k_5$、$B=-a_3$ 的一种特殊情况。根据引理 5.1，如果存在正数 p、q 使得

$$\begin{pmatrix} 2k_5p+q & -pa_3 \\ -pa_3 & -q \end{pmatrix} \tag{5.1.11}$$

为负定矩阵，则 $e_5=0$ 是时滞误差系统（5.1.10）的全局指数渐近稳定平衡点，即存在正数 p、q，使得 $2k_5p+q<0, -q(2k_5p+q)-p^2a_3^2>0$。因此，时滞误差系统（5.1.9）~（5.1.10）在零点是全局指数渐近稳定的，证毕。

5.1.3 数值仿真

以复 Chen 混沌系统（5.1.2）作为驱动系统，单时滞复 Chen 混沌系统（5.1.4）为响应系统，取 $a_1=35$、$a_2=23$、$a_3=1$，系统初值分别为 $\boldsymbol{u}(0)=\boldsymbol{u}'(0)=(1,1,1,1,1)$、$\tau=1s$。同时考虑噪声的影响，采用服从如下概率分布的随机高斯噪声

$$q(\varepsilon)=\frac{1}{\sqrt{2\pi}\sigma}\exp\left(-\frac{(\varepsilon-\varepsilon_0)^2}{2\sigma^2}\right) \tag{5.1.12}$$

式中，$\varepsilon_0=0$ 和 $\sigma=1$ 分别是均值和方差。幅值 $D=50$。

采用式（5.1.7）所示的控制器，其中 $k_1=k_2=-100$、$k_3=k_4=-500$、$k_5=-100$，则可得误差系统（5.1.9）的特征值分别为 -136.2325、-475.7675、-136.2325、-475.7675，均小于零；对于误差系统，若使式（5.1.11）为负定矩阵，代入相关数据，可得

$$\begin{gathered} -200p+q<0 \\ -q(-200p+q)-p^2>0 \end{gathered} \tag{5.1.13}$$

即可取 $q=100$、$p=1$，则定理 5.1 成立。原系统和单时滞复 Chen 混沌系统的状态图如图 5.5 所

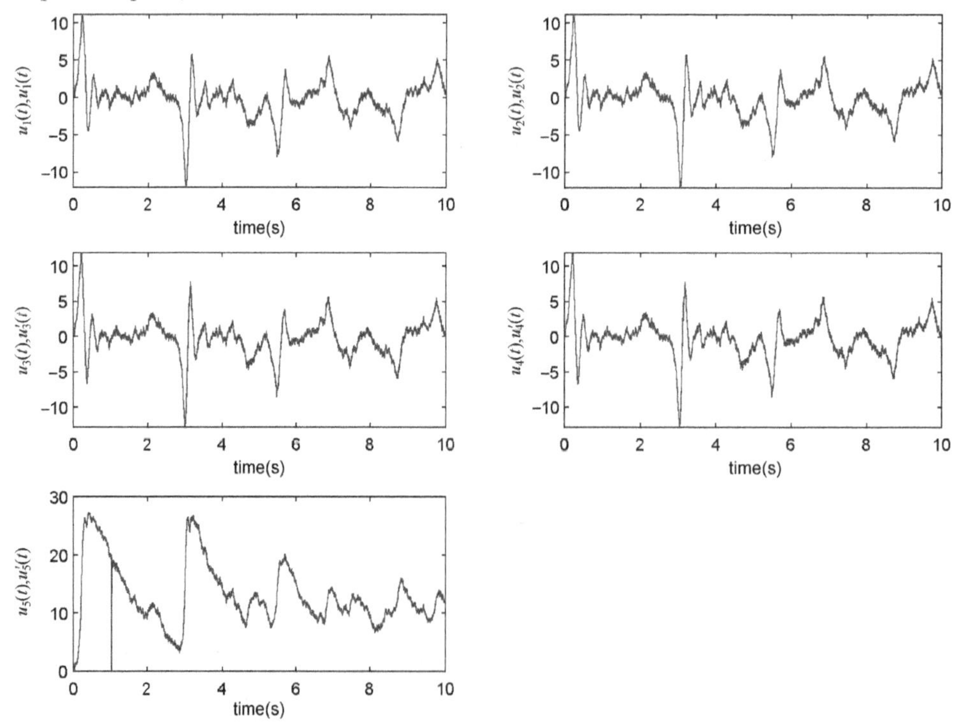

图 5.5 原系统和单时滞复 Chen 混沌系统的状态图

示，红色表示原系统，蓝色表示单时滞复 Chen 混沌系统。由图 5.5 可知，两个系统很快同步，状态趋于一致。其自时滞同步状态误差图如图 5.6 所示，误差在一定精度范围内趋于零。系统仿真结果与理论分析一致，验证了该控制器的有效性和鲁棒性。该控制器收敛快，不受时滞因数的影响。比起其他类型的同步控制器，更易于工程实现，且对噪声具有一定的鲁棒性。

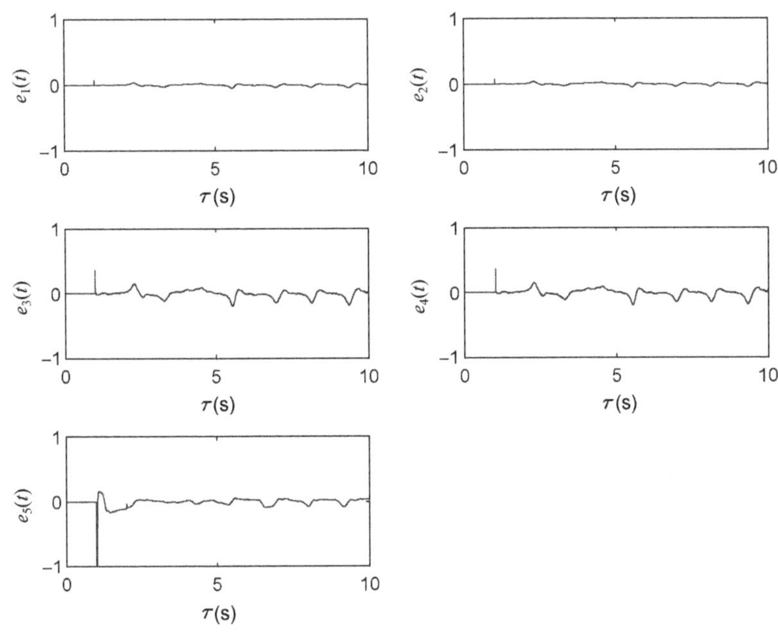

图 5.6　自时滞同步状态误差图

5.2　双时滞复混沌系统及其自时滞同步

实际系统中可能有多个变量含有时滞，本节即展开双时滞复系统的研究，展现两个时滞因数如何互相影响、互相作用，从而使得时滞复系统产生新的动态特性，并设计自时滞同步控制器。

物理学中最常见的是复 Lorenz 混沌系统，第 1 章就提到它已经被用来描述失谐激光和液体的热对流现象[3~5]、磁盘发电机[6]等，具有广泛的现实意义。本节讲解双时滞复 Lorenz 混沌系统，单时滞复 Lorenz 混沌系统是双时滞复 Lorenz 混沌系统的特例，感兴趣的读者可阅读文献［216］，这里不再赘述。

5.2.1　双时滞复 Lorenz 混沌系统特性

复 Lorenz 混沌系统描述为

$$\begin{cases}\dot{y}_1=a_1(y_2-y_1)\\ \dot{y}_2=a_2y_1-y_1y_3-y_2\\ \dot{y}_3=-a_3y_3+(1/2)(\bar{y}_1y_2+y_1\bar{y}_2)\end{cases} \tag{5.2.1}$$

式中，$y_1=u_1+\mathrm{j}u_2$、$y_2=u_3+\mathrm{j}u_4$ 是复状态变量；$y_3=u_5$ 是实状态变量；$(a_1,a_2,a_3)^{\mathrm{T}}$ 是实参数向量。

分离系统（5.2.1）各个变量的实部和虚部，则有

$$\begin{cases}\dot{u}_1=a_1(u_3-u_1)\\ \dot{u}_2=a_1(u_4-u_2)\\ \dot{u}_3=a_2u_1-u_1u_5-u_3\\ \dot{u}_4=a_2u_2-u_2u_5-u_4\\ \dot{u}_5=-a_3u_5+(u_1u_3+u_2u_4)\end{cases}\tag{5.2.2}$$

为了研究时滞 Lorenz 混沌系统的自时滞同步问题，首先通过实数域的时滞 Lorenz 混沌系统[217]给出复数域的时滞 Lorenz 混沌系统。

在不改变复 Lorenz 混沌系统的结构和参数的情况下，给出如下一个单时滞复 Lorenz 混沌系统（5.2.3）和双时滞复 Lorenz 混沌系统（5.2.4）

$$\begin{cases}\dot{x}_1=a_1(x_2-x_1)\\ \dot{x}_2=a_2x_1-x_1x_3-x_2\\ \dot{x}_3=-a_3x_3(t-\tau_1)+(1/2)(\bar{x}_1x_2+x_1\bar{x}_2)\end{cases}\tag{5.2.3}$$

式中，$\tau_1=\tau_1(t)[0\leqslant\tau_1(t)\leqslant\tau_{1m}]$是一个有界时变时滞；$x_1=u_1'+\mathrm{j}u_2'$ 和 $x_2=u_3'+\mathrm{j}u_4'$ 是复状态变量；$x_3=u_5'$ 是实状态变量。

$$\begin{cases}\dot{x}_1=a_1[x_2(t-\tau_2)-x_1]\\ \dot{x}_2=a_2x_1-x_1x_3-x_2\\ \dot{x}_3=-a_3x_3(t-\tau_1)+(1/2)(\bar{x}_1x_2+x_1\bar{x}_2)\end{cases}\tag{5.2.4}$$

式中，$\tau_2=\tau_2(t)[0\leqslant\tau_2(t)\leqslant\tau_{2m}]$是一个有界时变时滞。这里把 $x_1(t)$、$x_2(t)$、$x_3(t)$ 简写为 x_1、x_2、x_3，下文以此类推。

分离式（5.2.4）的实部和虚部可得

$$\begin{cases}\dot{u}_1'=a_1[u_3'(t-\tau_2)-u_1']\\ \dot{u}_2'=a_1[u_4'(t-\tau_2)-u_2']\\ \dot{u}_3'=a_2u_1'-u_1'u_5'-u_3'\\ \dot{u}_4'=a_2u_2'-u_2'u_5'-u_4'\\ \dot{u}_5'=-a_3u_5'(t-\tau_1)+(u_1'u_3'+u_2'u_4')\end{cases}\tag{5.2.5}$$

显然，式（5.2.5）比式（5.2.3）复杂。

1. 混沌吸引子

双时滞复混沌系统的不同混沌吸引子投影和状态分别如图 5.7（$\tau_1=\tau_2=0.088s$）和图 5.8（$\tau_1=\cos(t),\tau_2=\mathrm{rand}(t)$）所示。显然，$\tau_1=\tau_2=0.088\mathrm{s}$ 的双时滞复 Lorenz 混沌系统是混沌的，而$\tau_1=\cos(t)$、$\tau_2=\mathrm{rand}(t)$的双时滞复 Lorenz 混沌系统收敛于不动点（9.6126,5.7783,9.6120,5.7779,33.9996）^{T}。这里 $a_1=14,a_2=35,a_3=3.7$。初始状态为（2,1,5,3,4）^{T}，下同。

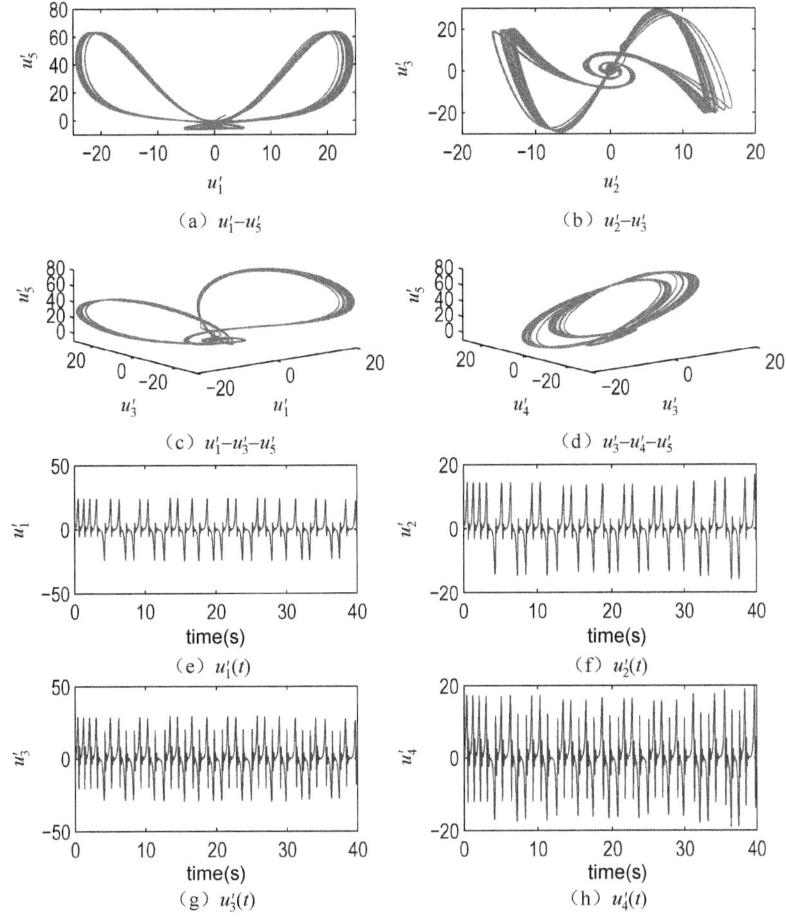

图 5.7　双时滞复 Lorenz 混沌系统的不同混沌吸引子投影和状态（$\tau_1=\tau_2=0.088$s）

2. Lyapunov 指数

不同 τ_1 和 τ_2 的 Lyapunov 指数及其分类如表 5.2 所示。在表 5.2 中，当 $\tau_1=\tau_2=0.088$s 时，存在三个正 Lyapunov 指数（$LE_4\approx0$，因为其绝对值最小）。当 $\tau_1=\cos(t)$、$\tau_2=\text{rand}(t)$时，系统没有正的 Lyapunov 指数，这与图 5.7 和图 5.8 所示一致。这表明，时滞复混沌系统的简单结构可以产生高度随机和不可预测的时间序列，从而提高混沌通信的加密性能。

表 5.2　不同 τ_1 和 τ_2 的 Lyapunov 指数及其分类

项　　目	LE_1	LE_2	LE_3	LE_4	LE_5	分　　类
$\tau_1=\tau_2=0.088$s	1.2407	0.8434	0.3835	0.1621	−0.6626	超混沌
$\tau_1=\tau_2=0.167$s	1.9090	1.2440	0.8766	0.4943	−0.1447	超混沌
$\tau_1=0.088$s、$\tau_2=0.167$s	1.6600	0.3879	0.1604	−0.3463	−1.8483	超混沌
$\tau_1=\cos(t)$、$\tau_2=\text{rand}(t)$	−0.0001	−0.6644	−0.7308	−1.8644	−3.5690	不动点
$\tau_1=\cos(t)$、$\tau_2=0.088$s	1.8061	0.6355	0.2091	−0.8192	−2.1076	超混沌

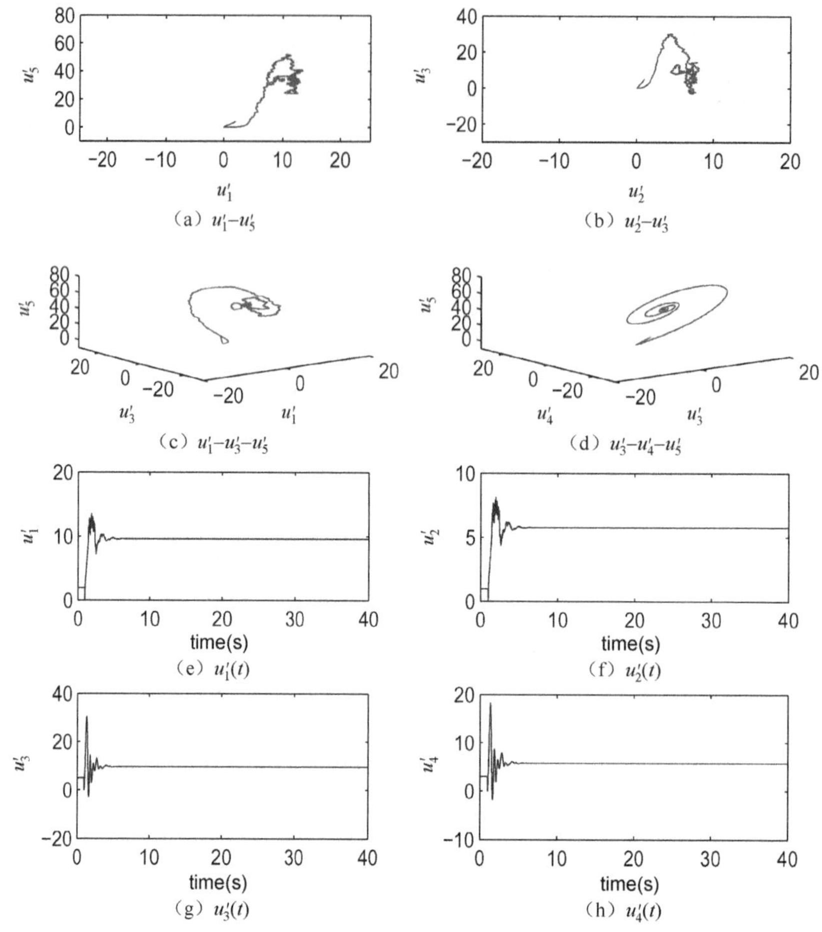

(a) u_1'-u_5'　(b) u_2'-u_3'　(c) u_1'-u_3'-u_5'　(d) u_3'-u_4'-u_5'　(e) $u_1'(t)$　(f) $u_2'(t)$　(g) $u_3'(t)$　(h) $u_4'(t)$

图 5.8　双时滞复 Lorenz 混沌系统的不同混沌吸引子投影和状态 [$\tau_1=\cos(t)$、$\tau_2=\mathrm{rand}(t)$]

3. 初值敏感性

当 $\tau_1=\tau_2=0.0088$s 时，选择两个接近的初始条件，如$(2,1,5,3,4)^{\mathrm{T}}$和$(2,1.001,5,3,4.001)^{\mathrm{T}}$，并获得系统的状态演化，如图 5.9 所示，可见双时滞复 Lorenz 混沌系统对初始条件具有强烈的敏感依赖性。

4. 平衡点及其稳定性

令$\dot{u}_i'=0, i=1,2,\cdots,5$，通过解方程得到双时滞系统（5.2.5）的平衡点。若 $u_1'=u_2'$，可得平衡点 $E_1=\{0,0,0,0,0\}$，$E_{2,3}=\left\{\pm\sqrt{\dfrac{a_3(a_2-1)}{2}},\pm\sqrt{\dfrac{a_3(a_2-1)}{2}},\pm\sqrt{\dfrac{a_3(a_2-1)}{2}},\sqrt{\dfrac{a_3(a_2-1)}{2}},a_2-1\right\}$。

若 τ_1 和 τ_2 是常数，则在平衡点附近，$t\to+\infty$ 时，$u_5'(t-\tau_1)=u_5'(t)$，$u_3'(t-\tau_2)=u_3'(t)$ 和 $u_4'(t-\tau_2)=u_4'(t)$。因此，式（5.2.5）在 E_1 点的线性化方程的特征方程为

$$(\lambda+a3\mathrm{e}^{-\lambda\tau_1})[\lambda^2+(a_1+1)\lambda+a_1-a_1a_2\mathrm{e}^{-\lambda\tau_2}]^2=0 \tag{5.2.6}$$

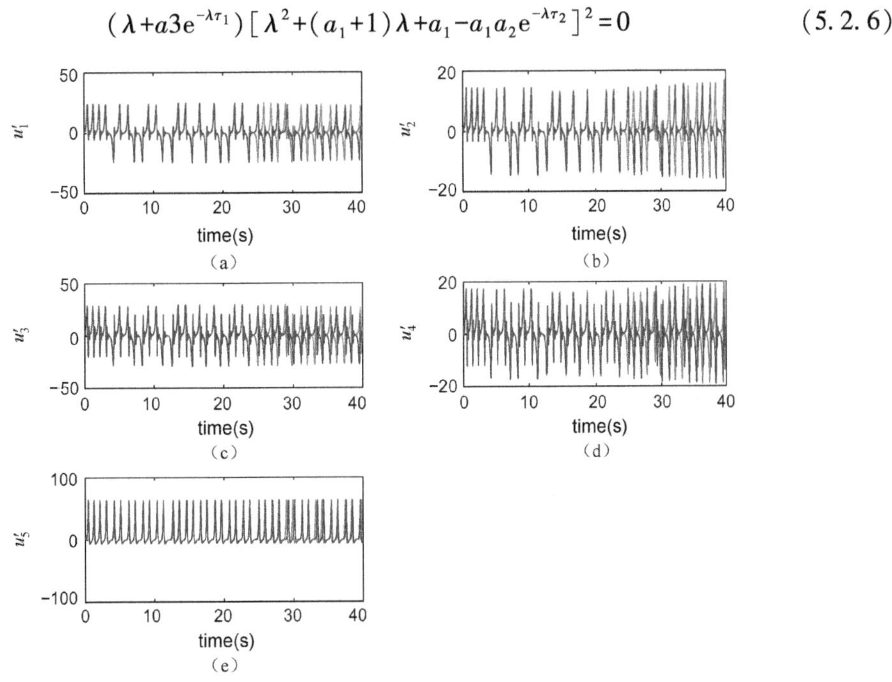

图 5.9　双时滞复 Lorenz 混沌系统的初值敏感性（$\tau_1=\tau_2=0.088$s）

显然，E_1 的稳定性与 τ_1、τ_2 和 a_1、a_2、a_3 有关。当 $a_1=14$、$a_2=35$、$a_3=3.7$、$x(0)=(0, 0.01, 0.01, 0.01, 0)^{\mathrm{T}}$ 和 $\tau_1=\tau_2=0.088$s 时，E_1 是不稳定的，如图 5.10 所示，它与表 5.2 的第二行一致。在保持其他参数不变的情况下选择 $a_2=0.2$，则 E_1 是稳定的，如图 5.11 所示，其 Lyapunov 指数为$(-0.7856,-0.7858,-3.5734,-4.3082,-4.9953)^{\mathrm{T}}$。

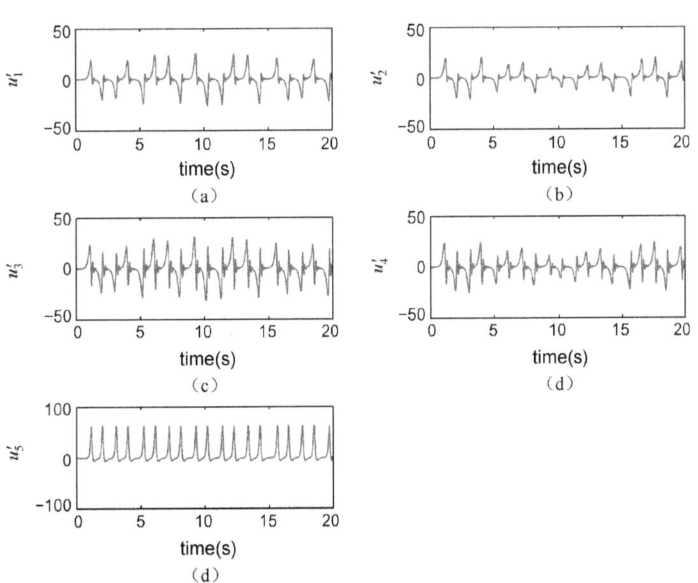

图 5.10　双时滞复 Lorenz 混沌系统 E_1 的稳定性（$a_1=14$、$a_2=35$、$a_3=3.7$ 和 $\tau_1=\tau_2=0.088$s）

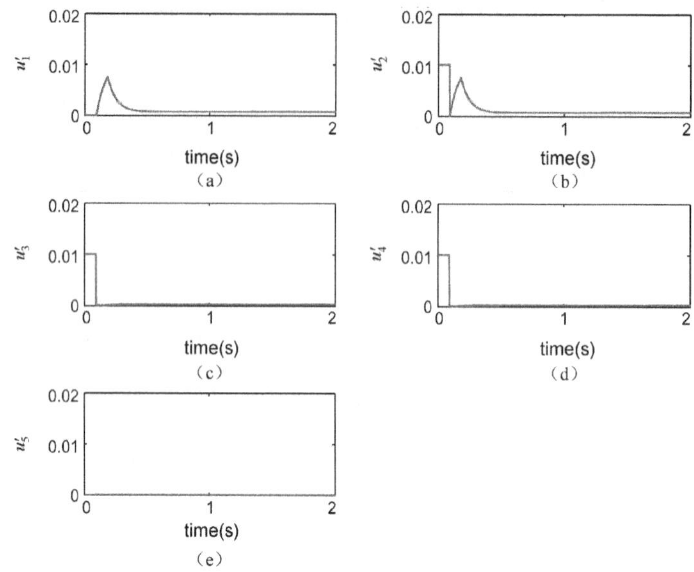

(a) (b) (c) (d) (e)

图 5.11　双时滞复 Lorenz 混沌系统 E_1 的稳定性（$a_1=14$、$a_2=0.2$、$a_3=3.7$ 和 $\tau_1=\tau_2=0.088$s）

5.2.2　自时滞同步控制器

定理 5.2　对于给定的线性时滞系统

$$\dot{z}=\boldsymbol{A}(t)z(t)+\boldsymbol{B}_1z(t-\tau_1)+\boldsymbol{B}_2z(t-\tau_2) \tag{5.2.7}$$

式中，$z(t)\in\mathbb{R}^n$，$\boldsymbol{A}(t)=(a_{ij}(t))$是 $n\times n$ 时变实矩阵，且对所有 $t>0$，$a_{\min}<|a_{ij}(t)|<a_{\max}$是有界的（$a_{\min}>0$ 和 $a_{\max}>0$ 且与时间 t 无关）。$\boldsymbol{B}_1$、$\boldsymbol{B}_2$ 是 $n\times n$ 常数实矩阵。时滞 τ_1、τ_2 是正实数。若存在正定矩阵 $\boldsymbol{P}$、$\boldsymbol{M}_1$、$\boldsymbol{M}_2$ 满足

$$\begin{pmatrix} \boldsymbol{A}(t)^{\mathrm{T}}\boldsymbol{P}+\boldsymbol{P}\boldsymbol{A}(t)+\boldsymbol{M}_1+\boldsymbol{M}_2 & \dfrac{\boldsymbol{P}\boldsymbol{B}_1+\boldsymbol{B}_1^{\mathrm{T}}\boldsymbol{P}}{2} & \dfrac{\boldsymbol{P}\boldsymbol{B}_2+\boldsymbol{B}_2^{\mathrm{T}}\boldsymbol{P}}{2} \\ \dfrac{\boldsymbol{P}\boldsymbol{B}_1+\boldsymbol{B}_1^{\mathrm{T}}\boldsymbol{P}}{2} & -\boldsymbol{M}_1 & 0 \\ \dfrac{\boldsymbol{P}\boldsymbol{B}_2+\boldsymbol{B}_2^{\mathrm{T}}\boldsymbol{P}}{2} & 0 & -\boldsymbol{M}_2 \end{pmatrix} \tag{5.2.8}$$

负定，那么 $z(t)=0$ 是式（5.2.7）的全局渐近稳定点。

证明：选取如下 Lyapunov-Krasovskii 函数 V：$C\rightarrow R$

$$V(z(t))=z^{\mathrm{T}}(t)\boldsymbol{P}z(t)+\int_{t-\tau_1}^{t}z^{\mathrm{T}}(s)\boldsymbol{M}_1z(s)\,\mathrm{d}s+\int_{t-\tau_2}^{t}z^{\mathrm{T}}(s)\boldsymbol{M}_2z(s)\,\mathrm{d}s \tag{5.2.9}$$

式中，$\boldsymbol{P}$、$\boldsymbol{M}_1$、$\boldsymbol{M}_2$ 都是正定矩阵。若初始状态为$(0,z_0)=(0,\boldsymbol{\phi}(0))$，则

$$\begin{aligned} V(\boldsymbol{\phi}) &= \boldsymbol{\phi}^{\mathrm{T}}(0)\boldsymbol{P}\boldsymbol{\phi}(0)+\int_{-\tau_1}^{0}\boldsymbol{\phi}^{\mathrm{T}}(s)\boldsymbol{M}_1\boldsymbol{\phi}(s)\,\mathrm{d}s+\int_{-\tau_2}^{0}\boldsymbol{\phi}^{\mathrm{T}}(s)\boldsymbol{M}_2\boldsymbol{\phi}(s)\,\mathrm{d}s \\ &\leqslant \mu\boldsymbol{\phi}^{\mathrm{T}}(0)\boldsymbol{\phi}(0)+\int_{-\tau_1}^{0}\lambda_1\boldsymbol{\phi}^{\mathrm{T}}(s)\boldsymbol{\phi}(s)\,\mathrm{d}s+\int_{-\tau_2}^{0}\lambda_2\boldsymbol{\phi}^{\mathrm{T}}(s)\boldsymbol{\phi}(s)\,\mathrm{d}s \\ &\leqslant (\mu+\lambda_1\tau_1+\lambda_2\tau_2)\boldsymbol{\phi}^{\mathrm{T}}(0)\boldsymbol{\phi}(0) \end{aligned} \tag{5.2.10}$$

式中，μ、λ_1、λ_2 分别是 $\boldsymbol{P}$、$\boldsymbol{M}_1$、$\boldsymbol{M}_2$ 的最大特征值。

它沿 $\dot{z}$ 的导数是

$$\begin{aligned}\dot{V}(z(t))=&\dot{z}^{\mathrm{T}}(t)\boldsymbol{P}z(t)+z^{\mathrm{T}}(t)\boldsymbol{P}\dot{z}(t)+[z^{\mathrm{T}}(t)\boldsymbol{M}_1z(t)-z^{\mathrm{T}}(t-\tau_1)\boldsymbol{M}_1z(t-\tau_1)]+\\&[z^{\mathrm{T}}(t)\boldsymbol{M}_2z(t)-z^{\mathrm{T}}(t-\tau_2)\boldsymbol{M}_2z(t-\tau_2)]\end{aligned} \tag{5.2.11}$$

将式（5.2.7）代入式（5.2.11）可得

$$\begin{aligned}\dot{V}(z(t))=&z^{\mathrm{T}}(t)\boldsymbol{A}^{\mathrm{T}}(t)\boldsymbol{P}z(t)+z^{\mathrm{T}}(t-\tau_1)\boldsymbol{B}_1^{\mathrm{T}}\boldsymbol{P}z(t)+z^{\mathrm{T}}(t-\tau_2)\boldsymbol{B}_2^{\mathrm{T}}\boldsymbol{P}z(t)+\\&z^{\mathrm{T}}(t)\boldsymbol{P}\boldsymbol{A}(t)z(t)+z^{\mathrm{T}}(t)\boldsymbol{P}\boldsymbol{B}_1z(t-\tau_1)-z^{\mathrm{T}}(t-\tau_1)\boldsymbol{M}_1z(t-\tau_1)+\\&z^{\mathrm{T}}(t)\boldsymbol{P}\boldsymbol{B}_2z(t-\tau_2)+z^{\mathrm{T}}(t)(\boldsymbol{M}_1+\boldsymbol{M}_2)z(t)-z^{\mathrm{T}}(t-\tau_2)\boldsymbol{M}_2z(t-\tau_2)\\=&\boldsymbol{\theta}^{\mathrm{T}}(t)\boldsymbol{L}(t)\boldsymbol{\theta}(t)\end{aligned} \tag{5.2.12}$$

其中

$$\boldsymbol{\theta}^{\mathrm{T}}=(z^{\mathrm{T}}(t),z^{\mathrm{T}}(t-\tau_1),z^{\mathrm{T}}(t-\tau_2))$$

$$\boldsymbol{L}(t)=\begin{pmatrix}\boldsymbol{A}(t)^{\mathrm{T}}\boldsymbol{P}+\boldsymbol{P}\boldsymbol{A}(t)+\boldsymbol{M}_1+\boldsymbol{M}_2 & \dfrac{\boldsymbol{P}\boldsymbol{B}_1+\boldsymbol{B}_1^{\mathrm{T}}\boldsymbol{P}}{2} & \dfrac{\boldsymbol{P}\boldsymbol{B}_2+\boldsymbol{B}_2^{\mathrm{T}}\boldsymbol{P}}{2}\\ \dfrac{\boldsymbol{P}\boldsymbol{B}_1+\boldsymbol{B}_1^{\mathrm{T}}\boldsymbol{P}}{2} & -\boldsymbol{M}_1 & 0\\ \dfrac{\boldsymbol{P}\boldsymbol{B}_2+\boldsymbol{B}_2^{\mathrm{T}}\boldsymbol{P}}{2} & 0 & -\boldsymbol{M}_2\end{pmatrix}$$

对所有 $t\geqslant0$ 是负定矩阵。令 $-k(k>0)$ 是矩阵 $\boldsymbol{L}$ 的最大特征值，则

$$\begin{aligned}\dot{V}(z(t))&\leqslant-k(\|z^{\mathrm{T}}(t)\|^2+\|z^{\mathrm{T}}(t-\tau_1)\|^2+\|z^{\mathrm{T}}(t-\tau_2)\|^2)\\&\leqslant-k\|z^{\mathrm{T}}(t)\|^2\end{aligned} \tag{5.2.13}$$

根据引理 1.4 可知，$z(t)=0$ 是式（5.2.7）的全局渐近稳定点。

定理 5.3　对于给定的双时滞复 Lorenz 混沌系统（5.2.5），若设计控制器为

$$\begin{cases}v_1=a_1(u_3-u_3(t-\tau_2))+k_1'e_1\\v_2=a_1(u_4-u_4(t-\tau_2))+k_2'e_2\\v_3=k_3'e_3+u_1'e_5\\v_4=k_4'e_4+u_2'e_5\\v_5=k_5'e_5-a_3(u_5-u_5(t-\tau_1))-u_3'e_1-u_4'e_2\end{cases} \tag{5.2.14}$$

那么存在 $k_1',k_2',k_3',k_4',k_5'\in\mathbb{R}$ 满足 $\lim\limits_{t\to\infty}\sum\limits_{i=1}^{5}(u_i'-u_i)^2=0$，即实现了复 Lorenz 混沌系统（5.2.2）和双时滞复 Lorenz 混沌系统（5.2.5）之间的自时滞同步。

证明： 令 $e_i(t-\tau_1)=u_i'(t-\tau_1)-u_i(t-\tau_1)$，$e_i(t-\tau_2)=u_i'(t-\tau_2)-u_i(t-\tau_2)$，$i=1,2,\cdots,5$，则可得复 Lorenz 混沌系统和双时滞复 Lorenz 混沌系统之间的动态误差系统

$$
\begin{cases}
\dot{e}_1 = a_1 e_3(t-\tau_2) + (k_1' - a_1) e_1 \\
\dot{e}_2 = a_1 e_4(t-\tau_2) + (k_2' - a_1) e_2 \\
\dot{e}_3 = a_2 e_1 + (k_3' - 1) e_3 - u_5 e_1 \\
\dot{e}_4 = a_2 e_2 + (k_4' - 1) e_4 - u_5 e_2 \\
\dot{e}_5 = -a_3 e_5(t-\tau_1) + k_5' e_5 + u_1 e_3 + u_2 e_4
\end{cases}
\tag{5.2.15}
$$

其中

$$
\boldsymbol{A}'(t) = \begin{pmatrix}
k_1' - a_1 & 0 & 0 & 0 & 0 \\
0 & k_2' - a_1 & 0 & 0 & 0 \\
a_2 - u_5 & 0 & k_3' - 1 & 0 & 0 \\
0 & a_2 - u_5 & 0 & k_4' - 1 & 0 \\
0 & 0 & u_1 & u_2 & k_5'
\end{pmatrix}
$$

$$
\boldsymbol{B}_1' = \begin{pmatrix}
0 & 0 & 0 & 0 & 0 \\
0 & 0 & 0 & 0 & 0 \\
0 & 0 & 0 & 0 & 0 \\
0 & 0 & 0 & 0 & 0 \\
0 & 0 & 0 & 0 & -a_3
\end{pmatrix}
$$

和

$$
\boldsymbol{B}_2' = \begin{pmatrix}
0 & 0 & a_1 & 0 & 0 \\
0 & 0 & 0 & a_1 & 0 \\
0 & 0 & 0 & 0 & 0 \\
0 & 0 & 0 & 0 & 0 \\
0 & 0 & 0 & 0 & 0
\end{pmatrix}
$$

由于 $u_i(i=1,2,\cdots,5)$ 是有界的混沌系统状态变量，a_1、a_2 是常数，故矩阵 $\boldsymbol{A}'(t)$ 是有界的。因此，我们将式（5.2.15）视为线性时变系统。根据定理 5.2，如果我们选择 $\boldsymbol{P}=\boldsymbol{I}$、$\boldsymbol{M}_1=4\boldsymbol{I}$、$\boldsymbol{M}_2=10\boldsymbol{I}$，那么

$$
\boldsymbol{L}(t) = \begin{pmatrix}
\boldsymbol{A}'(t)^{\mathrm{T}} + \boldsymbol{A}'(t) + 14\boldsymbol{I} & \dfrac{\boldsymbol{B}_1' + \boldsymbol{B}_1'^{\mathrm{T}}}{2} & \dfrac{\boldsymbol{B}_2' + \boldsymbol{B}_2'^{\mathrm{T}}}{2} \\
\dfrac{\boldsymbol{B}_1' + \boldsymbol{B}_1'^{\mathrm{T}}}{2} & -4\boldsymbol{I} & 0 \\
\dfrac{\boldsymbol{B}_2' + \boldsymbol{B}_2'^{\mathrm{T}}}{2} & 0 & -10\boldsymbol{I}
\end{pmatrix}
\tag{5.2.16}
$$

其中

$$
\boldsymbol{A}'(t)^{\mathrm{T}} + \boldsymbol{A}'(t) + 14\boldsymbol{I} = \begin{pmatrix}
2k_1' - 2a_1 + 14 & 0 & a_2 - u_5 & 0 & 0 \\
0 & 2k_2' - 2a_1 + 14 & 0 & a_2 - u_5 & 0 \\
a_2 - u_5 & 0 & 2k_3' + 12 & 0 & u_1 \\
0 & a_2 - u_5 & 0 & 2k_4' + 12 & u_2 \\
0 & 0 & u_1 & u_2 & 2k_5' + 14
\end{pmatrix}
\tag{5.2.17}
$$

根据引理 1.3，使实对称矩阵 $\boldsymbol{L}(t)$ 成为行对角优势矩阵，且要求其所有对角元素是负值，那么

$$\text{Row 1}: |2k_1'-2a_1+14|>|a_2-u_5|+|a_1|/2, 2k_1'-2a_1+14<0$$
$$\text{Row 2}: |2k_2'-2a_1+14|>|a_2-u_5|+|a_1|/2, 2k_2'-2a_1+14<0$$
$$\text{Row 3}: |2k_3'+12|>|a_2-u_5|+|u_1|+|a_1|/2, 2k_3'+12<0$$
$$\text{Row 4}: |2k_4'+12|>|a_2-u_5|+|u_2|+|a_1|/2, 2k_4'+12<0$$
$$\text{Row 5}: |2k_5'+14|>|u_1|+|u_2|+|a_3|, 2k_5'+14<0$$
$$\text{Row 6\sim9}: |4|>0$$
$$\text{Row 10}: |4|>|-a_3|; (pa_3=3.7)$$
$$\text{Row 11\sim14}: |10|>|a_3)|/2$$
$$\text{Row 15}: |10|>|0|$$

因此，存在 $k_1'<a_1-7-\dfrac{|a_2-u_5|}{2}-\dfrac{|a_1|}{4}$，$k_2'<a_1-7-\dfrac{|a_2-u_5|}{2}-\dfrac{|a_1|}{4}$，$k_3'<-6-\dfrac{|a_2-u_5|+|u_1|}{2}-\dfrac{|a_1|}{4}$，$k_4'<-6-\dfrac{|a_2-u_5|+|u_2|}{2}-\dfrac{|a_1|}{4}$，$k_5'<-7-\dfrac{|u_1|+|u_2|+a_3}{2}$，以确保 $\boldsymbol{L}(t)$ 是行对角优势矩阵且对角元素为负值，则可得 $\boldsymbol{e}(t)=0$ 是式（5.2.15）的稳定的全局平衡点。证毕。

注 5.3　如果定理 5.3 中 $\tau_1=0$ 或 $\tau_2=0$，则该控制器适用于单时滞复 Lorenz 混沌系统（5.2.3）的自时滞同步。

5.2.3　数值仿真

以原复 Lorenz 混沌系统（5.2.2）作为驱动系统，双时滞复 Lorenz 混沌系统（5.2.5）为响应系统，系统初值分别为 $\boldsymbol{u}(0)=(2,1,5,3,4)^{\mathrm{T}}$ 和 $\boldsymbol{u}'(0)=(-2,-1,3,0,-4)^{\mathrm{T}}$，$\tau_1=\tau_2=0.088\mathrm{s}$。根据定理 5.3，采用控制器式（5.2.14），其中 $k_1'=k_2'=k_3'=k_4'=k_5'=-100$，可得图 5.12 所示的双

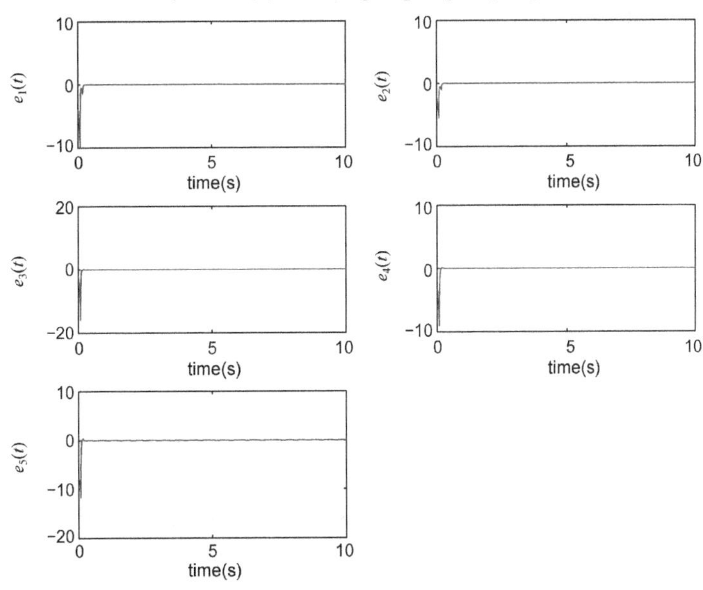

图 5.12　双时滞复 Lorenz 混沌系统状态误差图（$\tau_1=\tau_2=0.088\mathrm{s}$）

时滞复 Lorenz 混沌系统状态误差图。当误差很快收敛到零时，STDS 发生。

5.3 多时滞耦合复混沌系统的完全同步及其通信方案

完全同步（CS）是混沌通信技术中最简单和使用最广泛的形式。时滞在各种实际混沌系统中经常遇到，在大多数情况下是不可避免的。具有时滞的复混沌系统的信号更为复杂，难以破译。因此，混沌通信中将实际的混沌系统描述为时滞混沌系统更合适。基于上述讨论，本节将研究多时滞耦合复混沌系统的完全同步及其通信方案，将误差反馈控制器推广到具有时滞的复混沌系统。实混沌系统和无时滞复混沌系统的完全同步均是其特例。

5.3.1 多时滞耦合复混沌系统的完全同步

由于耦合复混沌系统的同步在通信中得到了广泛的研究，所以考虑时滞的存在，本节研究 n 维微分方程描述的多时滞耦合复混沌系统

$$\begin{cases}\dot{\boldsymbol{y}}=\boldsymbol{f}(\boldsymbol{y},\boldsymbol{z})+\boldsymbol{A}_1\boldsymbol{y}(t-\boldsymbol{\tau})+\boldsymbol{A}_2\boldsymbol{z}(t-\boldsymbol{r})\\ \dot{\boldsymbol{z}}=\boldsymbol{g}(\boldsymbol{y},\boldsymbol{z},\boldsymbol{y}(t-\boldsymbol{\tau}),\boldsymbol{z}(t-\boldsymbol{r}))\\ \dot{\boldsymbol{x}}=\boldsymbol{f}(\boldsymbol{x},\boldsymbol{z})+\boldsymbol{A}_1\boldsymbol{x}(t-\boldsymbol{\tau})+\boldsymbol{A}_2\boldsymbol{z}(t-\boldsymbol{r})+\boldsymbol{v}\end{cases}\tag{5.3.1}$$

式中，$\boldsymbol{\tau}=(\tau_1,\tau_2,\cdots,\tau_q)^{\mathrm{T}}$ 和 $\boldsymbol{r}=(r_1,r_2,\cdots,r_q)^{\mathrm{T}}$ 是时滞常向量。驱动系统的状态向量分为两部分$(\boldsymbol{y},\boldsymbol{z})$，并且 $\boldsymbol{y}=(y_1,y_2,\cdots,y_q)^{\mathrm{T}}$，$\boldsymbol{z}=(z_1,z_2,\cdots,z_{n-q})^{\mathrm{T}}$。$\boldsymbol{A}_1$ 是 $q\times q$ 实常数矩阵，$\boldsymbol{A}_2$ 是 $q\times(n-q)$ 实常数矩阵。状态向量 $\boldsymbol{z}$ 是耦合向量。$\boldsymbol{x}=(x_1,x_2,\cdots,x_q)^{\mathrm{T}}$ 是响应系统的复状态向量。$\boldsymbol{f}$ 和 $\boldsymbol{g}$ 分别是 $q\times1$ 和$(n-q)\times1$ 复函数向量。所设计的控制器是 $\boldsymbol{v}=\boldsymbol{v}^{\mathrm{r}}+\mathrm{j}\boldsymbol{v}^{\mathrm{i}}$，其中 $\boldsymbol{v}^{\mathrm{r}}=(v_1,v_3,\cdots,v_{2q-1})^{\mathrm{T}}$，$\boldsymbol{v}^{\mathrm{i}}=(v_2,v_4,\cdots,v_{2q})^{\mathrm{T}}$。本节的目标是设计控制器 $\boldsymbol{v}$ 使得 $\boldsymbol{x}(t)$ 和 $\boldsymbol{y}(t)$ 完全同步。

考虑定义 1.4，将其推广到复数域，首先给出假设 5.1。

假设 5.1：复函数向量 $\boldsymbol{f}$ 满足局部 Lipchitz 条件，即对于任何紧集合 S，存在正常数 $l_{r\max}(S)$ 和 $l_{i\max}(S)$，使得

$$\begin{aligned}\|\boldsymbol{f}(\boldsymbol{x})-\boldsymbol{f}(\boldsymbol{y})\|&=\|\boldsymbol{f}(\boldsymbol{x})^{\mathrm{r}}-\boldsymbol{f}(\boldsymbol{y})^{\mathrm{r}}+\mathrm{j}(\boldsymbol{f}(\boldsymbol{x})^{\mathrm{i}}-\boldsymbol{f}(\boldsymbol{y})^{\mathrm{i}})\|\\&\leqslant\|\boldsymbol{f}(\boldsymbol{x})^{\mathrm{r}}-\boldsymbol{f}(\boldsymbol{y})^{\mathrm{r}}\|+\|\boldsymbol{f}(\boldsymbol{x})^{\mathrm{i}}-\boldsymbol{f}(\boldsymbol{y})^{\mathrm{i}}\|\\&\leqslant[l_{r\max}(S)+l_{i\max}(S)]\|\boldsymbol{x}-\boldsymbol{y}\|,\ \forall x,y\in S\end{aligned}\tag{5.3.2}$$

式中，$l_{r\max}(S)$ 与 $l_{i\max}(S)$ 的存在与否与紧集合 S 的选择有关。

定理 5.4 对于假设 5.1 下的多时滞耦合复混沌系统（5.3.1）的任何初值 $\boldsymbol{y}(0)$、$\boldsymbol{z}(0)$、$\boldsymbol{x}(0)$，当采用控制律式（5.3.3）时，$\boldsymbol{x}(t)$ 和 $\boldsymbol{y}(t)$ 发生完全同步。

$$\boldsymbol{v}=-\boldsymbol{K}(\boldsymbol{x}-\boldsymbol{y})\tag{5.3.3}$$

式中，$\boldsymbol{K}=\mathrm{diag}(k_1,k_2,\cdots,k_q)$ 为正的恒定的控制强度矩阵，是一个实矩阵。

证明：令 $\boldsymbol{e}(t)=\boldsymbol{x}(t)-\boldsymbol{y}(t)$，则 $\boldsymbol{e}(t-\boldsymbol{\tau})=\boldsymbol{x}(t-\boldsymbol{\tau})-\boldsymbol{y}(t-\boldsymbol{\tau})$。为了简单起见，我们把 $\boldsymbol{e}(t)$、$\boldsymbol{x}(t)$、$\boldsymbol{y}(t)$ 记为 $\boldsymbol{e}$、$\boldsymbol{x}$、$\boldsymbol{y}$，$\boldsymbol{e}(t-\boldsymbol{\tau})$、$\boldsymbol{x}(t-\boldsymbol{\tau})$、$\boldsymbol{y}(t-\boldsymbol{\tau})$ 记为 $\boldsymbol{e}_\tau$、$\boldsymbol{x}_\tau$、$\boldsymbol{y}_\tau$，得到动态误差系统

$$\dot{\boldsymbol{e}}=\dot{\boldsymbol{x}}-\dot{\boldsymbol{y}}=\boldsymbol{f}(\boldsymbol{x},\boldsymbol{z})-\boldsymbol{f}(\boldsymbol{y},\boldsymbol{z})-\boldsymbol{K}\boldsymbol{e}+\boldsymbol{A}_1\boldsymbol{e}_\tau \tag{5.3.4}$$

因此可得

$$\begin{cases}\dot{\boldsymbol{e}}^{\mathrm{r}}=\boldsymbol{f}(\boldsymbol{x},\boldsymbol{z})^{\mathrm{r}}-\boldsymbol{K}\boldsymbol{e}^{\mathrm{r}}-\boldsymbol{f}(\boldsymbol{y},\boldsymbol{z})^{\mathrm{r}}+\boldsymbol{A}_1\boldsymbol{e}_\tau^{\mathrm{r}}\\ \dot{\boldsymbol{e}}^{\mathrm{i}}=\boldsymbol{f}(\boldsymbol{x},\boldsymbol{z})^{\mathrm{i}}-\boldsymbol{K}\boldsymbol{e}^{\mathrm{i}}-\boldsymbol{f}(\boldsymbol{y},\boldsymbol{z})^{\mathrm{i}}+\boldsymbol{A}_1\boldsymbol{e}_\tau^{\mathrm{i}}\end{cases} \tag{5.3.5}$$

控制强度矩阵 $\boldsymbol{K}$ 用于调整同步的收敛速度。

根据局部 Lipchitz 条件，可得

$$\begin{aligned}\boldsymbol{f}(\boldsymbol{x},\boldsymbol{z})-\boldsymbol{f}(\boldsymbol{y},\boldsymbol{z})&=\boldsymbol{f}(\boldsymbol{x},\boldsymbol{z})^{\mathrm{r}}-\boldsymbol{f}(\boldsymbol{y},\boldsymbol{z})^{\mathrm{r}}+\mathrm{j}[\boldsymbol{f}(\boldsymbol{x},\boldsymbol{z})^{\mathrm{i}}-\boldsymbol{f}(\boldsymbol{y},\boldsymbol{z})^{\mathrm{i}}]\\&=\boldsymbol{l}_r(t)\boldsymbol{e}+\mathrm{j}\boldsymbol{l}_i(t)\boldsymbol{e}\\&=[\boldsymbol{l}_r(t)\boldsymbol{e}^{\mathrm{r}}-\boldsymbol{l}_i(t)\boldsymbol{e}^{\mathrm{i}}]+\mathrm{j}[\boldsymbol{l}_r(t)\boldsymbol{e}^{\mathrm{i}}+\boldsymbol{l}_i(t)\boldsymbol{e}^{\mathrm{r}}]\\&\leqslant[\boldsymbol{l}_{r\max}(S)+\boldsymbol{l}_{i\max}(S)]\,\|\boldsymbol{x}-\boldsymbol{y}\|\end{aligned} \tag{5.3.6}$$

式中，$\boldsymbol{l}_r(t)=\mathrm{diag}\{l_{r1},l_{r2},\cdots,l_{rq}\}$，$\boldsymbol{l}_i(t)=\mathrm{diag}\{l_{i1},l_{i2},\cdots,l_{iq}\}$，则式（5.3.5）为

$$\begin{cases}\dot{\boldsymbol{e}}^{\mathrm{r}}=[\boldsymbol{l}_r(t)\boldsymbol{e}^{\mathrm{r}}-\boldsymbol{l}_i(t)\boldsymbol{e}^{\mathrm{i}}]-\boldsymbol{K}\boldsymbol{e}^{\mathrm{r}}+\boldsymbol{A}_1\boldsymbol{e}_\tau^{\mathrm{r}}\\ \dot{\boldsymbol{e}}^{\mathrm{i}}=[\boldsymbol{l}_r(t)\boldsymbol{e}^{\mathrm{i}}+\boldsymbol{l}_i(t)\boldsymbol{e}^{\mathrm{r}}]-\boldsymbol{K}\boldsymbol{e}^{\mathrm{i}}+\boldsymbol{A}_1\boldsymbol{e}_\tau^{\mathrm{i}}\end{cases} \tag{5.3.7}$$

选择合适的正定矩阵 $\boldsymbol{P}_1$、$\boldsymbol{P}_2$、$\boldsymbol{M}_1$、$\boldsymbol{M}_2$，建立如下的 Lyapunov-Krasovskii 函数 $V:C\to R$

$$\begin{aligned}V(\boldsymbol{e}^{\mathrm{r}},\boldsymbol{e}^{\mathrm{i}})=&\,\boldsymbol{e}^{\mathrm{rT}}(t)\boldsymbol{P}_1\boldsymbol{e}^{\mathrm{r}}(t)+\boldsymbol{e}^{\mathrm{iT}}(t)\boldsymbol{P}_2\boldsymbol{e}^{\mathrm{i}}(t)+\int_{-\tau}^{0}\boldsymbol{e}^{\mathrm{rT}}(t+\xi)\boldsymbol{M}_1\boldsymbol{e}^{\mathrm{r}}(t+\xi)\mathrm{d}\xi+\\&\int_{-\tau}^{0}\boldsymbol{e}^{\mathrm{iT}}(t+\xi)\boldsymbol{M}_2\boldsymbol{e}^{\mathrm{i}}(t+\xi)\mathrm{d}\xi\end{aligned} \tag{5.3.8}$$

$t=0$ 时，函数的初始状态记为$(\boldsymbol{\phi}^{\mathrm{r}}(0),\boldsymbol{\phi}^{\mathrm{i}}(0))$，那么

$$\begin{aligned}V(\boldsymbol{\phi})=&\,\boldsymbol{\phi}^{\mathrm{rT}}(0)\boldsymbol{P}_1\boldsymbol{\phi}^{\mathrm{r}}(0)+\int_{-\tau}^{0}\boldsymbol{\phi}^{\mathrm{rT}}(\xi)\boldsymbol{M}_1\boldsymbol{\phi}^{\mathrm{r}}(\xi)\mathrm{d}\xi+\boldsymbol{\phi}^{\mathrm{iT}}(0)\boldsymbol{P}_2\boldsymbol{\phi}^{\mathrm{i}}(0)+\int_{-\tau}^{0}\boldsymbol{\phi}^{\mathrm{iT}}(\xi)\boldsymbol{M}_2\boldsymbol{\phi}^{\mathrm{i}}(\xi)\mathrm{d}\xi\\ \leqslant&\,\mu_r\boldsymbol{\phi}^{\mathrm{rT}}(0)\boldsymbol{\phi}^{\mathrm{r}}(0)+\int_{-\tau}^{0}\lambda_r\boldsymbol{\phi}^{\mathrm{rT}}(\xi)\boldsymbol{\phi}^{\mathrm{r}}(\xi)\mathrm{d}\xi+\mu_i\boldsymbol{\phi}^{\mathrm{iT}}(0)\boldsymbol{\phi}^{\mathrm{i}}(0)+\int_{-\tau}^{0}\lambda_i\boldsymbol{\phi}^{\mathrm{iT}}(\xi)\boldsymbol{\phi}^{\mathrm{i}}(\xi)\mathrm{d}\xi\\ \leqslant&\,(\mu_r+\lambda_r\boldsymbol{\tau})\boldsymbol{\phi}^{\mathrm{rT}}(0)\boldsymbol{\phi}^{\mathrm{r}}(0)+(\mu_i+\lambda_i\boldsymbol{\tau})\boldsymbol{\phi}^{\mathrm{iT}}(0)\boldsymbol{\phi}^{\mathrm{i}}(0)\end{aligned} \tag{5.3.9}$$

式中，μ_r、λ_r、μ_i、λ_i 分别是矩阵 $\boldsymbol{P}_1$、$\boldsymbol{M}_1$、$\boldsymbol{P}_2$、$\boldsymbol{M}_2$ 的最大特征值。

沿着 $\dot{\boldsymbol{e}}$ 的导函数为

$$\begin{aligned}\dot{V}(\boldsymbol{e}^{\mathrm{r}},\boldsymbol{e}^{\mathrm{i}})=&\,\dot{\boldsymbol{e}}^{\mathrm{rT}}(t)\boldsymbol{P}_1\boldsymbol{e}^{\mathrm{r}}(t)+\boldsymbol{e}^{\mathrm{rT}}(t)\boldsymbol{P}_1\dot{\boldsymbol{e}}^{\mathrm{r}}(t)+\dot{\boldsymbol{e}}^{\mathrm{iT}}(t)\boldsymbol{P}_2\boldsymbol{e}^{\mathrm{i}}(t)+\boldsymbol{e}^{\mathrm{iT}}(t)\boldsymbol{P}_2\dot{\boldsymbol{e}}^{\mathrm{i}}(t)+\\&[\boldsymbol{e}^{\mathrm{rT}}(t)\boldsymbol{M}_1\boldsymbol{e}^{\mathrm{r}}-\boldsymbol{e}^{\mathrm{rT}}(t-\boldsymbol{\tau})\boldsymbol{M}_1\boldsymbol{e}^{\mathrm{r}}(t-\boldsymbol{\tau})]+\\&[\boldsymbol{e}^{\mathrm{iT}}(t)\boldsymbol{M}_2\boldsymbol{e}^{\mathrm{i}}-\boldsymbol{e}^{\mathrm{iT}}(t-\boldsymbol{\tau})\boldsymbol{M}_2\boldsymbol{e}^{\mathrm{i}}(t-\boldsymbol{\tau})]\end{aligned} \tag{5.3.10}$$

将式（5.3.7）代入式（5.3.10）可得

$$\begin{aligned}\dot V(\boldsymbol e^{\mathrm r},\boldsymbol e^{\mathrm i})=&\boldsymbol e^{\mathrm{rT}}(t)(\boldsymbol l_r^{\mathrm T}\boldsymbol P_1+\boldsymbol P_1\boldsymbol l_r-\boldsymbol K\boldsymbol P_1-\boldsymbol P_1\boldsymbol K+\boldsymbol M_1)\boldsymbol e^{\mathrm r}(t)+\\&\boldsymbol e^{\mathrm{iT}}(t)(\boldsymbol l_r^{\mathrm T}\boldsymbol P_2+\boldsymbol P_2\boldsymbol l_r-\boldsymbol K\boldsymbol P_2-\boldsymbol P_2\boldsymbol K+\boldsymbol M_2)\boldsymbol e^{\mathrm i}(t)+\\&\boldsymbol e^{\mathrm{rT}}(t)(\boldsymbol l_i^{\mathrm T}\boldsymbol P_2-\boldsymbol P_1\boldsymbol l_i)\boldsymbol e^{\mathrm i}(t)+\boldsymbol v^{\mathrm{iT}}(t)(\boldsymbol P_2\boldsymbol l_i-\boldsymbol l_i^{\mathrm T}\boldsymbol P_1)\boldsymbol e^{\mathrm r}(t)+\\&\boldsymbol e^{\mathrm{rT}}(t-\boldsymbol\tau)\boldsymbol A_1^{\mathrm T}\boldsymbol P_1\boldsymbol e^{\mathrm r}(t)+\boldsymbol e^{\mathrm{iT}}(t-\boldsymbol\tau)\boldsymbol A_1^{\mathrm T}\boldsymbol P_2\boldsymbol e^{\mathrm i}(t)+\\&\boldsymbol e^{\mathrm{rT}}(t)\boldsymbol P_1\boldsymbol A_1\boldsymbol e^{\mathrm r}(t-\boldsymbol\tau)+\boldsymbol e^{\mathrm{iT}}(t)\boldsymbol P_2\boldsymbol A_1\boldsymbol e^{\mathrm i}(t-\boldsymbol\tau)-\\&\boldsymbol e^{\mathrm{rT}}(t-\boldsymbol\tau)\boldsymbol M_1\boldsymbol e^{\mathrm r}(t-\boldsymbol\tau)-\boldsymbol e^{\mathrm{iT}}(t-\boldsymbol\tau)\boldsymbol M_2\boldsymbol e^{\mathrm i}(t-\boldsymbol\tau)\\=&\boldsymbol\theta^{\mathrm T}(t)\boldsymbol L(t)\boldsymbol\theta(t)\end{aligned}\tag{5.3.11}$$

其中

$$\boldsymbol\theta^{\mathrm T}=(\boldsymbol e^{\mathrm{rT}}(t),\boldsymbol e^{\mathrm{iT}}(t),\boldsymbol e^{\mathrm{rT}}(t-\tau),\boldsymbol e^{\mathrm{iT}}(t-\tau))$$

$$\boldsymbol L(t)=\begin{pmatrix}\boldsymbol l_r^{\mathrm T}\boldsymbol P_1+\boldsymbol P_1\boldsymbol l_r-\boldsymbol K\boldsymbol P_1-\boldsymbol P_1\boldsymbol K+\boldsymbol M_1 & \frac{\boldsymbol l_i^{\mathrm T}\boldsymbol P_2-\boldsymbol P_1\boldsymbol l_i+\boldsymbol P_2\boldsymbol l_i-\boldsymbol l_i^{\mathrm T}\boldsymbol P_1}{2} & \frac{\boldsymbol A_1^{\mathrm T}\boldsymbol P_1+\boldsymbol P_1\boldsymbol A_1}{2} & 0\\ \frac{\boldsymbol l_i^{\mathrm T}\boldsymbol P_2-\boldsymbol P_1\boldsymbol l_i+\boldsymbol P_2\boldsymbol l_i-\boldsymbol l_i^{\mathrm T}\boldsymbol P_1}{2} & \boldsymbol l_r^{\mathrm T}\boldsymbol P_2+\boldsymbol P_2\boldsymbol l_r-\boldsymbol K\boldsymbol P_2-\boldsymbol P_2\boldsymbol K+\boldsymbol M_2 & 0 & \frac{\boldsymbol A_1^{\mathrm T}\boldsymbol P_2+\boldsymbol P_2\boldsymbol A_1}{2}\\ \frac{\boldsymbol A_1^{\mathrm T}\boldsymbol P_1+\boldsymbol P_1\boldsymbol A_1}{2} & 0 & -\boldsymbol M_1 & 0\\ 0 & \frac{\boldsymbol A_1^{\mathrm T}\boldsymbol P_2+\boldsymbol P_2\boldsymbol A_1}{2} & 0 & -\boldsymbol M_2\end{pmatrix}\tag{5.3.12}$$

根据局部 Lipchitz 条件，$\boldsymbol l_r(t)$ 和 $\boldsymbol l_i(t)$ 的所有元素都是有界的（$-l_{r\max}<|l_{rs}(t)|<l_{r\max}$ 和 $-l_{i\max}<|l_{rs}(t)|<l_{i\max}$ 其中 $s=1,2,\cdots,q$）。如果我们令 $\boldsymbol P_1=\boldsymbol P_2=\boldsymbol I$、$\boldsymbol M_1=N_1\boldsymbol I$、$\boldsymbol M_2=N_2\boldsymbol I$，其中 N_1 和 N_2 是正整数，则

$$\boldsymbol L(t)=\begin{pmatrix}2\boldsymbol l_r^{\mathrm T}-2\boldsymbol K+N_1I & 0 & \frac{\boldsymbol A_1^{\mathrm T}+\boldsymbol A_1}{2} & 0\\ 0 & 2\boldsymbol l_r^{\mathrm T}-2\boldsymbol K+N_2I & 0 & \frac{\boldsymbol A_1^{\mathrm T}+\boldsymbol A_1}{2}\\ \frac{\boldsymbol A_1^{\mathrm T}+\boldsymbol A_1}{2} & 0 & -\boldsymbol M_1 & 0\\ 0 & \frac{\boldsymbol A_1^{\mathrm T}+\boldsymbol A_1}{2} & 0 & -\boldsymbol M_2\end{pmatrix}\tag{5.3.13}$$

可以选择合适的 $\boldsymbol K$，N_1、N_2 使得实对称矩阵 $\boldsymbol L(t)$ 是一个对角优势矩阵且其中所有对角元素都是负的。根据引理 1.3，实对称矩阵 $\boldsymbol L(t)$ 的所有特征值都是负的。

令 $-w(w>0)$ 作为矩阵 $\boldsymbol L$ 的最大特征值，则

$$\dot V\leqslant -w(\|\boldsymbol e^{\mathrm{rT}}(t)\|^2+\|\boldsymbol e^{\mathrm{iT}}(t)\|^2+\|\boldsymbol e^{\mathrm{iT}}(t-\boldsymbol\tau)\|^2+\|\boldsymbol e^{\mathrm{iT}}(t-\boldsymbol\tau)\|^2)\tag{5.3.14}$$

$\boldsymbol e(t)=0$ 是式（5.3.4）具有指数渐近稳定性的全局平衡点。证毕。

注 5.4 如果 $\boldsymbol\tau=\boldsymbol r=0$，则式（5.3.1）可以表示满足假设 5.1 的大多数复混沌系统，且不存在时滞，如复 Lorenz 混沌系统、复 Chen 混沌系统、复 Lü 混沌系统、复 Van der

Pol 振荡器、复 Duffing 混沌系统等。如果 $\boldsymbol{x}$、$\boldsymbol{y}$、$\boldsymbol{z}$ 是实状态变量，就变成了实混沌系统的 CS 问题。因此，实混沌系统和无时滞复混沌系统的 CS 都是式（5.3.1）的特例。

注 5.5　通过选择矩阵 $\boldsymbol{K}$ 可以灵活调节误差系统的收敛速度。在一定范围内，$\boldsymbol{K}$ 的绝对值越大，误差收敛速度越快，即实现式（5.3.1）同步的速度越快。

5.3.2　多时滞耦合复混沌系统的通信方案

下面从理论上研究多时滞耦合复混沌系统在安全通信中的应用。采用如下的系统，L1 作为发送端、L2 作为接收端：

$$\text{L1:}\begin{cases}\dot{\boldsymbol{y}}=\boldsymbol{f}(\boldsymbol{y},\boldsymbol{z})+\boldsymbol{A}_1\boldsymbol{y}(t-\boldsymbol{\tau})+\boldsymbol{A}_2\boldsymbol{z}(t-\boldsymbol{r})+\boldsymbol{Bh}\\ \dot{\boldsymbol{z}}=\boldsymbol{g}(\boldsymbol{y},\boldsymbol{z},\boldsymbol{y}(t-\boldsymbol{\tau}),\boldsymbol{z}(t-\boldsymbol{r}))\\ \boldsymbol{s}=\boldsymbol{p}(\boldsymbol{y},\boldsymbol{z},\boldsymbol{y}(t-\boldsymbol{\tau}),\boldsymbol{z}(t-\boldsymbol{r}))+\boldsymbol{Bh}\end{cases}\tag{5.3.15}$$

$$\text{L2:}\begin{cases}\dot{\boldsymbol{x}}=\boldsymbol{f}(\boldsymbol{x},\boldsymbol{z})+\boldsymbol{A}_1\boldsymbol{x}(t-\boldsymbol{\tau})+\boldsymbol{A}_2\boldsymbol{z}(t-\boldsymbol{r})+\boldsymbol{s}-\boldsymbol{s}'\\ \boldsymbol{s}'=\boldsymbol{p}(\boldsymbol{x},\boldsymbol{z},\boldsymbol{x}(t-\boldsymbol{\tau}),\boldsymbol{z}(t-\boldsymbol{r}))\end{cases}\tag{5.3.16}$$

式中，$\boldsymbol{h}=(h_1,h_2,\cdots,h_q)^{\mathrm{T}}$ 是信息信号向量；$\boldsymbol{B}=\mathrm{diag}\{b_1,b_2,\cdots,b_q\}$ 是参数矩阵；传输信号是 $\boldsymbol{s}$，接收端的输出是 $\boldsymbol{s}'$；$\boldsymbol{p}$ 是 $q\times1$ 复函数向量。随着 $\boldsymbol{x}$ 和 $\boldsymbol{y}$ 达到完全同步，恢复的信号表示为 $\boldsymbol{h}_g=\boldsymbol{B}^{-1}(\boldsymbol{s}-\boldsymbol{s}')$。下面推导 $\boldsymbol{s}$ 和 $\boldsymbol{s}'$ 的具体形式。根据式（5.3.15）和式（5.3.16），可得误差系统为

$$\begin{aligned}\dot{\boldsymbol{e}}&=\dot{\boldsymbol{x}}-\dot{\boldsymbol{y}}\\&=\boldsymbol{f}(\boldsymbol{x},\boldsymbol{z})-\boldsymbol{f}(\boldsymbol{y},\boldsymbol{z})+\boldsymbol{A}_1\boldsymbol{e}(t-\boldsymbol{\tau})-\boldsymbol{Bh}+\boldsymbol{s}-\boldsymbol{s}'\end{aligned}\tag{5.3.17}$$

基于控制器式（5.3.3），可选择

$$\begin{cases}\boldsymbol{s}=\boldsymbol{Ky}+\boldsymbol{Bh}\\ \boldsymbol{s}'=\boldsymbol{Kx}\end{cases}\tag{5.3.18}$$

因此，$\boldsymbol{p}(\boldsymbol{y},\boldsymbol{z},\boldsymbol{y}(t-\boldsymbol{\tau}),\boldsymbol{z}(t-\boldsymbol{r}))=\boldsymbol{Ky}$，$\boldsymbol{p}(\boldsymbol{x},\boldsymbol{z},\boldsymbol{x}(t-\boldsymbol{\tau}),\boldsymbol{z}(t-\boldsymbol{r}))=\boldsymbol{Kx}$。

图 5.13 所示为多时滞耦合复混沌的通信方案示意图。在实际应用中，为了降低控制器的复杂度，令 $q=1$。传输信号为 $s=p(y,z,y(t-\tau),z(t-r))+Bh$。其他状态向量 $\boldsymbol{z}$ 和 $\boldsymbol{z}(t-r)$ 被发送到接收端。在接收端，控制器是 $v=s-s'$。当 x 接近 y 时，恢复信号 $h_g\to h$。

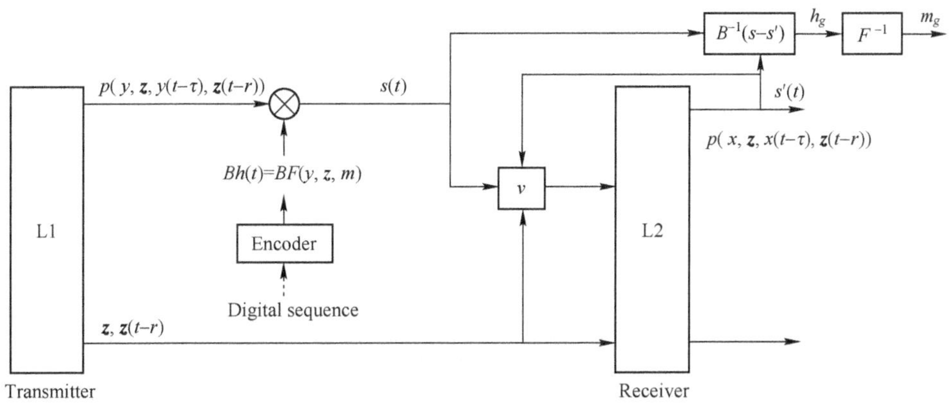

图 5.13　多时滞耦合复混沌系统的通信方案示意图

这里也可以使用 $m(t)$ 作为信息信号，且 $h(t)=F(y,z,m)$ 作为信息信号的函数，以增加通信方案的安全性。

5.3.3 数值仿真

采用如下的多时滞耦合复 Lorenz 混沌系统来描述 L1 和 L2

$$\text{L1}:\begin{cases}\dot{y}=-a_1y+a_1z_1(t-r_1)+Bh\\ \dot{z}_1=a_2y-yz_2-z_1\\ \dot{z}_2=-a_3z_2(t-r_2)+(1/2)(\bar{y}z_1+y\bar{z}_1)\end{cases}\tag{5.3.19}$$

$$\text{L2}:\dot{x}=-a_1x+a_1z_1(t-r_1)+(s-s')\tag{5.3.20}$$

式中，$y=u_1+\mathrm{j}u_2$ 和 $z_1=u_3+\mathrm{j}u_4$ 是驱动系统 L1 的复状态变量；$x=u_1'+\mathrm{j}u_2'$ 是响应系统 L2 的复状态变量；z_1 是耦合变量；$z_2=u_5$ 是实变量。

选择初始条件为 $y(0)=-1-2\mathrm{j}$，$z_1(0)=-3-4\mathrm{j}$，$z_2(0)=1$，$x(0)=1+2\mathrm{j}$，$r_1=r_2=0.088\mathrm{s}$，$a_1=14$，$a_2=35$，$a_3=3.7$。式（5.3.19）的混沌吸引子和状态变量图如图 5.14 所示。

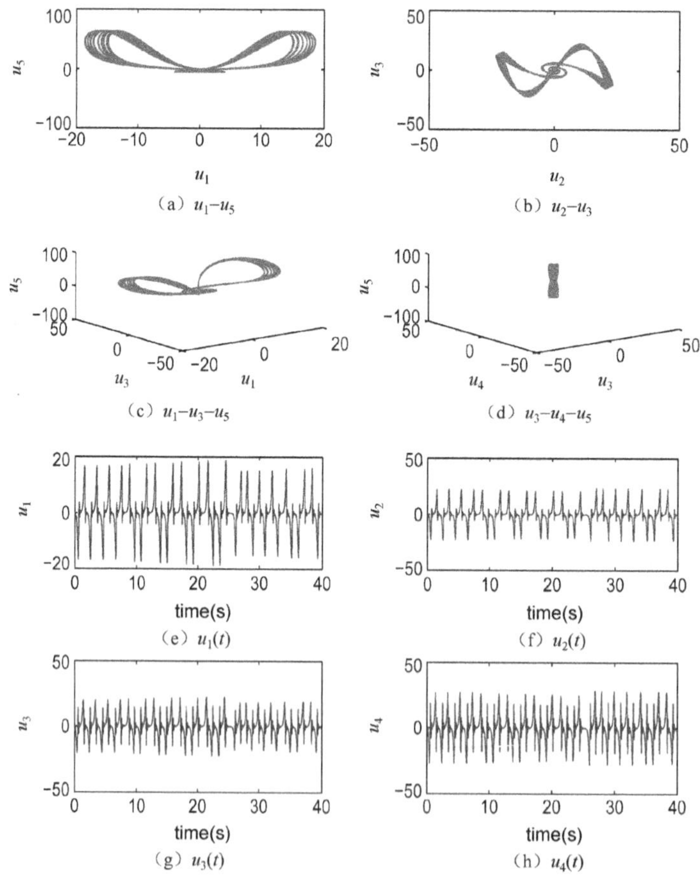

图 5.14 式（5.3.19）的混沌吸引子和状态变量图

($r_1=r_2=0.088\mathrm{s}$，$u_1(0)=-1$，$u_2(0)=-2$，$u_3(0)=-3$，$u_4(0)=-4$，$u_5(0)=1$)

五个 Lyapunov 指数的值分别为 $LE_1=1.235$，$LE_2=0.818$，$LE_3=0.367$，$LE_4=0.147\approx0$，$LE_5=-0.765$。正 Lyapunov 指数的数量大于 1，这表明多时滞复混沌系统产生的混沌信号更加复杂，难以预测。这个问题在前两节已经讨论过，在此省略。

根据图 5.13 和式（5.3.18），控制器设计为

$$
\begin{aligned}
v&=s-s'\\
&=k_1y+Bh-k_1x\\
&=-k_1e_1+Bh
\end{aligned}
\tag{5.3.21}
$$

式中，$e_1=x-y$。

1. 模拟信号

令 $B=1$，首先传送一段贝多芬的乐曲《致爱丽丝》。它包含两个元素 $h^r(t)$ 和 $h^i(t)$，分别由 MATLAB 软件读取，通过 $s(t)$ 的实部和虚部传递。如图 5.15 所示，传输信号 $s(t)$ 完全掩盖了乐曲本身的信息。乐曲《致爱丽丝》的CS误差如图 5.16 所示，随着时间的增加，误差迅速收敛到零。这些结果表明，CS 是随着乐曲发生的。信息信号 $h(t)$ 和恢复信号 $h_g(t)$ 及其误差如图 5.17 所示。显然，信息信号 $h(t)$ 被准确地恢复。

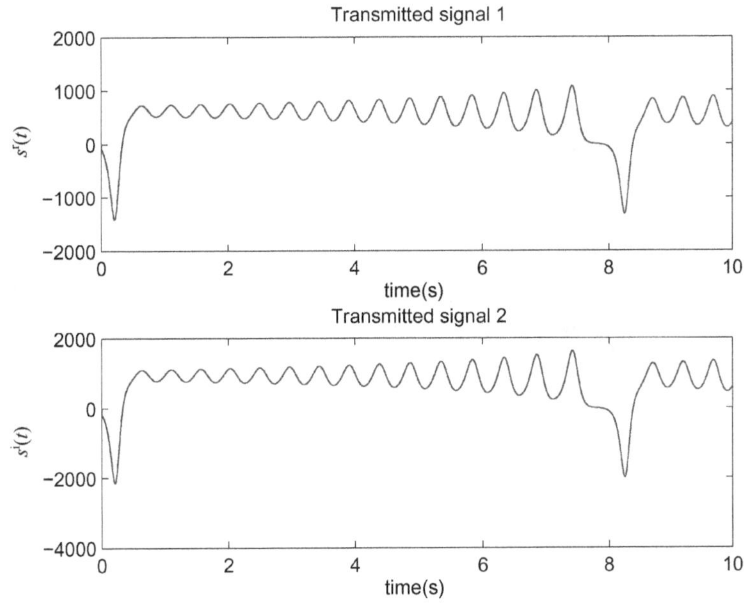

图 5.15　乐曲《致爱丽丝》的传输信号 $s(t)$

2. 数字信号

下面利用 MATLAB 软件对随机函数产生的二进制数字序列进行传输。从图 5.13 中可以看出，M 位二进制首先要用 2^M 进制转换成相应的比例因子。在这里，对数字符号进行比例因子的赋值采用 16 进制，即 $M=4$。这里使用的符号持续时间等于 4 个时间单位。令 $B=0.01$。二进制序列的 CS 误差如图 5.18 所示，随着时间的增加，误差迅速收敛到零。

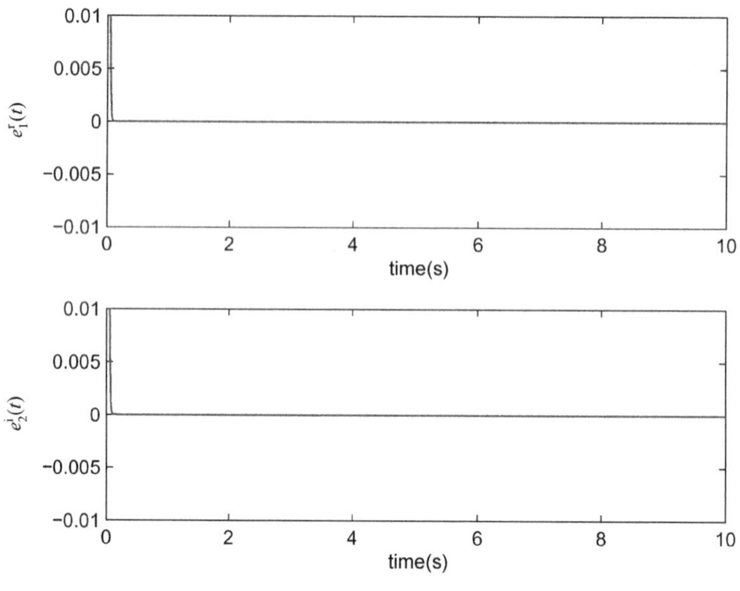

图 5.16　乐曲《致爱丽丝》的 CS 误差

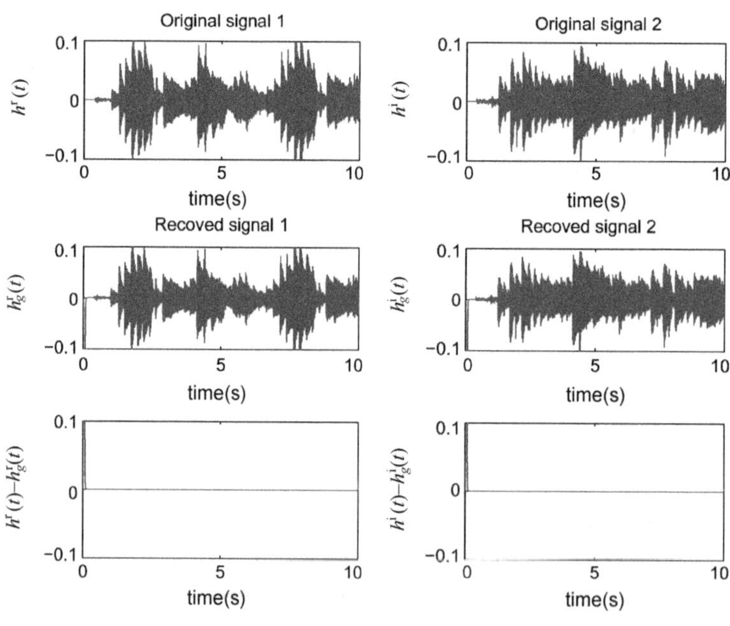

图 5.17　信息信号 $h(t)$ 和恢复信号 $h_g(t)$ 及其误差

这些结果表明，发送端和接收端的二进制数字序列达到完全同步。对应的传输信号 $s(t)$ 为模拟信号，并完全覆盖二进制数字序列。传输信号 $s(t)$、数字序列 $h(kT)$ 和恢复信号 $h_g(kT)$ 如图 5.19 所示。显然，数字序列 $h(kT)$ 也被准确地恢复。

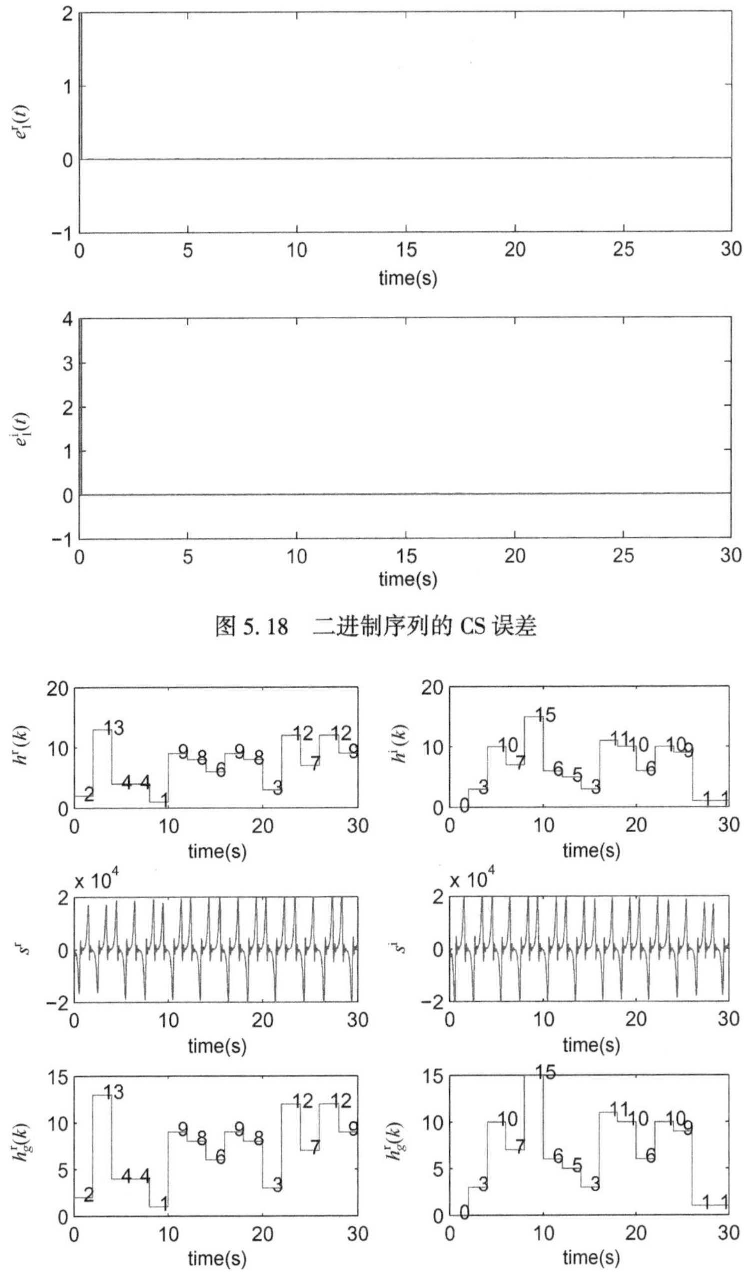

图 5.18　二进制序列的 CS 误差

图 5.19　传输信号 $s(t)$、数字序列 $h(kT)$ 和恢复信号 $h_g(kT)$

5.4　复混沌系统的滞后同步及其通信方案

在实际信号传输中，总存在时滞。以电话通信系统为例，在时间 t 时，一个人在接收端听到的声音是在时间 $t-\tau$（$\tau \geqslant 0$，为滞后时间）时在发送器端发出的声音。在安全通信中，信息信号从发送方发送到接收方时也存在时滞。单向耦合外腔半导体激光器混沌同步的许多实验研究和计算机模拟已经证明了驱动和响应激光强度之间存在滞后时间[49,50,218]。类似的混沌电路实验也证明了完全同步（CS）不可能，即两个混沌系统在时间演化过程中的状态保持相同，由于信号传输时间和响应系统本身演化时间的存在，所以实际上这是不可能发生的[218]。

因此，要求响应系统同步驱动系统是不合适的。滞后同步（LS）是指响应系统在 t 时的状态与驱动系统（$t-\tau$）时状态渐近同步，即 $\lim\limits_{t\to\infty}\|x(t)-y(t-\tau)\|=0$，其中 $x(t)$ 和 $y(t)$ 分别是响应系统和驱动系统的状态。因此，在实际应用中 LS 比 CS 更严谨，CS 只是 LS 中 $\tau=0$ 的一个特例[219]。

目前关于实混沌系统的通信方案已有大量的文献（如［43，58，220～229］），而基于复混沌系统通信方案的文献较少（如［123～128，148，230］）。文献［148］设计了基于耦合分数阶复 Chen 混沌系统混合同步方案的调制数字保密通信系统。文献［230］提出了一种改进的基于复超混沌系统混合模相位同步的数字保密通信方案。文献［127］采用投影同步设计了基于混沌调制的通信方案。文献［123］采用复函数投影同步。文献［124］采用时滞耦合复 Lorenz 混沌系统的自时滞同步并设计了基于混沌掩盖的通信方案。然而，据我们所知，目前还没有基于 LS 的复混沌通信方案。事实上，由于传输过程产生的滞后，基于 LS 来描述发送端和接收端之间的同步更接近实际情况，也更准确，也是本节理论上的一个优势。

混沌掩盖的基本要求是将信息的功率谱隐藏在混沌信号的功率谱内[223]。因此，信息的动态范围必须明显小于混沌信号的幅值[223]。此外，在发送端向混沌信号添加消息信号时，会降低发送器和接收器之间的同步质量，甚至当消息的振幅太大时导致同步丢失[223]。事实上，许多实际情况下，信息的振幅都大于混沌信号的振幅。因此，有必要研究大振幅的多个信息传输。本节以复 Lorenz 混沌系统为例，利用多渠道传输多个信息，设计了基于误差反馈的 LS 控制器，同时考虑了传输方案中噪声的影响，在一定程度上解决了上述问题。

5.4.1 复 Lorenz 混沌系统的 LS 控制器

下面根据误差反馈来实现复 Lorenz 混沌系统的滞后同步。首先，给出线性时变系统稳定性的相关定理。

定理 5.5 对于给定的线性时变系统

$$\dot{z}(t)=\boldsymbol{A}(t)z(t) \tag{5.4.1}$$

式中，$z(t)\in\mathbb{R}^n$；$\boldsymbol{A}(t)$ 是 $n\times n$ 时变矩阵，该矩阵的元素是有界的，即在 $t\geqslant0$ 时均有 $a_{\min}<|a_{ij}(t)|<a_{\max}$ 成立（其中 $a_{\min}>0$ 是所有元素的最小值，$a_{\max}>0$ 是所有元素的最大值）。如果存在正定矩阵 $\boldsymbol{P}$ 来保证 $\boldsymbol{A}^{\mathrm{T}}(t)\boldsymbol{P}+\boldsymbol{PA}(t)$ 为负定，则 $z(t)=0$ 是系统（5.4.1）指数渐近稳定的全局平衡点。

证明： 对于正定矩阵 $\boldsymbol{P}$，可得 Lyapunov 函数为

$$V(z(t))=z^{\mathrm{T}}(t)\boldsymbol{P}z(t) \tag{5.4.2}$$

为了简单起见，采用 z、$\dot{z}$ 分别代替 $z(t)$、$\dot{z}(t)$，下同。可得

$$\dot{V}(z)=\dot{z}^{\mathrm{T}}\boldsymbol{P}z+z^{\mathrm{T}}\boldsymbol{P}\dot{z}=z^{\mathrm{T}}[\boldsymbol{A}^{\mathrm{T}}(t)\boldsymbol{P}+\boldsymbol{P}\boldsymbol{A}(t)]z \tag{5.4.3}$$

如果存在正定矩阵 $\boldsymbol{P}$ 来保证 $\boldsymbol{A}^{\mathrm{T}}(t)\boldsymbol{P}+\boldsymbol{P}\boldsymbol{A}(t)$ 为负定，$\boldsymbol{A}(t)$ 对所有 $t>0$ 有界，令 $-k(k>0)$ 为 $\boldsymbol{A}^{\mathrm{T}}(t)\boldsymbol{P}+\boldsymbol{P}\boldsymbol{A}(t)$ 处矩阵的最大特征值，则

$$\dot{V}(z)\leqslant -k\|z\|^2 \tag{5.4.4}$$

由于 $\boldsymbol{P}$ 与时间无关，$z=0$ 是系统（5.4.1）指数渐近稳定的全局平衡点，证毕。

注 5.6　定理 5.5 是定理 5.2 中 $\boldsymbol{B}_1=0$ 和 $\boldsymbol{B}_2=0$ 的特殊情况。

定理 5.6　考虑以下复 Lorenz 混沌系统（5.4.5）为驱动系统和复 Lorenz 混沌系统（5.4.6）为响应系统

$$\begin{cases}\dot{y}_1=a_1(y_2-y_1)\\ \dot{y}_2=a_2y_1-y_1y_3-y_2\\ \dot{y}_3=-a_3y_3+(1/2)(\bar{y}_1y_2+y_1\bar{y}_2)\end{cases} \tag{5.4.5}$$

式中，$y_1=u_1+\mathrm{j}u_2$ 和 $y_2=u_3+\mathrm{j}u_4$ 是复状态变量；$y_3=u_5$ 是实状态变量；$(a_1,a_2,a_3)^{\mathrm{T}}$ 是实参数向量。

$$\begin{cases}\dot{x}_1=a_1(x_2-x_1)+v_1\\ \dot{x}_2=a_2x_1-x_1x_3-x_2+v_2\\ \dot{x}_3=-a_3x_3+(1/2)(\bar{x}_1x_2+x_1\bar{x}_2)+v_3\end{cases} \tag{5.4.6}$$

式中，$x_1=u_1'+\mathrm{j}u_2'$ 和 $x_2=u_3'+\mathrm{j}u_4'$ 是复状态变量；$x_3=u_5'$ 为实状态变量；$(v_1,v_2,v_3)^{\mathrm{T}}$ 为控制复向量。

设误差 $e_1=y_1(t-\tau)-x_1(t)$、$e_2=y_2(t-\tau)-x_2(t)$、$e_3=y_3(t-\tau)-x_3(t)$，其中 τ 为时滞。设计控制器为

$$\begin{cases}v_1=k_1e_1\\ v_2=k_2e_2\\ v_3=k_3e_3\end{cases} \tag{5.4.7}$$

当存在实常数 k_1、k_2、$k_3\in\mathbb{R}$ 满足

$$\lim_{t\to\infty}\|e\|^2=0 \tag{5.4.8}$$

时，则系统（5.4.5）和系统（5.4.6）实现了 LS。

证明：因为 $y_1(t-\tau)=u_1(t-\tau)+\mathrm{j}u_2(t-\tau)$ 和 $x_1(t)=u_1'(t)+\mathrm{j}u_2'(t)$，则

$$e_1=y_1(t-\tau)-x_1(t)=u_1(t-\tau)-u_1'(t)+\mathrm{j}[u_1(t-\tau)-u_2'(t)]$$

为了书写简单，令 $y_{1\tau}$、$u_{1\tau}$、$u_{2\tau}$ 代替 $y_1(t-\tau)$、$u_1(t-\tau)$、$u_2(t-\tau)$，下同。

设 $e_{u1}=u_{1\tau}-u_1'$、$e_{u2}=u_{2\tau}-u_2'$、$e_{u3}=u_{3\tau}-u_3'$、$e_{u4}=u_{4\tau}-u_4'$、$e_{u5}=u_{5\tau}-u_5'$，则 $e_1=e_{u1}+\mathrm{j}e_{u2}$、$e_2=e_{u3}+\mathrm{j}e_{u4}$、$e_3=e_{u5}$。由式（5.4.5）~式（5.4.7）可得误差系统为

$$\begin{cases}\dot{e}_{u1}=a_1(e_{u3}-e_{u1})-k_1e_{u1}\\ \dot{e}_{u2}=a_1(e_{u4}-e_{u2})-k_1e_{u2}\\ \dot{e}_{u3}=a_2e_{u1}-(k_2+1)e_{u3}-u'_5e_{u1}-u_{1\tau}e_{u5}\\ \dot{e}_{u4}=a_2e_{u2}-(k_2+1)e_{u4}-u'_5e_{u2}-u_{2\tau}e_{u5}\\ \dot{e}_{u5}=-a_3e_{u5}-k_3e_{u5}+(u'_1e_{u3}+u_{3\tau}e_{u1}+u'_2e_{u4}+u_{4\tau}e_{u2})\end{cases} \tag{5.4.9}$$

将式（5.4.9）改写为矩阵形式，即

$$\dot{\boldsymbol{e}}_u=\boldsymbol{A}(t)\boldsymbol{e}_u \tag{5.4.10}$$

其中

$$\boldsymbol{A}(t)=\begin{pmatrix}-a_1-k_1 & 0 & a_1 & 0 & 0\\ 0 & -a_1-k_1 & 0 & a_1 & 0\\ a_2-u'_5 & 0 & -k_2-1 & 0 & u_{1\tau}\\ 0 & a_2-u'_5 & 0 & -k_2-1 & u_{2\tau}\\ u_{3\tau} & u_{4\tau} & u'_1 & u'_2 & -a_3-k_3\end{pmatrix}$$

若选择 $\boldsymbol{P}=\boldsymbol{I}$，则

$$\begin{aligned}&\boldsymbol{A}^{\mathrm{T}}(t)+\boldsymbol{A}(t)\\ &=\begin{pmatrix}-2(a_1+k)_1 & 0 & a_1+a_2-u'_5 & 0 & u_{3\tau}\\ 0 & -2(a_1+k_1) & 0 & a_1+a_2-u'_5 & u_{4\tau}\\ a_1+a_2-u'_5 & 0 & -2(k_2+1) & 0 & u_{1\tau}+u'_1\\ 0 & a_1+a_2-u'_5 & 0 & -2(k_2+1) & u_{2\tau}+u'_2\\ u_{3\tau} & u_{4\tau} & u_{1\tau}+u'_1 & u_{2\tau}+u'_2 & -2(a_3+k_3)\end{pmatrix}\end{aligned}$$

混沌系统的状态变量 u_i、$u'_i(i=1,2,\cdots,5)$ 是有界的，$\boldsymbol{A}(t)$ 是有界的，且 $a_{\min}<|a_{ij}(t)|<a_{\max}$，其中 $a_{\min}>0$ 且 $a_{\max}>0$。根据引理 1.3，存在 $k_1>a_{\max}-\dfrac{a_1}{2}$、$k_2>(3a_{\max}+a_1)/2-1$ 且 $k_3>3a_{\max}-a_3$ 使得 $\boldsymbol{A}^{\mathrm{T}}(t)+\boldsymbol{A}(t)$ 为一个行对角优势矩阵，其中所有对角线元素均为负数，则实对称矩阵 $\boldsymbol{A}^{\mathrm{T}}(t)+\boldsymbol{A}(t)$ 的所有特征值都为负。因此，根据定理 5.5，可得 $\boldsymbol{e}_u=0$ 是系统（5.4.10）指数渐近稳定的全局平衡点。这意味着式（5.4.8）成立，即实现了复 Lorenz 混沌系统（5.4.5）和系统（5.4.6）之间的滞后同步。证毕。

注 5.7 定理 5.6 中 k_1、k_2、k_3 的条件是充分的，但不是必要的。

注 5.8 误差系统（5.4.10）的收敛速度可通过选择不同的 k_1、k_2、k_3 值进行调整。同时，k_1、k_2、k_3 的值在一定程度上与抗噪声能力和鲁棒性有关。

5.4.2 基于 LS 的通信方案

下面从理论上设计基于 LS 的通信方案。采用 L1 作为发送端，L2 作为接收端。

$$L1:\begin{cases}\dot{y}_1=a_1(y_2-y_1)+bh+D\varepsilon(t)+\mathrm{j}D\varepsilon(t)\\ \dot{y}_2=a_2y_1-y_1y_3-y_2\\ \dot{y}_3=-a_3y_3+(1/2)(\bar{y}_1y_2+y_1\bar{y}_2)\\ s=k_1y_1+bh+D\varepsilon(t)+\mathrm{j}D\varepsilon(t)\end{cases}\tag{5.4.11}$$

且

$$L2:\begin{cases}\dot{x}_1=a_1(x_2-x_1)+(s-s')\\ \dot{x}_2=a_2x_1-x_1x_3-x_2+v_2\\ \dot{x}_3=-a_3x_3+(1/2)(\bar{x}_1x_2+x_1\bar{x}_2)+v_3\\ s'=k_1x_1\end{cases}\tag{5.4.12}$$

式中，h 为信息信号；b 为其参数；$D\varepsilon(t)$ 表示通信信道中产生的白噪声和噪声源产生的白噪声；传输信号为 s；s'为接收端的输出。可得动态误差系统为

$$\begin{cases}\dot{e}_{u1}=a_1(e_{u3}-e_{u1})+bh^{\mathrm{r}}+D\varepsilon(t)-(s^{\mathrm{r}}-s'^{\mathrm{r}})=a_1(e_{u3}-e_{u1})-k_1e_{u1}\\ \dot{e}_{u2}=a_1(e_{u4}-e_{u2})+bh^{\mathrm{i}}+D\varepsilon(t)-(s^{\mathrm{i}}-s'^{\mathrm{i}})=a_1(e_{u3}-e_{u1})-k_1e_{u2}\end{cases}\tag{5.4.13}$$

根据定理 5.6，设计误差反馈控制器，使得 $\boldsymbol{x}=(x_1,x_2,x_3)^{\mathrm{T}}$逼近 $\boldsymbol{y}_\tau=(y_{1\tau},y_{2\tau},y_{3\tau})^{\mathrm{T}}$，即当 $t\to\infty$ 时发生滞后同步。

通信方案框图如图 5.20 所示。发送端产生的传输信号为 $s(t)=k_1y_1+bh+D\varepsilon(t)+\mathrm{j}D\varepsilon(t)$。在接收端，由于传输的时间滞后（根据白噪声的特性，噪声的滞后可以忽略），传输信号可表示为 $s(t-\tau)=k_1y_{1\tau}+bh_\tau+D\varepsilon(t)+\mathrm{j}D\varepsilon(t)$。根据定理 5.6，控制器的设计为

$$v_1=s(t-\tau)-s',v_2=k_2(y_{2\tau}-x_2),v_3=k_3(y_{3\tau}-x_3)\tag{5.4.14}$$

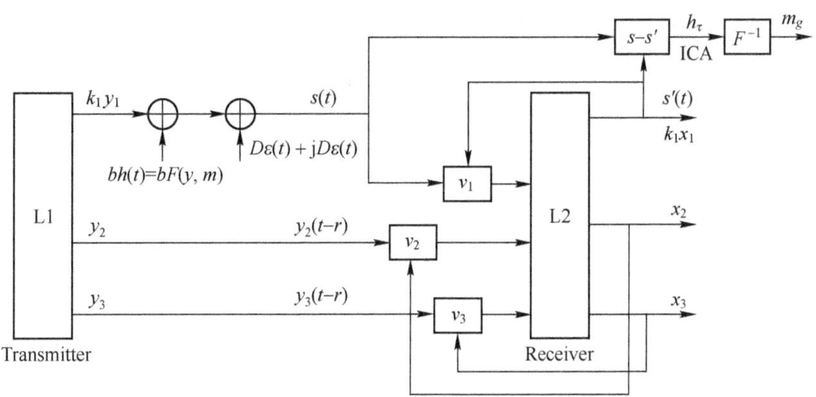

图 5.20　通信方案框图

随着 LS 的发生，$\boldsymbol{x}$ 将接近 $\boldsymbol{y}_\tau$，接收端的恢复信号

$$h_g=s(t-\tau)-s'=k_1e_1+D\varepsilon(t)+\mathrm{j}D\varepsilon(t)+bh_\tau\xrightarrow{(e_1\to0)}D\varepsilon(t)+\mathrm{j}D\varepsilon(t)+bh_\tau$$

包含噪声信息。由于恢复信号 h_τ和噪声 $D\varepsilon(t)$无关，采用独立分量分析（ICA）[228]将噪声从恢复信号中分离出来，从而提取出恢复的信息信号。

将恢复信号进行实部、虚部展开可得

$$\begin{cases} h_{g1} = D\varepsilon(t) + \mathrm{j}D\varepsilon(t) + bh_\tau \\ h_{g2} = D\varepsilon(t) + \mathrm{j}D\varepsilon(t) + b'h_\tau \end{cases} \tag{5.4.15}$$

其中参数 $b' \neq b$，则信息信号 $h_\tau = (b-b')^{-1}(h_{g1} - h_{g2})$。显然，采用 ICA 的方法消除了噪声的干扰。

在本通信方案中，增加了参数 b 或 b'来调节信息信号的振幅，因此只要信息信号的振幅与参数 b 或 b'的乘积小于混沌信号的振幅就可以进行混沌保密通信，而信息信号的振幅可以大于混沌信号的振幅，也可以小于混沌信号的振幅，就不再受限。在实际应用中，用比例调节器很容易实现参数 b 或 b'。另外，为了提高通信方案的安全性，还可以采用 $m(t)$作为信息信号，$h(t) = F(y,m)$是信息信号的一个复函数。

5.4.3 数值仿真

下面采用式（5.4.11）作为发送端，式（5.4.12）作为接收端，利用 MATLAB 进行仿真。采用四阶龙格库塔法且 Δt 是采样频率的倒数。令初始条件 $\boldsymbol{y}(0) = (2+1\mathrm{j}, 5+3\mathrm{j}, 4)^{\mathrm{T}}$、$\boldsymbol{x}(0) = (-1-2\mathrm{j}, -3-4\mathrm{j}, 1)^{\mathrm{T}}$且参数 $a_1 = 14$、$a_2 = 35$、$a_3 = 3.7$，时延 $\tau = 0.03\mathrm{s}$，控制器设计为式（5.4.14）。

白噪声 $\varepsilon(t)$为随机高斯过程，可以用下面的概率分布函数进行描述

$$q(\varepsilon) = \frac{1}{\sqrt{2\pi}\,\sigma}\exp\left(-\frac{(\varepsilon-\varepsilon_0)^2}{2\sigma^2}\right) \tag{5.4.16}$$

式中，$\varepsilon_0 = 0$ 和 $\sigma = 1$ 分别为均值和方差。

这里，传输贝多芬的著名乐曲《欢乐颂》，利用 MATLAB 软件读取两个信息信号，如图 5.21（a）和（b）所示，采样频率为 44 100Hz，分别被混沌信号的实部和虚部携带传送。信噪比（信噪比 10lgS/N）为 13dB（其中实际信号的振幅为 $bh(t)$，噪声的振幅为

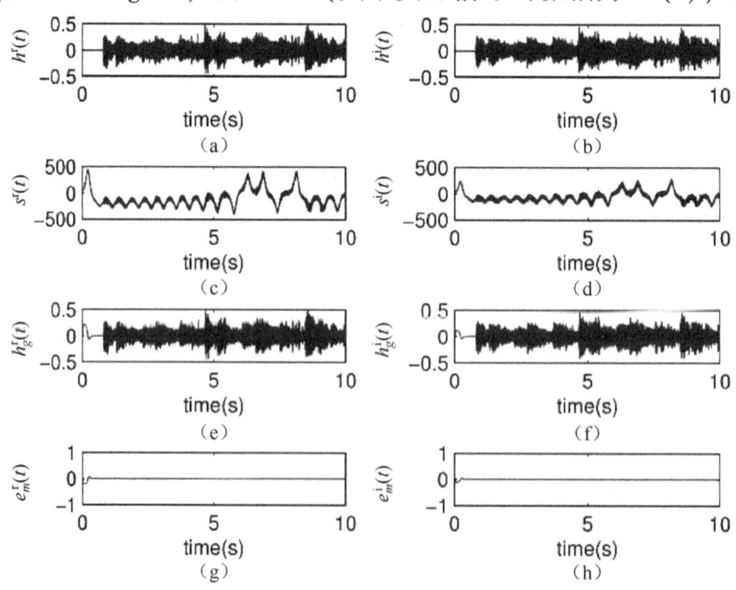

图 5.21 《欢乐颂》的传输过程

D)。对于振幅较大的信号，在 ICA 滤波器的作用下，可以在低信噪比的情况下，大大降低 b 值，准确地提取出原始信号。

传输信号 $s(t)$ 如图 5.21（c）和（d）所示，显然，$s(t)$ 是驱动系统状态变量、信息信号和白噪声的组合，它完全掩盖了信息信号。对于振幅较大的信号，可以通过降低 b 值来保证混沌信号掩盖信息信号。恢复信号 $h_g(t)$ 如图 5.21（e）和（f）所示。恢复误差 $e_m(t)$ 如图 5.21（e）和（f）所示。从图中可知，该通信方案准确地恢复出信息信号 $h(t)$。

$\boldsymbol{x}(t)$ 和 $\boldsymbol{y}(t)$ 从 5s 到 6s 的演化如图 5.22 所示，其中控制强度 $k_1=20$、$k_2=k_3=10$、$D=5$、$b=200$、$b'=199$。LS 的误差向量如图 5.23 所示，误差随时间迅速收敛到零。它表明滞后同步的发生。LS 控制器如图 5.24 所示。

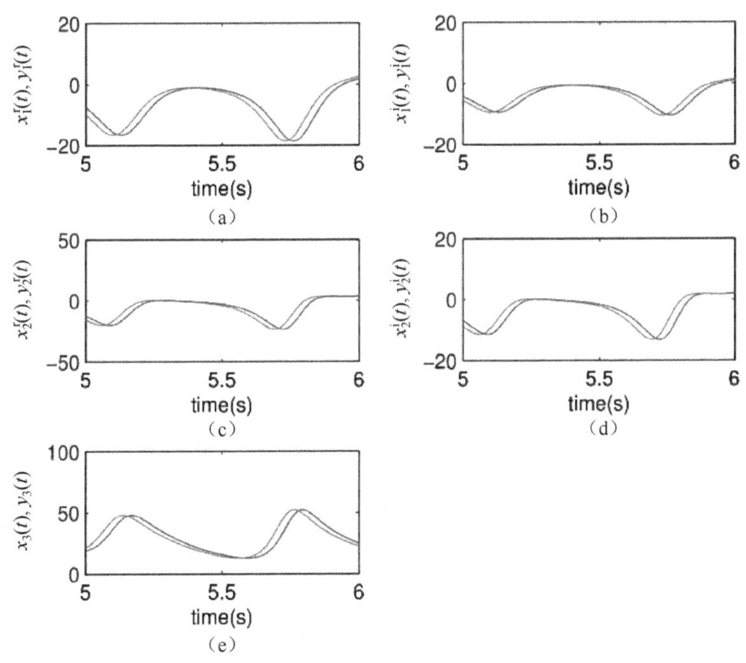

图 5.22　$\boldsymbol{x}(t)$ 和 $\boldsymbol{y}(t)$ 从 5s 到 6s 的演化

与基于实混沌系统和其他复混沌系统的通信系统相比，上述实验仿真结果表明所提出的基于复混沌系统 LS 的保密通信方案具有如下优点。

(1) 由于传输时滞的存在，用 LS 来描述收发双方的同步更接近实际情况，也更准确。这是理论上的一个优势。

(2) 基于误差反馈的 LS 控制器只利用了误差，更容易实现，计算量小，简单实用。

(3) 采用独立分量分析滤波，使得该通信方案具有较强的抗噪声能力和鲁棒性。

(4) 参数 b 可以调节信息信号的振幅，使得该方案传输信息不受混沌信号振幅的限制。

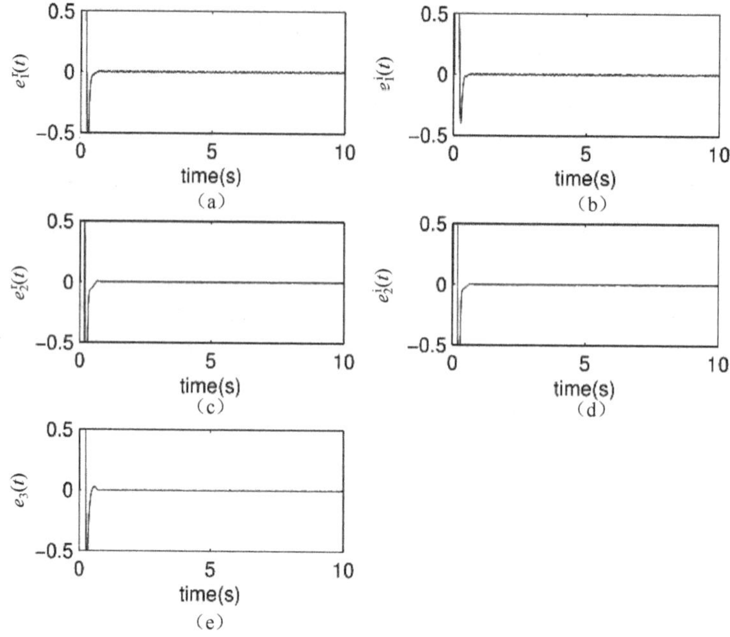

图 5.23　LS 的误差向量

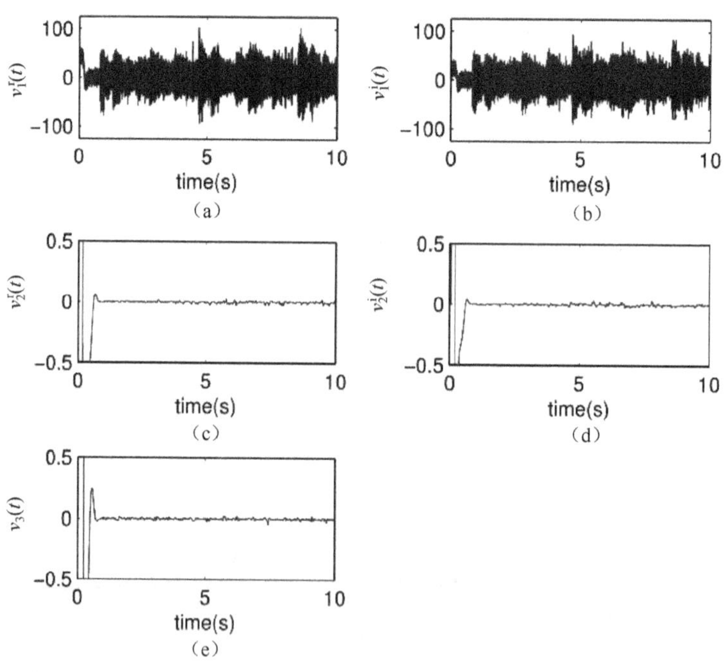

图 5.24　LS 控制器

总之，该通信方案简单，收敛速度快，计算量小，传输信号容量大，抗噪声能力强，实用性强，信噪比低。

5.5　本章小结

考虑到现实工程中存在的时滞，5.1 节和 5.2 节分别研究了单时滞复混沌系统和双时滞复混沌系统的特性，以单时滞复 Chen 混沌系统和双时滞复 Lorenz 混沌系统为例，详细讨论了时滞因数对复混沌系统的影响，设计自时滞同步控制器，使时滞系统和原系统同步，避免了真实工程中因为时滞而产生的各种问题。自时滞同步是自同步的扩展，进一步拓宽了研究同步问题的视野，具有非常重要的现实意义和理论价值。考虑到将实际的混沌系统描述为时滞混沌系统更合适，5.3 节研究了多时滞耦合复混沌系统的完全同步及其通信方案，将误差反馈控制器推广到具有时滞的复混沌系统中。实混沌系统和无时滞复混沌系统的完全同步是其特例。最后，考虑实际通信过程中存在的信息传输的滞后，即接收端在 t 时的信号是发送端在（$t-\tau$）（$\tau \geqslant 0$，滞后时间）时从发送方发出的信号，τ 即传输的时滞。因此，滞后同步比完全同步更能准确地描述实际通信过程。以复 Lorenz 混沌系统为例，设计了基于误差反馈的 LS 控制器。利用混沌掩盖，提出了一种基于 LS 和独立分量分析（ICA）的通信方案。它适用于多种振幅的多信息传输，具有抗噪声能力。数值仿真验证了所提方案的可行性和有效性。

第6章　复参数复混沌系统的自适应跟踪控制和参数辨识

复混沌系统的研究主要有两个方面：一方面是通过合理的数学方法构造新的复混沌系统或从某个物理背景发现新的复混沌系统，并对它们的特性进行研究，如第2章主要介绍了几类经典复混沌系统及其特性，5.1节、5.2节介绍了一些时滞特性；另一方面是对已有的复混沌系统进行控制和同步，主要包括复混沌系统的各种同步研究和复混沌系统对任意信号（不局限于混沌系统）的跟踪控制，如第3章到第5章主要介绍了各种类型的同步及其通信方案。本章将详细阐述复混沌系统的跟踪控制。

在实际工程应用中，混沌必须被消除或转化为一些有用的信号。例如，当电路的某些参数改变时，其输出通常变得无序且不可控。若这种现象是由混沌状态导致的，则可以使用混沌跟踪控制将它变为任意期望输出，从而提升系统性能。目前，对实混沌系统跟踪控制的文献（如［85、86、231、232］）较多，而涉及复混沌系统跟踪控制的文献较少。因此，对于复混沌系统的跟踪控制在工程领域中具有很大的实践价值。

考虑实际应用中有些参数是未知的，如在安全通信的接收端一定存在未知参数和外部干扰，这无疑会对通信质量造成影响，因此，对复混沌系统展开含有未知参数的跟踪控制研究是非常有必要的。

对于实混沌系统，许多研究者使用速度梯度法（Speed Gradient Method，SGM）或Lyapunov函数来实现自适应控制和参数辨识。对于复混沌系统，一些学者[105、106、119、197、231]也研究了其同步和参数辨识问题，如Mahmoud等[105]在2010年针对参数未知的两个相同复Lorenz系统设计复Lyapunov函数，实现了完全同步（CS）。P. Liu等人[106]在2011年采用控制强度固定的速度梯度法（SGM）实现了两个含有未知参数的复混沌系统的自适应反同步；之后，2012年，P. Liu等人[112]针对具有未知参数的复混沌系统，采用补偿器实现了具有实比例因子的全状态混合投影同步（FSHPS）。F. Zhang和S. Liu[119]在2014年针对含有不确定参数和有界扰动的复混沌系统实现了具有复比例因子的FSHPS。2016年，他们将SGM进行了扩展并推广应用到复修正函数投影同步（CMFPS）中[233]。之后，学者们将研究方向转向了具有未知复参数的复混沌系统，J. Liu等人对不同维的复混沌系统提出了复修正混合函数投影同步（CMHFPS）[197]，并讨论了用于估计不确定复参数的更新规律及基于Lyapunov函数设计出了自适应CMHFPS方案[196]。考虑复混沌系统中存在复参数，实参数又是复参数虚部为零的特殊情况，故考虑具有复参数的复混沌系统的控制问题更具有理论和工程应用意义。

尽管许多学者[105、106、112、196、197、233]实现了具有一定鲁棒性的自适应同步，但是其所提出的参数辨识方案使用了固定的最大控制强度，在实际工程应用中会产生过多的能量消耗[75]，而且在控制器稳定性的证明过程中没有证明参数的收敛性，也无法保证参数辨识方案是否能收敛到真值。与此同时，参数辨识要求未知参数收敛到真实值才算被成功辨识，如保密通信中的解密过程。总之，寻找一些辨识方案以确保参数收敛到真实值，同时实现具有动态控制强度和复参数的复混沌系统的跟踪控制问题具有重要的研究价值，但这些问题还未被广泛研究。

本章针对具有复参数的复混沌系统，构造了一个更通用的自适应控制器和参数辨识方案，提出了复数域中复线性相关的定义和推论，分别给出了未知复参数收敛到真实值的充分条件和必要条件，并且提出了一个观测器辨识方案来确保参数收敛到真实值，最后将这些方案应用于复 Chen 混沌系统和带有复参数的 Lorenz 混沌系统进行仿真实验。

6.1　数学模型及问题描述

考虑以下复混沌系统

$$\dot{\boldsymbol{x}}=\boldsymbol{F}(\boldsymbol{x})\boldsymbol{A}+\boldsymbol{f}(\boldsymbol{x})+\boldsymbol{v}+\boldsymbol{d}_1 \tag{6.1.1}$$

式中，$\boldsymbol{x}=(x_1,x_2,\cdots,x_n)^{\mathrm{T}}$表示复状态向量（T 表示转置），$\boldsymbol{x}=\boldsymbol{x}^{\mathrm{r}}+\mathrm{j}\boldsymbol{x}^{\mathrm{i}}$；$\boldsymbol{f}=(f_1,f_2,\cdots,f_n)^{\mathrm{T}}$是由复变量函数组成的函数向量；$\boldsymbol{F}(\boldsymbol{x})$是一个 $n\times m$ 维的矩阵，由复变量函数组成；$\boldsymbol{A}=(a_1,a_2,\cdots,a_m)^{\mathrm{T}}$是一个含有不确定参数的 $m\times1$ 维复（或实）向量；$\boldsymbol{d}_1=(d_{11},d_{12},\cdots,d_{1n})^{\mathrm{T}}$表示外部有界干扰。$|d_{1l}|<\rho_1$，$l=1,2,\cdots,n$，其中$|\cdot|$表示复数的模，$\rho_1$ 是一个正的实常数。

有界参考信号（或目标信号）$\boldsymbol{z}=(z_1,z_2,\cdots,z_n)^{\mathrm{T}}$ 满足

$$\dot{\boldsymbol{z}}=\boldsymbol{g}(\boldsymbol{z})+\boldsymbol{d}_2 \tag{6.1.2}$$

式中，$\boldsymbol{z}=\boldsymbol{z}^{\mathrm{r}}+\mathrm{j}\boldsymbol{z}^{\mathrm{i}}$，$\boldsymbol{z}^{\mathrm{r}}=(z_1^{\mathrm{r}},z_2^{\mathrm{r}},\cdots,z_n^{\mathrm{r}})^{\mathrm{T}}$ 和 $\boldsymbol{z}^{\mathrm{i}}=(z_1^{\mathrm{i}},z_2^{\mathrm{i}},\cdots,z_n^{\mathrm{i}})^{\mathrm{T}}$；$\boldsymbol{g}=(g_1,g_2,\cdots,g_n)^{\mathrm{T}}$ 是由复变量函数组成的函数向量；$\boldsymbol{d}_2=(d_{21},d_{22},\cdots,d_{2n})^{\mathrm{T}}$ 是一个有界扰动向量。$|d_{2l}|<\rho_2$，$l=1,2,\cdots,n$，ρ_2 是一个正的实常数。

若 $\boldsymbol{z}$ 能被一个精确的数学模型所表述，也可取 $\boldsymbol{d}_2=0$。然而在实际工程中，很难创建一个完全精确的数学模型，而且实际环境中的绝大部分干扰都是不可忽视的。例如，在安全通信的发送端系统中总存在外部干扰。因此，具有外部干扰的参考信号能更好地描述现实世界中的实际信号。

控制器记为 $\boldsymbol{v}=\boldsymbol{v}^{\mathrm{r}}+\mathrm{j}\boldsymbol{v}^{\mathrm{i}}$，其中 $\boldsymbol{v}^{\mathrm{r}}=(v_1^{\mathrm{r}},v_2^{\mathrm{r}},\cdots,v_n^{\mathrm{r}})^{\mathrm{T}}$，$\boldsymbol{v}^{\mathrm{i}}=(v_1^{\mathrm{i}},v_2^{\mathrm{i}},\cdots,v_n^{\mathrm{i}})^{\mathrm{T}}$，则误差向量设为 $\boldsymbol{e}(t)=\boldsymbol{x}(t)-\boldsymbol{z}(t)$，$\boldsymbol{e}^{\mathrm{r}}(t)=\boldsymbol{x}^{\mathrm{r}}(t)-\boldsymbol{z}^{\mathrm{r}}(t)$，$\boldsymbol{e}^{\mathrm{i}}(t)=\boldsymbol{x}^{\mathrm{i}}(t)-\boldsymbol{z}^{\mathrm{i}}(t)$。因此，如果设计控制器 $\boldsymbol{v}$，使得

$$\lim_{t\to\infty}\|\boldsymbol{e}(t)\|^2=\lim_{t\to\infty}\sum_{l=1}^{n}\left[e_l^{\mathrm{r}}(t)^2+e_l^{\mathrm{i}}(t)^2\right]=0 \tag{6.1.3}$$

式中，$\|\cdot\|$表示一个向量的欧几里得常数。称 $\boldsymbol{x}$ 对任意有界信号 $\boldsymbol{z}$ 实现跟踪控制。当 $\boldsymbol{z}$ 表示混沌信号时，前几章中 $\boldsymbol{x}$ 与 $\boldsymbol{z}$ 之间的各种同步问题就是 $\boldsymbol{x}$ 与 $\boldsymbol{z}$ 的各种组合形式之间的跟踪控制，混沌同步本质上则是参考信号是混沌信号时的跟踪控制，因此跟踪控制也可看作更广泛的一种同步。

6.2 自适应跟踪控制器的设计

6.2.1 复参数已知的目标信号

若 $\boldsymbol{A}$ 是一个复向量，则可表示为 $\boldsymbol{A}=\boldsymbol{A}^{\mathrm{r}}+\mathrm{j}\boldsymbol{A}^{\mathrm{i}}$。因此，式（6.1.1）可写为

$$\begin{aligned}\dot{\boldsymbol{x}}&=\boldsymbol{F}(\boldsymbol{x})\boldsymbol{A}^{\mathrm{r}}+\mathrm{j}\boldsymbol{F}(\boldsymbol{x})\boldsymbol{A}^{\mathrm{i}}+\boldsymbol{f}(\boldsymbol{x})+\boldsymbol{v}+\boldsymbol{d}_1\\&=\boldsymbol{F}(\boldsymbol{x})\boldsymbol{A}^{\mathrm{r}}+\boldsymbol{H}(\boldsymbol{x})\boldsymbol{A}^{\mathrm{i}}+\boldsymbol{f}(\boldsymbol{x})+\boldsymbol{v}+\boldsymbol{d}_1\end{aligned} \tag{6.2.1}$$

式中，$\boldsymbol{H}(\boldsymbol{x})=\mathrm{j}\boldsymbol{F}(\boldsymbol{x})$ 是一个新的 $n\times m$ 维复函数矩阵。

定理 6.1 如果控制器被设计为

$$\boldsymbol{v}=-\boldsymbol{F}(\boldsymbol{x})\hat{\boldsymbol{A}}^{\mathrm{r}}-\boldsymbol{H}(\boldsymbol{x})\hat{\boldsymbol{A}}^{\mathrm{i}}-\boldsymbol{f}(\boldsymbol{x})+\boldsymbol{g}(\boldsymbol{z})+\boldsymbol{K}\boldsymbol{e} \tag{6.2.2}$$

式中，$\hat{\boldsymbol{A}}$ 是未知参数 $\boldsymbol{A}$ 的估计参数，其自适应更新规律和动态强度表示为

$$\begin{cases}\dot{\hat{\boldsymbol{A}}}^{\mathrm{r}}=\boldsymbol{\eta}[\boldsymbol{F}^{\mathrm{T}}(\boldsymbol{x})^{\mathrm{r}},\boldsymbol{F}^{\mathrm{T}}(\boldsymbol{x})^{\mathrm{i}}]\begin{vmatrix}\boldsymbol{e}^{\mathrm{r}}\\\boldsymbol{e}^{\mathrm{i}}\end{vmatrix}\\\dot{\hat{\boldsymbol{A}}}^{\mathrm{i}}=\boldsymbol{\eta}'[\boldsymbol{H}^{\mathrm{T}}(\boldsymbol{x})^{\mathrm{r}},\boldsymbol{H}^{\mathrm{T}}(x)^{\mathrm{i}}]\begin{vmatrix}\boldsymbol{e}^{\mathrm{r}}\\\boldsymbol{e}^{\mathrm{i}}\end{vmatrix}\\\dot{k}_l=-\gamma_l[e_l^{\mathrm{r}}(t)^2+e_l^{\mathrm{i}}(t)^2],\ l=1,2,\cdots,n\end{cases} \tag{6.2.3}$$

式中，$\boldsymbol{\eta}=\mathrm{diag}(\eta_1,\eta_2,\cdots,\eta_m)$、$\boldsymbol{\eta}'=\mathrm{diag}(\eta_1',\eta_2',\cdots,\eta_m')$ 和 $\boldsymbol{\gamma}=\mathrm{diag}(\gamma_1,\gamma_2,\cdots,\gamma_n)$ 是由正实数组成的对角阵，式（6.2.2）中的 $\boldsymbol{K}=\mathrm{diag}(k_1,k_2,\cdots,k_n)$ 是由动态强度控制因子组成的对角阵，如果存在一个无穷小的正数 δ，使得 $\lim\limits_{t\to\infty}\|\boldsymbol{e}(t)\|^2\leqslant\delta$，则式（6.2.1）渐近跟踪式（6.1.2）。

证明： 由式（6.1.2）、式（6.2.1）、式（6.2.2）可得

$$\begin{aligned}\dot{\boldsymbol{e}}&=\dot{\boldsymbol{x}}-\dot{\boldsymbol{z}}\\&=\boldsymbol{F}(\boldsymbol{x})\boldsymbol{A}^{\mathrm{r}}+\boldsymbol{H}(\boldsymbol{x})\boldsymbol{A}^{\mathrm{i}}+\boldsymbol{f}(\boldsymbol{x})-\boldsymbol{F}(\boldsymbol{x})\hat{\boldsymbol{A}}^{\mathrm{r}}-\boldsymbol{H}(\boldsymbol{x})\hat{\boldsymbol{A}}^{\mathrm{i}}-\boldsymbol{f}(\boldsymbol{x})+\boldsymbol{g}(\boldsymbol{z})+\boldsymbol{K}\boldsymbol{e}-\boldsymbol{g}(\boldsymbol{z})+\boldsymbol{d}_1-\boldsymbol{d}_2\\&=\boldsymbol{F}(\boldsymbol{x})(\boldsymbol{A}^{\mathrm{r}}-\hat{\boldsymbol{A}}^{\mathrm{r}})+\boldsymbol{H}(\boldsymbol{x})(\boldsymbol{A}^{\mathrm{i}}-\hat{\boldsymbol{A}}^{\mathrm{i}})+\boldsymbol{K}\boldsymbol{e}+\boldsymbol{\Delta d}\\&=\boldsymbol{F}(\boldsymbol{x})\widetilde{\boldsymbol{A}}^{\mathrm{r}}+\boldsymbol{H}(\boldsymbol{x})\widetilde{\boldsymbol{A}}^{\mathrm{i}}+\boldsymbol{K}\boldsymbol{e}+\Delta\boldsymbol{d}\end{aligned} \tag{6.2.4}$$

式中，$\widetilde{\boldsymbol{A}}^{\mathrm{r}}=\boldsymbol{A}^{\mathrm{r}}-\hat{\boldsymbol{A}}^{\mathrm{r}}=(\widetilde{a}_1^{\mathrm{r}},\widetilde{a}_2^{\mathrm{r}},\cdots,\widetilde{a}_m^{\mathrm{r}})^{\mathrm{T}}$；$\widetilde{\boldsymbol{A}}^{\mathrm{i}}=\boldsymbol{A}^{\mathrm{i}}-\hat{\boldsymbol{A}}^{\mathrm{i}}=(\widetilde{a}_1^{\mathrm{i}},\widetilde{a}_2^{\mathrm{i}},\cdots,\widetilde{a}_m^{\mathrm{i}})^{\mathrm{T}}$；$\Delta\boldsymbol{d}=\boldsymbol{d}_1-\boldsymbol{d}_2$ 且 $\|\Delta\boldsymbol{d}\|\leqslant\sqrt{n}(\rho_1+\rho_2)$。

引入如下非负 Lyapunov 方程

$$V(e,t)=\frac{1}{2}\sum_{l=1}^{n}[e_l^{\mathrm{r}}(t)^2+e_l^{\mathrm{i}}(t)^2]+\frac{1}{2}\sum_{l=1}^{n}\frac{1}{\gamma_l}(k_l+L)^2+\frac{1}{2}\eta^{-1}(\widetilde{\boldsymbol{A}}^{\mathrm{r}})^{\mathrm{T}}\widetilde{\boldsymbol{A}}^{\mathrm{r}}+\frac{1}{2}\eta'^{-1}(\widetilde{\boldsymbol{A}}^{\mathrm{i}})^{\mathrm{T}}\widetilde{\boldsymbol{A}}^{\mathrm{i}} \tag{6.2.5}$$

其中 L 是一个无穷大的整数，则

$$\begin{aligned}
\dot{V}=&(\dot{\boldsymbol{e}}^{\mathrm{r}})^{\mathrm{T}}\boldsymbol{e}^{\mathrm{r}}+(\dot{\boldsymbol{e}}^{\mathrm{i}})^{\mathrm{T}}\boldsymbol{e}^{\mathrm{i}}-\sum_{l=1}^{n}(k_l+L)[\boldsymbol{e}_l^{\mathrm{r}}(t)^2+\boldsymbol{e}_l^{\mathrm{i}}(t)^2]+\\
&\frac{1}{2}\eta^{-1}[(\dot{\widetilde{\boldsymbol{A}}}^{\mathrm{r}})^{\mathrm{T}}\widetilde{\boldsymbol{A}}^{\mathrm{r}}+(\widetilde{\boldsymbol{A}}^{\mathrm{r}})^{\mathrm{T}}\dot{\widetilde{\boldsymbol{A}}}^{\mathrm{r}}]+\frac{1}{2}\eta'^{-1}[(\dot{\widetilde{\boldsymbol{A}}}^{\mathrm{i}})^{\mathrm{T}}\widetilde{\boldsymbol{A}}^{\mathrm{i}}+(\widetilde{\boldsymbol{A}}^{\mathrm{i}})^{\mathrm{T}}\dot{\widetilde{\boldsymbol{A}}}^{\mathrm{i}}]\\
=&[\boldsymbol{F}(\boldsymbol{x})^{\mathrm{r}}\widetilde{\boldsymbol{A}}^{\mathrm{r}}+\boldsymbol{H}(\boldsymbol{x})^{\mathrm{r}}\widetilde{\boldsymbol{A}}^{\mathrm{i}}+\boldsymbol{K}\boldsymbol{e}^{\mathrm{r}}+\Delta\boldsymbol{d}^{\mathrm{r}}]^{\mathrm{T}}\boldsymbol{e}^{\mathrm{r}}+\\
&[\boldsymbol{F}(\boldsymbol{x})^{\mathrm{i}}\widetilde{\boldsymbol{A}}^{\mathrm{r}}+\boldsymbol{H}(\boldsymbol{x})^{\mathrm{i}}\widetilde{\boldsymbol{A}}^{\mathrm{i}}+\boldsymbol{K}\boldsymbol{e}^{\mathrm{i}}+\Delta\boldsymbol{d}^{\mathrm{i}}]^{\mathrm{T}}\boldsymbol{e}^{\mathrm{i}}-L\|\boldsymbol{e}^2\|-\sum_{l=1}^{n}k_l[e_l^{\mathrm{r}}(t)^2+\\
&\boldsymbol{e}_l^{\mathrm{i}}(t)^2]-[(\boldsymbol{F}(\boldsymbol{x})^{\mathrm{r}}\widetilde{\boldsymbol{A}}^{\mathrm{r}})^{\mathrm{T}}\boldsymbol{e}^{\mathrm{r}}+(\boldsymbol{F}(\boldsymbol{x})^{\mathrm{i}}\widetilde{\boldsymbol{A}}^{\mathrm{r}})^{\mathrm{T}}\boldsymbol{e}^{\mathrm{i}}]-[(\boldsymbol{H}(\boldsymbol{x})^{\mathrm{r}}\widetilde{\boldsymbol{A}}^{\mathrm{i}})^{\mathrm{T}}\boldsymbol{e}^{\mathrm{r}}+(\boldsymbol{H}(\boldsymbol{x})^{\mathrm{i}}\widetilde{\boldsymbol{A}}^{\mathrm{i}})^{\mathrm{T}}\boldsymbol{e}^{\mathrm{i}}]\\
=&-L\|\boldsymbol{e}^2\|+(\Delta\boldsymbol{d}^{\mathrm{r}})^{\mathrm{T}}\boldsymbol{e}^{\mathrm{r}}+(\Delta\boldsymbol{d}^{\mathrm{i}})^{\mathrm{T}}\boldsymbol{e}^{\mathrm{i}}
\end{aligned}\tag{6.2.6}$$

设$\|\boldsymbol{e}\|^2=\delta$，可得

$$\begin{aligned}
&(\Delta\boldsymbol{d}^{\mathrm{r}})^{\mathrm{T}}\boldsymbol{e}^{\mathrm{r}}+(\Delta\boldsymbol{d}^{\mathrm{i}})^{\mathrm{T}}\boldsymbol{e}^{\mathrm{i}}\\
&\leqslant\sqrt{n}(\rho_1+\rho_2)(\|\boldsymbol{e}^{\mathrm{r}}\|+\|\boldsymbol{e}^{\mathrm{i}}\|)\\
&\leqslant\sqrt{n}(\rho_1+\rho_2)\sqrt{2(\|\boldsymbol{e}^{\mathrm{r}}\|^2+\|\boldsymbol{e}^{\mathrm{i}}\|^2)}\\
&=(\rho_1+\rho_2)\sqrt{2n\delta}\\
&<C\delta
\end{aligned}\tag{6.2.7}$$

式中，C是实数域中的一个正常数且$C>\sqrt{2n/\delta}(\rho_1+\rho_2)$。因为$L$是一个无穷大的常数，不妨设$L>C$，则$\dot{V}\leqslant-(L-C)\|\boldsymbol{e}\|^2<0$。

根据定理 1.2 可得，误差平方$\|\boldsymbol{e}\|^2$被限制在半径为$2n(\rho_1+\rho_2)^2/C^2$的球中。如果选择合适的C，那么误差能被控制在半径任意小的球内，因此式（6.2.1）渐近跟踪式（6.1.2），证毕。

当$\boldsymbol{e}\to 0$时，根据式（6.2.3），可知未知参数向量$\boldsymbol{A}$会趋于某个常向量，那么它能否趋于真实值呢？这将在 6.3 节中讨论。

注 6.1　若$\boldsymbol{A}^{\mathrm{i}}=0$，即$\boldsymbol{A}$是一个实向量，这是定理 6.1 的一种特殊情况。

6.2.2　复参数未知的目标信号

若在目标系统中存在未知参数，那么式（6.1.2）可写成

$$\dot{z}=\boldsymbol{G}(z)\boldsymbol{B}+\boldsymbol{p}(z)+\boldsymbol{d}_2\tag{6.2.8}$$

式中，$\boldsymbol{B}=(b_1,b_2,\cdots,b_s)^{\mathrm{T}}$是未知参数的$s\times1$的复（或实）向量；$\boldsymbol{G}(z)$是一个$n\times s$的复变量函数矩阵。

当$\boldsymbol{A}$和$\boldsymbol{B}$都是复参数时，目标信号系统式（6.2.8）记为

$$\begin{aligned}
\dot{z}&=\boldsymbol{G}(z)\boldsymbol{B}^{\mathrm{r}}+\mathrm{j}\boldsymbol{G}(z)\boldsymbol{B}^{\mathrm{i}}+\boldsymbol{p}(z)+\boldsymbol{d}_2\\
&=\boldsymbol{G}(z)\boldsymbol{B}^{\mathrm{r}}+\boldsymbol{Q}(z)\boldsymbol{B}^{\mathrm{i}}+\boldsymbol{p}(z)+\boldsymbol{d}_2
\end{aligned}\tag{6.2.9}$$

式中，$\boldsymbol{Q}(z)=\mathrm{j}\boldsymbol{G}(z)$是一个新的$n\times s$维复变量矩阵。

定理 6.2　若设计控制器为

$$\boldsymbol{v}=-\boldsymbol{F}(\boldsymbol{x})\hat{\boldsymbol{A}}^{\mathrm{r}}-\boldsymbol{H}(\boldsymbol{x})\hat{\boldsymbol{A}}^{\mathrm{i}}-\boldsymbol{f}(\boldsymbol{x})+\boldsymbol{G}(z)\hat{\boldsymbol{B}}^{\mathrm{r}}+\boldsymbol{Q}(z)\hat{\boldsymbol{B}}^{\mathrm{i}}+\boldsymbol{p}(z)+\boldsymbol{K}\boldsymbol{e}\tag{6.2.10}$$

其中$\hat{\boldsymbol{B}}$是$\boldsymbol{B}$的估计值，估计参数的自适应更新规律和控制强度为

$$\begin{cases}\dot{\hat{A}}^{\mathrm{r}}=\boldsymbol{\eta}[\boldsymbol{F}^{\mathrm{T}}(\boldsymbol{x})^{\mathrm{r}},\boldsymbol{F}^{\mathrm{T}}(\boldsymbol{x})^{\mathrm{i}}]\begin{vmatrix}\boldsymbol{e}^{\mathrm{r}}\\ \boldsymbol{e}^{\mathrm{i}}\end{vmatrix}\\ \dot{\hat{A}}^{\mathrm{r}}=\boldsymbol{\eta}'[\boldsymbol{H}^{\mathrm{T}}(\boldsymbol{x})^{\mathrm{r}},\boldsymbol{H}^{\mathrm{T}}(\boldsymbol{x})^{\mathrm{i}}]\begin{vmatrix}\boldsymbol{e}^{\mathrm{r}}\\ \boldsymbol{e}^{\mathrm{i}}\end{vmatrix}\\ \dot{\hat{B}}^{\mathrm{r}}=-\boldsymbol{\tau}[\boldsymbol{G}^{\mathrm{T}}(z)^{\mathrm{r}},\boldsymbol{G}^{\mathrm{T}}(z)^{\mathrm{i}}]^{\mathrm{T}}\begin{vmatrix}\boldsymbol{e}^{\mathrm{r}}\\ \boldsymbol{e}^{\mathrm{i}}\end{vmatrix}\\ \dot{\hat{B}}^{\mathrm{i}}=-\boldsymbol{\tau}'[\boldsymbol{Q}^{\mathrm{T}}(z)^{\mathrm{r}},\boldsymbol{Q}^{\mathrm{T}}(z)^{\mathrm{i}}]^{\mathrm{T}}\begin{vmatrix}\boldsymbol{e}^{\mathrm{r}}\\ \boldsymbol{e}^{\mathrm{i}}\end{vmatrix}\\ \dot{k}_l=-\gamma_l[e_l^{\mathrm{r}}(t)^2+e_l^{\mathrm{i}}(t)^2],\ l=1,2,\cdots,n\end{cases}\tag{6.2.11}$$

式中，$\boldsymbol{\tau}=\mathrm{diag}(\tau_1,\tau_2,\cdots,\tau_s)$ 和 $\boldsymbol{\tau}'=\mathrm{diag}(\tau_1',\tau_2',\cdots,\tau_s')$ 分别是 $\boldsymbol{B}^{\mathrm{r}}$ 和 $\boldsymbol{B}^{\mathrm{i}}$ 的收敛因子矩阵，并且存在一个无穷小的正数 δ，使得 $\lim\limits_{t\to\infty}\|\boldsymbol{e}(t)^2\|\leqslant\delta$，则式（6.2.1）渐近跟踪式（6.2.9）。

证明：此定理证明与定理 6.1 的证明类似，由于篇幅所限，不再赘述。

注 6.2 $\boldsymbol{A}$ 和 $\boldsymbol{B}$ 是实参数向量，$\boldsymbol{A}$ 是复参数向量、$\boldsymbol{B}$ 是实参数向量，以及 $\boldsymbol{A}$ 是实参数向量、$\boldsymbol{B}$ 是复参数向量这三种情况都是定理 6.2 的特殊情形。

注 6.3 这些方法都能被扩展到全状态混合投影同步（FSHPS）。

针对式（6.1.1）和式（6.1.2），如果可以找到实数可逆矩阵 $\boldsymbol{\mu}=\mathrm{diag}(\mu_1,\mu_2,\cdots,\mu_n)$ 使得

$$\begin{aligned}\lim_{t\to\infty}\|\boldsymbol{e}(t)\|^2&=\lim_{t\to\infty}\|\boldsymbol{x}(t)-\boldsymbol{\mu}\boldsymbol{z}(t)\|^2\\&=\lim_{t\to\infty}(\|\boldsymbol{x}^{\mathrm{r}}(t)-\boldsymbol{\mu}\boldsymbol{z}^{\mathrm{r}}(t)\|^2+\|\boldsymbol{x}^{\mathrm{i}}(t)-\boldsymbol{\mu}\boldsymbol{z}^{\mathrm{i}}(t)\|^2)\\&=0\end{aligned}\tag{6.2.12}$$

则 $\boldsymbol{x}(t)$ 与 $\boldsymbol{\mu}\boldsymbol{z}(t)$ 实现同步，即实现了 FSHPS。式（6.2.12）同样也能被扩展到式（6.2.1）和式（6.2.8）中。如果 $\mu_1=\mu_2=\cdots=\mu_n=-1$，则式（6.2.12）为反同步。

事实上，若设 $\boldsymbol{z}'=\boldsymbol{\mu}\boldsymbol{z}$，$\boldsymbol{z}'=\boldsymbol{\mu}\boldsymbol{g}(\boldsymbol{\mu}^{-1}\boldsymbol{z}')+\boldsymbol{\mu}\boldsymbol{d}_2$，那么 FSHPS 就变成了 $\boldsymbol{x}$ 和 $\boldsymbol{z}'$ 之间的跟踪控制。因此，可在不使用补偿器[112]的情况下实现 FSHPS。

6.3 参数辨识

6.3.1 参数辨识的相关定理及推论

因为干扰在很小的范围内有界，故在分析复数域的辨识条件时忽略干扰的影响。对于非线性系统，未知参数的辨识依赖于持续激励（PE）和线性相关。结合线性代数的相关知识，下面首先介绍持续激励的定义，并将线性无关的概念由实数域推广到复数域[176]。

定义 6.1 持续激励：当存在 $\mu>0$ 和 $T>0$ 使得 $\int_t^{t+T}\boldsymbol{\psi}(\boldsymbol{x})\boldsymbol{\psi}(\boldsymbol{x})^{\mathrm{T}}\mathrm{d}\boldsymbol{x}\geqslant\boldsymbol{\mu}\boldsymbol{I}_{n\times n}$，$\forall t\in\boldsymbol{R}\geqslant0$ 成立，则局部可积实函数 $\boldsymbol{\varphi}(\boldsymbol{x})=(\varphi_1(\boldsymbol{x}),\varphi_2(\boldsymbol{x}),\cdots,\varphi_n(\boldsymbol{x}))^{\mathrm{T}}$（$\psi$：$R_{\geqslant0}\to\mathbb{R}^{n\times m}$）是持续激励的。

定义 6.2 实线性相关：在复数域 $\mathbb{C}$，给定复向量组 $\{\boldsymbol{\omega}_1,\boldsymbol{\omega}_2,\cdots,\boldsymbol{\omega}_m\}$，如果存在不全

为零的实数$\{\xi_1,\xi_2,\cdots,\xi_m\}$，使$\xi_1\boldsymbol{\omega}_1+\xi_2\boldsymbol{\omega}_2+\cdots+\xi_m\boldsymbol{\omega}_m=0$，则称这个向量组是实线性相关的，否则称它为实线性无关的或实线性独立的。

由此定义，得出如下内容。

注 6.4　含零向量的复向量组必实线性相关。

注 6.5　一个复向量$\boldsymbol{\omega}_1$是实线性相关的，则$\boldsymbol{\omega}_1=0$，反之也成立。

注 6.6　两个非零复向量$\{\boldsymbol{\omega}_1,\boldsymbol{\omega}_2\}$实线性相关，则$\boldsymbol{\omega}_1=\xi\boldsymbol{\omega}_2$（$\xi$是实数），反之也成立。

定义 6.3　**复线性相关**：在复数域$\mathbb{C}$，给定复向量组$\{\boldsymbol{\omega}_1,\boldsymbol{\omega}_2,\cdots,\boldsymbol{\omega}_m\}$，如果存在不全为零的复数$\{\xi_1,\xi_2,\cdots,\xi_m\}$，使$\xi_1\boldsymbol{\omega}_1+\xi_2\boldsymbol{\omega}_2+\cdots+\xi_m\boldsymbol{\omega}_m=0$，则称这个向量组是复线性相关的，否则称它为复线性无关的或复线性独立的。

下面举例说明实线性相关和复线性相关的关系。例如，$\boldsymbol{x}\in\mathbb{C}^n$是一个$n$维复向量，若向量组$\boldsymbol{\omega}_1=\boldsymbol{x}$，$\boldsymbol{\omega}_2=2\boldsymbol{x}$，则$\boldsymbol{\omega}_2=2\boldsymbol{\omega}_1$，可称$\boldsymbol{\omega}_1$、$\boldsymbol{\omega}_2$是实线性相关的；若$\boldsymbol{\omega}_1=\boldsymbol{x}$，$\boldsymbol{\omega}_2=\mathrm{j}\boldsymbol{x}$，则$\boldsymbol{\omega}_2=\mathrm{j}\boldsymbol{\omega}_1$，可称$\boldsymbol{\omega}_1$、$\boldsymbol{\omega}_2$是复线性相关的，也是实线性无关的。另外，虽然一组复向量是实线性无关的，但不一定是复线性无关的。例如，上文中的例子$\boldsymbol{\omega}_1=\boldsymbol{x}$，$\boldsymbol{\omega}_2=\mathrm{j}\boldsymbol{x}$，它们是实线性无关的，但不是复线性无关的。进一步讲，根据上述定义，可得出如下反映实线性相关和复线性相关关系的推论。

注 6.7　含零向量的复向量组必复线性相关。

证明：给定含零向量的复向量组$\{\boldsymbol{0},\boldsymbol{\omega}_1,\boldsymbol{\omega}_2,\cdots,\boldsymbol{\omega}_{n-1}\}$，一定存在不全为零的复数$\{\xi_1,0,\cdots,0\}$使得$\xi_1\boldsymbol{0}+0\boldsymbol{\omega}_1+\cdots+0\boldsymbol{\omega}_{n-1}=0$成立，因此这个复向量组是复线性相关的。

注 6.8　一个复向量$\boldsymbol{\omega}_1$是复线性相关的，则$\boldsymbol{\omega}_1=0$，反之也成立。

注 6.9　两个非零复向量$\boldsymbol{\omega}_1$、$\boldsymbol{\omega}_2$复线性相关，则$\boldsymbol{\omega}_1=\xi\boldsymbol{\omega}_2$（$\xi$是复数），反之也成立。

注 6.10　n个非零复向量$\{\boldsymbol{\omega}_1,\boldsymbol{\omega}_2,\cdots,\boldsymbol{\omega}_n\}$实线性相关，那么一定是复线性相关的，反之不成立。

注 6.11　n个非零复向量$\{\boldsymbol{\omega}_1,\boldsymbol{\omega}_2,\cdots,\boldsymbol{\omega}_n\}$复线性无关，那么一定是实线性无关的，反之不成立。

可见，实线性相关是复线性相关的特殊情形，复线性无关是实线性无关的特殊情况。下面给出复线性相关性的判定定理。

定理 6.3　设$\{\boldsymbol{\omega}_1,\boldsymbol{\omega}_2,\cdots,\boldsymbol{\omega}_m\}$是一个虚部不全为零的非零$n$维复向量组，这个复向量组为复线性相关的充分必要条件是它所构成的复矩阵$\boldsymbol{\omega}=(\boldsymbol{\omega}_1,\boldsymbol{\omega}_2,\cdots,\boldsymbol{\omega}_m)$的秩小于向量个数$m$；这个复向量组为复线性无关的充分必要条件是它所构成的矩阵$\boldsymbol{\omega}$的秩等于向量个数m。

注意，复矩阵进行初等变换时同乘同除的数可以是复数，如复矩阵$(1+i\ 1-i;i-1\ i+1)$的秩为 1，具体见文献［234］，即实向量组$\boldsymbol{\omega}$实线性相关的充分必要条件是由它所构成的实矩阵$\boldsymbol{\omega}=(\boldsymbol{\omega}_1,\boldsymbol{\omega}_2,\cdots,\boldsymbol{\omega}_m)$的秩小于向量个数$m$。

定理 6.4　设$\{\boldsymbol{\omega}_1,\boldsymbol{\omega}_2,\cdots,\boldsymbol{\omega}_m\}$是一个虚部不全为零的非零$n$维复向量组($m>2n$)，则这个复向量组一定是实线性相关的，也是复线性相关的。

证明：假设存在实数$\{\xi_1,\xi_2,\cdots,\xi_m\}$，使$\xi_1\boldsymbol{\omega}_1+\xi_2\boldsymbol{\omega}_2+\cdots+\xi_m\boldsymbol{\omega}_m=0$，可得$\xi_1\omega_{1i}+\xi_2\omega_{2i}+\cdots+\xi_m\omega_{mi}=0,i=1,2,\cdots,n$，共$n$个方程。又因为实部和虚部均为零，即得到$2n$个方程。当$m>2n$时，一定存在不全为零的实数$\{\xi_1,\xi_2,\cdots,\xi_m\}$，故这个复向量组一定是实线性相关的，也是复线性相关的。

下面举例加深对上述概念和定理的理解。

例：判定复向量组$\{1-\boldsymbol{x};2-\boldsymbol{x};3+2\boldsymbol{x};5\}$，（$\boldsymbol{x}\in\mathbb{C}^n$是一个 n 维复向量，且虚部不为零）的实线性相关性和复线性相关性。

解：（1）根据定理 6.4 可知，$m=4$，$n=1$，则 $m>2n$，则该复向量组$\{1-\boldsymbol{x};2-\boldsymbol{x};3+2\boldsymbol{x};5\}$是实线性相关的，也是复线性相关的。

（2）从定义出发证明。假设存在实数$\{\xi_1,\xi_2,\xi_3,\xi_4\}$，使得$\xi_1(1-\boldsymbol{x})+\xi_2(2-\boldsymbol{x})+\xi_3(3+2\boldsymbol{x})+5\xi_4=0$。令 $x=a+bi$，则 $\xi_1(1-a-bi)+\xi_2(2-a-bi)+\xi_3(3+2a+2bi)+5\xi_4=0$。

根据实部为零，虚部为零，可得

$$\begin{cases}\xi_1(1-a)+\xi_2(2-a)+\xi_3(3+2a)+5\xi_4=0\\ b(-\xi_1-\xi_2+2\xi_3)=0\end{cases} \tag{6.3.1}$$

则一定存在不全为零的实数 ξ_1、ξ_2、ξ_3、ξ_4，使上式成立。那么复向量组$\{1-\boldsymbol{x};2-\boldsymbol{x};3+2\boldsymbol{x};5\}$是实线性相关的，也是复线性相关的。

6.3.2 参数辨识的充分条件和必要条件

1. 目标信号中复参数已知

根据式（6.2.4），可得

$$\dot{\boldsymbol{e}}=\boldsymbol{F}(\boldsymbol{x})(\boldsymbol{A}^{\mathrm{r}}-\hat{\boldsymbol{A}}^{\mathrm{r}})+\boldsymbol{H}(\boldsymbol{x})(\boldsymbol{A}^{\mathrm{i}}-\hat{\boldsymbol{A}}^{\mathrm{i}})+\boldsymbol{K}\boldsymbol{e}=\boldsymbol{F}(\boldsymbol{x})(\boldsymbol{A}-\hat{\boldsymbol{A}})+\boldsymbol{K}\boldsymbol{e} \tag{6.3.2}$$

从定理 6.1 中可知 $\boldsymbol{e}\to0$ 及 $\dot{\boldsymbol{e}}\to0$，故 $\boldsymbol{F}(\boldsymbol{x})(\boldsymbol{A}-\hat{\boldsymbol{A}})\to0$。如果复函数矩阵 $\boldsymbol{F}(\boldsymbol{x})$的每个行向量是复线性无关的，则 $\boldsymbol{A}-\hat{\boldsymbol{A}}\to0$，即估计参数 $\hat{\boldsymbol{A}}$ 收敛到真值的充分条件为复变量函数集 $\boldsymbol{F}(\boldsymbol{x})$的每个行向量是复线性无关的。

将式（6.3.2）进行实部、虚部分离，可得

$$\boldsymbol{F}^{\mathrm{r}}(\boldsymbol{x})(\boldsymbol{A}^{\mathrm{r}}-\hat{\boldsymbol{A}}^{\mathrm{r}})+\boldsymbol{H}^{\mathrm{r}}(\boldsymbol{x})(\boldsymbol{A}^{\mathrm{i}}-\hat{\boldsymbol{A}}^{\mathrm{i}})\to0 \tag{6.3.3}$$

$$\boldsymbol{F}^{\mathrm{i}}(\boldsymbol{x})(\boldsymbol{A}^{\mathrm{r}}-\hat{\boldsymbol{A}}^{\mathrm{r}})+\boldsymbol{H}^{\mathrm{i}}(\boldsymbol{x})(\boldsymbol{A}^{\mathrm{i}}-\hat{\boldsymbol{A}}^{\mathrm{i}})\to0 \tag{6.3.4}$$

则函数集

$$\boldsymbol{\Phi}(\boldsymbol{x})=\begin{vmatrix}\boldsymbol{F}^{\mathrm{r}}(\boldsymbol{x}) & \boldsymbol{H}^{\mathrm{r}}(\boldsymbol{x})\\ \boldsymbol{F}^{\mathrm{i}}(\boldsymbol{x}) & \boldsymbol{H}^{\mathrm{i}}(\boldsymbol{x})\end{vmatrix} \tag{6.3.5}$$

是一个 $2n\times2m$ 的矩阵。当 $n<m$ 时，估计参数 $\hat{\boldsymbol{A}}$ 趋于真实值的必要条件为 $\boldsymbol{\Phi}(\boldsymbol{x})$是实线性无关或实线性独立的，从定义 6.2 可知，把矩阵 $\boldsymbol{\Phi}(\boldsymbol{x})$看作 $2m$ 个 $2n$ 维向量组成的列向量组，有且仅当系数$\{\varepsilon_1,\varepsilon_2,\cdots,\varepsilon_{2m}\}$都为零时其线性组合为零，则从定义 6.1 可知 $\boldsymbol{\Phi}(\boldsymbol{x})$是可持续激励的；当 $n\geqslant m$ 时，估计参数 $\hat{\boldsymbol{A}}$ 趋近于真实值的充分条件是 $\boldsymbol{\Phi}(\boldsymbol{x})$是可持续激励的。

若 $\boldsymbol{A}$ 是一个实向量，可得

$$\boldsymbol{F}^{\mathrm{r}}(\boldsymbol{x})(\boldsymbol{A}-\hat{\boldsymbol{A}})\to0,\boldsymbol{F}^{\mathrm{i}}(\boldsymbol{x})(\boldsymbol{A}-\hat{\boldsymbol{A}})\to0 \tag{6.3.6}$$

则函数矩阵 $\boldsymbol{\Phi}(\boldsymbol{x})=(\boldsymbol{F}^{\mathrm{r}}(\boldsymbol{x}),\boldsymbol{F}^{\mathrm{i}}(\boldsymbol{x}))^{\mathrm{T}}$ 为 $2n\times m$ 维。可得当 $2n<m$ 时，估计参数 $\hat{\boldsymbol{A}}$ 趋近于真实值的必要条件为 $\boldsymbol{\Phi}(\boldsymbol{x})$是可持续激励的；当 $2n\geqslant m$ 时，估计参数 $\hat{\boldsymbol{A}}$ 趋近于真实值的充分条件为 $\boldsymbol{\Phi}(\boldsymbol{x})$是可持续激励的。

2. 目标信号中复参数未知

当目标系统中存在不确定参数时，可得

$$\boldsymbol{F}(\boldsymbol{x})(\boldsymbol{A}-\hat{\boldsymbol{A}})-\boldsymbol{G}(z)(\boldsymbol{B}-\hat{\boldsymbol{B}})\to 0 \tag{6.3.7}$$

实际上，前面已经实现了一个自适应控制器来确保 $\boldsymbol{x}\to\boldsymbol{z}$，则 $\boldsymbol{F}(\boldsymbol{x})\to\boldsymbol{F}(z)$。从复线性无关的角度出发，如果复变量函数集 $\{\boldsymbol{F}(z),-\boldsymbol{G}(z)\}$ 是复线性无关的，那么就有相应的 $\boldsymbol{A}-\hat{\boldsymbol{A}}\to 0$，$\boldsymbol{B}-\hat{\boldsymbol{B}}\to 0$。

当 $\boldsymbol{A}$ 和 $\boldsymbol{B}$ 都是复向量时，分离式（6.3.7）的实部和虚部可得

$$\boldsymbol{F}^{\mathrm{r}}(z)(\boldsymbol{A}^{\mathrm{r}}-\hat{\boldsymbol{A}}^{\mathrm{r}})+\boldsymbol{H}^{\mathrm{r}}(z)(\boldsymbol{A}^{\mathrm{i}}-\hat{\boldsymbol{A}}^{\mathrm{i}})-\boldsymbol{G}^{\mathrm{r}}(z)(\boldsymbol{B}^{\mathrm{r}}-\hat{\boldsymbol{B}}^{\mathrm{r}})-\boldsymbol{Q}^{\mathrm{r}}(z)(\boldsymbol{B}^{\mathrm{i}}-\hat{\boldsymbol{B}}^{\mathrm{i}})\to 0 \tag{6.3.8}$$

$$\boldsymbol{F}^{\mathrm{i}}(z)(\boldsymbol{A}^{\mathrm{r}}-\hat{\boldsymbol{A}}^{\mathrm{r}})+\boldsymbol{H}^{\mathrm{i}}(z)(\boldsymbol{A}^{\mathrm{i}}-\hat{\boldsymbol{A}}^{\mathrm{i}})-\boldsymbol{G}^{\mathrm{i}}(z)(\boldsymbol{B}^{\mathrm{r}}-\hat{\boldsymbol{B}}^{\mathrm{r}})-\boldsymbol{Q}^{\mathrm{i}}(z)(\boldsymbol{B}^{\mathrm{i}}-\hat{\boldsymbol{B}}^{\mathrm{i}})\to 0 \tag{6.3.9}$$

则令

$$\boldsymbol{\Phi}(z)=\begin{bmatrix}\boldsymbol{F}^{\mathrm{r}}(z) & \boldsymbol{H}^{\mathrm{r}}(z) & -\boldsymbol{G}^{\mathrm{r}}(z) & -\boldsymbol{Q}^{\mathrm{r}}(z)\\ \boldsymbol{F}^{\mathrm{i}}(z) & \boldsymbol{H}^{\mathrm{i}}(z) & -\boldsymbol{G}^{\mathrm{i}}(z) & -\boldsymbol{Q}^{\mathrm{i}}(z)\end{bmatrix} \tag{6.3.10}$$

是一个 $2n\times 2(m+s)$ 维矩阵。可得当 $2n<2(m+s)$ 时，估计参数 $\hat{\boldsymbol{A}}$ 和 $\hat{\boldsymbol{B}}$ 趋于真实值的必要条件为 $\boldsymbol{\Phi}(z)$ 是可持续激励的；当 $2n\geqslant 2(m+s)$ 时，估计参数 $\hat{\boldsymbol{A}}$ 和 $\hat{\boldsymbol{B}}$ 趋于真实值的充分条件为 $\boldsymbol{\Phi}(z)$ 是可持续激励的。

当 $\boldsymbol{A}$ 和 $\boldsymbol{B}$ 都是实向量时，可得

$$\boldsymbol{F}^{\mathrm{r}}(z)(\boldsymbol{A}-\hat{\boldsymbol{A}})-\boldsymbol{G}^{\mathrm{r}}(z)(\boldsymbol{B}-\hat{\boldsymbol{B}})\to 0 \tag{6.3.11}$$

$$\boldsymbol{F}^{\mathrm{i}}(z)(\boldsymbol{A}-\hat{\boldsymbol{A}})-\boldsymbol{G}^{\mathrm{i}}(z)(\boldsymbol{B}-\hat{\boldsymbol{B}})\to 0 \tag{6.3.12}$$

令

$$\boldsymbol{\Phi}(z)=\begin{vmatrix}\boldsymbol{F}^{\mathrm{r}}(z) & -\boldsymbol{G}^{\mathrm{r}}(z)\\ \boldsymbol{F}^{\mathrm{i}}(z) & -\boldsymbol{G}^{\mathrm{i}}(z)\end{vmatrix} \tag{6.3.13}$$

是一个 $2n\times(m+s)$ 维的矩阵。当 $2n<m+s$ 时，估计参数 $\hat{\boldsymbol{A}}$ 和 $\hat{\boldsymbol{B}}$ 趋于真实值的必要条件为 $\boldsymbol{\Phi}(z)$ 是可持续激励的；当 $2n\geqslant m+s$ 时，估计参数 $\hat{\boldsymbol{A}}$ 和 $\hat{\boldsymbol{B}}$ 趋于真实值的充分条件为 $\boldsymbol{\Phi}(z)$ 是可持续激励的。

当 $\boldsymbol{A}$ 是一个实向量，$\boldsymbol{B}$ 是一个复向量时，可得

$$\boldsymbol{F}^{\mathrm{r}}(z)(\boldsymbol{A}-\hat{\boldsymbol{A}})-\boldsymbol{G}^{\mathrm{r}}(z)(\boldsymbol{B}^{\mathrm{r}}-\hat{\boldsymbol{B}}^{\mathrm{r}})-\boldsymbol{Q}^{\mathrm{r}}(z)(\boldsymbol{B}^{\mathrm{i}}-\hat{\boldsymbol{B}}^{\mathrm{i}})\to 0 \tag{6.3.14}$$

$$\boldsymbol{F}^{\mathrm{i}}(z)(\boldsymbol{A}-\hat{\boldsymbol{A}})-\boldsymbol{G}^{\mathrm{i}}(z)(\boldsymbol{B}^{\mathrm{r}}-\hat{\boldsymbol{B}}^{\mathrm{r}})-\boldsymbol{Q}^{\mathrm{i}}(z)(\boldsymbol{B}^{\mathrm{i}}-\hat{\boldsymbol{B}}^{\mathrm{i}})\to 0 \tag{6.3.15}$$

令

$$\boldsymbol{\Phi}(z)=\begin{vmatrix}\boldsymbol{F}^{\mathrm{r}}(z) & -\boldsymbol{G}^{\mathrm{r}}(z) & -\boldsymbol{Q}^{\mathrm{r}}(z)\\ \boldsymbol{F}^{\mathrm{i}}(z) & -\boldsymbol{G}^{\mathrm{i}}(z) & -\boldsymbol{Q}^{\mathrm{i}}(z)\end{vmatrix} \tag{6.3.16}$$

是一个 $2n\times(m+2s)$ 维的矩阵。当 $2n<m+2s$ 时，估计参数 $\hat{\boldsymbol{A}}$ 和 $\hat{\boldsymbol{B}}$ 趋于真实值的必要条件为 $\boldsymbol{\Phi}(z)$ 是可持续激励的；当 $2n\geqslant m+2s$ 时，估计参数 $\hat{\boldsymbol{A}}$ 和 $\hat{\boldsymbol{B}}$ 趋于真实值的充分条件为 $\boldsymbol{\Phi}(z)$ 是可持续激励的。

当 $\boldsymbol{A}$ 是一个复向量，$\boldsymbol{B}$ 是一个实向量时，可得

$$\boldsymbol{F}^{\mathrm{r}}(z)(\boldsymbol{A}^{\mathrm{r}}-\hat{\boldsymbol{A}}^{\mathrm{r}})+\boldsymbol{H}^{\mathrm{r}}(z)(\boldsymbol{A}^{\mathrm{i}}-\hat{\boldsymbol{A}}^{\mathrm{i}})-\boldsymbol{G}^{\mathrm{r}}(z)(\boldsymbol{B}-\hat{\boldsymbol{B}})\to 0 \tag{6.3.17}$$

$$\boldsymbol{F}^{\mathrm{i}}(z)(\boldsymbol{A}^{\mathrm{r}}-\hat{\boldsymbol{A}}^{\mathrm{r}})+\boldsymbol{H}^{\mathrm{i}}(z)(\boldsymbol{A}^{\mathrm{i}}-\hat{\boldsymbol{A}}^{\mathrm{i}})-\boldsymbol{G}^{\mathrm{i}}(z)(\boldsymbol{B}-\hat{\boldsymbol{B}})\to 0 \tag{6.3.18}$$

令

$$\boldsymbol{\Phi}(z)=\begin{vmatrix}\boldsymbol{F}^{\mathrm{r}}(z) & \boldsymbol{H}^{\mathrm{r}}(z) & -\boldsymbol{G}^{\mathrm{r}}(z)\\ \boldsymbol{F}^{\mathrm{i}}(z) & \boldsymbol{H}^{\mathrm{i}}(z) & -\boldsymbol{G}^{\mathrm{i}}(z)\end{vmatrix} \tag{6.3.19}$$

则 $\boldsymbol{\Phi}(z)$ 是一个 $2n\times(2m+s)$ 维的矩阵。当 $2n<2m+s$ 时，估计参数 $\hat{\boldsymbol{A}}$ 和 $\hat{\boldsymbol{B}}$ 趋于真实值的必要条件为 $\boldsymbol{\Phi}(z)$ 是可持续激励的；当 $2n\geqslant 2m+s$ 时，估计参数 $\hat{\boldsymbol{A}}$ 和 $\hat{\boldsymbol{B}}$ 趋于真实值的充分条件为 $\boldsymbol{\Phi}(z)$ 是可持续激励的。

6.3.3 一种辨识出真实值的观测器方案

实际上，当目标系统的参数都确定时，复变量函数集 $\{F(x)\}$ 通常都是复线性无关的，因此设计自适应跟踪控制器后，响应系统（应答系统或受控系统）的未知参数总能收敛到真实值。当目标系统含有未知参数时，复变量函数集 $\{F(z),-G(z)\}$ 有可能是复线性相关的，特别是对于结构相似的复混沌系统而言，复线性相关的可能性更大。

由式（6.2.11）可知，当误差趋于零时，未知参数的导数为常数，则未知参数收敛到某个常数，而这些常数并不一定是其真实值。因此，这里给出一个简单的观测器方案来获得未知参数的真实值。

根据含有不确定参数的驱动系统（6.2.8），构建了一个相同的响应系统

$$\dot{\boldsymbol{w}}=\boldsymbol{G}(\boldsymbol{w})\hat{\boldsymbol{B}}+\boldsymbol{p}(\boldsymbol{w})+\boldsymbol{v} \tag{6.3.20}$$

其中控制器被设计为

$$\boldsymbol{v}=-\boldsymbol{G}(\boldsymbol{w})\hat{\boldsymbol{B}}-\boldsymbol{p}(\boldsymbol{w})+\boldsymbol{G}(z)\hat{\boldsymbol{B}}+\boldsymbol{p}(z)+\boldsymbol{K}\boldsymbol{e} \tag{6.3.21}$$

则误差系统的导数为

$$\dot{\boldsymbol{e}}=\dot{\boldsymbol{w}}-\dot{z}=\boldsymbol{G}(z)(\hat{\boldsymbol{B}}-\boldsymbol{B})+\boldsymbol{K}\boldsymbol{e} \tag{6.3.22}$$

参数自适应规律为

$$\begin{cases}\dot{\hat{\boldsymbol{B}}}^{\mathrm{r}}=-\tau\left[\boldsymbol{G}^{\mathrm{T}}(z)^{\mathrm{r}},\boldsymbol{G}^{\mathrm{T}}(z)^{\mathrm{i}}\right]^{\mathrm{T}}\begin{vmatrix}\boldsymbol{e}^{\mathrm{r}}\\ \boldsymbol{e}^{\mathrm{i}}\end{vmatrix}\\ \dot{\hat{\boldsymbol{B}}}^{\mathrm{i}}=-\tau'\left[(\mathrm{j}\boldsymbol{G})^{\mathrm{T}}(z)^{\mathrm{r}},(\mathrm{j}\boldsymbol{G})^{\mathrm{T}}(z)^{\mathrm{i}}\right]^{\mathrm{T}}\begin{vmatrix}\boldsymbol{e}^{\mathrm{r}}\\ \boldsymbol{e}^{\mathrm{i}}\end{vmatrix}\\ \dot{k}_l=-\gamma_l\left[e_l^{\mathrm{r}}(t)^2+e_l^{\mathrm{i}}(t)^2\right],l=1,2,\cdots,n\end{cases} \tag{6.3.23}$$

根据定理 6.2，系统（6.3.20）渐近跟踪系统（6.2.8）。同时，如果复变函数集 $\{G(z)\}$ 是线性独立的（这个条件在实际复混沌系统中很容易满足），对应的 $\hat{\boldsymbol{B}}\to\boldsymbol{B}$，那么就可以将问题转化为参数已知的驱动系统，从而获得所有未知参数的真实值。

6.4 数值仿真

为了分析两个复混沌之间的参数辨识和自适应跟踪现象，采用以下复 Chen 混沌系统作为响应系统

$$\begin{cases}\dot{x}_1 = a_1(x_2 - x_1) + d_{11} + v_1 \\ \dot{x}_2 = (a_2 - a_1)x_1 + a_2 x_2 - x_1 x_3 + d_{12} + v_2 \\ \dot{x}_3 = -a_3 x_3 + \left(\dfrac{1}{2}\right)(\bar{x}_1 x_2 + x_1 \bar{x}_2) + d_{13} + v_3\end{cases} \tag{6.4.1}$$

$\boldsymbol{x} = (x_1, x_2, x_3)^{\mathrm{T}}$ 是复状态向量，$\boldsymbol{A} = (a_1, a_2, a_3)^{\mathrm{T}}$ 是一个未知参数向量。控制器输入为 v_1、v_2、v_3。将式（6.4.1）整理成式（6.1.1）的形式，即

$$\boldsymbol{F}(x) = \begin{vmatrix} x_2 - x_1 & 0 & 0 \\ -x_1 & x_2 + x_1 & 0 \\ 0 & 0 & -x_3 \end{vmatrix},\ \boldsymbol{f}(\boldsymbol{x}) = \begin{vmatrix} 0 \\ -x_1 x_3 \\ (1/2)(\bar{x}_1 x_2 + x_1 \bar{x}_2) \end{vmatrix}$$

将含有复参数的复 Lorenz 混沌系统[1,196]作为目标信号

$$\begin{cases}\dot{z}_1 = b_1(z_2 - z_1) + d_{21} \\ \dot{z}_2 = b_2 z_1 - b_3 z_2 - z_1 z_3 + d_{22} \\ \dot{z}_3 = -b_4 z_3 + (1/2)(\bar{z}_1 z_2 + z_1 \bar{z}_2) + d_{23}\end{cases} \tag{6.4.2}$$

式中，z_1、z_2 是复状态变量，z_3 是一个实状态变量。$\boldsymbol{B} = (b_1, b_2, b_3, b_4)^{\mathrm{T}}$ 是复参数向量。

将式（6.4.2）整理成式（6.2.8）的形式，即

$$\boldsymbol{G}(z) = \begin{vmatrix} z_2 - z_1 & 0 & 0 & 0 \\ 0 & z_1 & -z_2 & 0 \\ 0 & 0 & 0 & -z_3 \end{vmatrix},\ \boldsymbol{p}(z) = \begin{vmatrix} 0 \\ -z_1 z_3 \\ (1/2)(\bar{z}_1 z_2 + z_1 \bar{z}_2) \end{vmatrix}$$

6.4.1　所有参数已知的复 Lorenz 混沌系统

若目标信号复 Lorenz 混沌系统中的参数向量 $\boldsymbol{B}$ 已知。根据定理 6.1,设计控制器为

$$\begin{aligned}\boldsymbol{v} &= -\boldsymbol{F}(\boldsymbol{x})\hat{\boldsymbol{A}} - \boldsymbol{f}(\boldsymbol{x}) + \boldsymbol{G}(z)\boldsymbol{B} + \boldsymbol{g}(z) + \boldsymbol{k}\boldsymbol{e} \\ &= \begin{vmatrix} \hat{a}_1(x_1 - x_2) + b_1(z_2 - z_1) + k_1 e_1 \\ \hat{a}_1 x_1 - \hat{a}_2(x_2 + x_1) + x_1 x_3 + b_2 z_1 - b_3 z_2 - z_1 z_3 + k_2 e_2 \\ \hat{a}_3 x_3 - \left(\dfrac{1}{2}\right)(\bar{x}_1 x_2 + x_1 \bar{x}_2) - b_4 z_3 + (1/2)(\bar{z}_1 z_2 + z_1 \bar{z}_2) + k_3 e_3 \end{vmatrix}\end{aligned} \tag{6.4.3}$$

估计参数 $\hat{\boldsymbol{A}}$ 的更新规律为

$$\dot{\hat{\boldsymbol{A}}} = \begin{vmatrix} \dot{\hat{a}}_1 \\ \dot{\hat{a}}_2 \\ \dot{\hat{a}}_3 \end{vmatrix} = \begin{vmatrix} \eta_1[(x_2 - x_1)^{\mathrm{r}} e_1^{\mathrm{r}} + (x_2 - x_1)^{\mathrm{i}} e_1^{\mathrm{i}} + (-x_1)^{\mathrm{r}} e_2^{\mathrm{r}} + (-x_1)^{\mathrm{i}} e_2^{\mathrm{i}}] \\ \eta_2[(x_2 + x_1)^{\mathrm{r}} e_2^{\mathrm{r}} + (x_2 + x_1)^{\mathrm{i}} e_2^{\mathrm{i}}] \\ -\eta_3 x_3 e_3 \end{vmatrix} \tag{6.4.4}$$

控制强度更新律为

$$\dot{\boldsymbol{K}} = \begin{vmatrix} \dot{k}_1 \\ \dot{k}_2 \\ \dot{k}_3 \end{vmatrix} = \begin{vmatrix} -\gamma_1 \|e_1\|^2 \\ -\gamma_2 \|e_2\|^2 \\ -\gamma_3 e_3^2 \end{vmatrix} \tag{6.4.5}$$

未知参数的真实值为 $\boldsymbol{A}=(27,23,1)^{\mathrm{T}}$，其初值 $\hat{\boldsymbol{A}}(0)=(1,1,1)^{\mathrm{T}}$。这里的 $\boldsymbol{B}$ 是已知的，且 $\boldsymbol{B}=(2,60+0.02\mathrm{j},1-0.06\mathrm{j},0.8)^{\mathrm{T}}$。控制强度的初值 $\boldsymbol{k}(0)=(0,0,0)^{\mathrm{T}}$，初始点为 $\boldsymbol{x}(0)=(4+15\mathrm{j},-1-5\mathrm{j},30)^{\mathrm{T}}$ 和 $\boldsymbol{z}(0)=(8+13\mathrm{j},16+\mathrm{j},35)^{\mathrm{T}}$。外部干扰为 $d_{11}=0.2\cos(1.5\pi t)+\mathrm{j}0.5\sin(2\pi t)$，$d_{12}=0.5\sin(0.5\pi t)+\mathrm{j}0.3\sin(\pi t)$，$d_{13}=0.8\sin(1.5\pi t)$，$d_{21}=\sin(0.25\pi t)+\mathrm{j}\cos(\pi t)$，$d_{22}=0.3\sin(\pi t)+\mathrm{j}0.5\cos(\pi t)$，$d_{23}=0.2\sin(0.5\pi t)$，则可得$\rho_1=0.8$，$\rho_2=1$。仿真实验中还同时考虑了幅值为$[-10,10]$的随机噪声。采用 $\Delta t=10^{-3}$的四阶 Runge-Kutta 法，得到具有复参数的复 Lorenz 混沌系统吸引子相图，如图 6.1 所示。当 $\eta_1=\eta_2=\eta_3=50$，$\gamma_1=\gamma_2=\gamma_3=200$ 时，系统（6.4.1）与参考信号式（6.4.2）的状态变量跟踪图如图 6.2 所示。跟踪误差经过短时间的振荡后迅速趋近于零，跟踪误差图如图 6.3 所示。

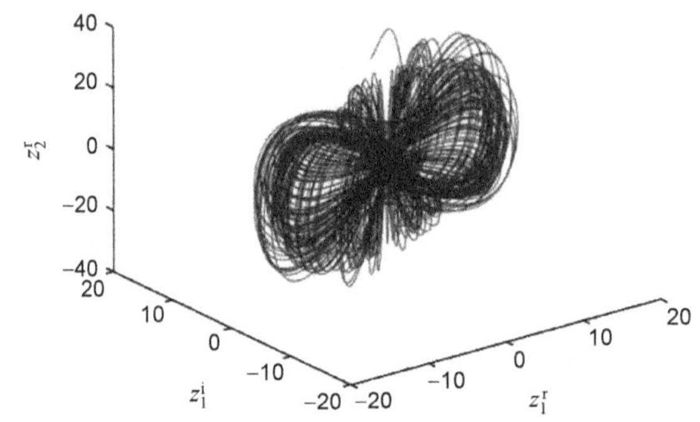

图 6.1 复参数的复 Lorenz 混沌系统吸引子相图

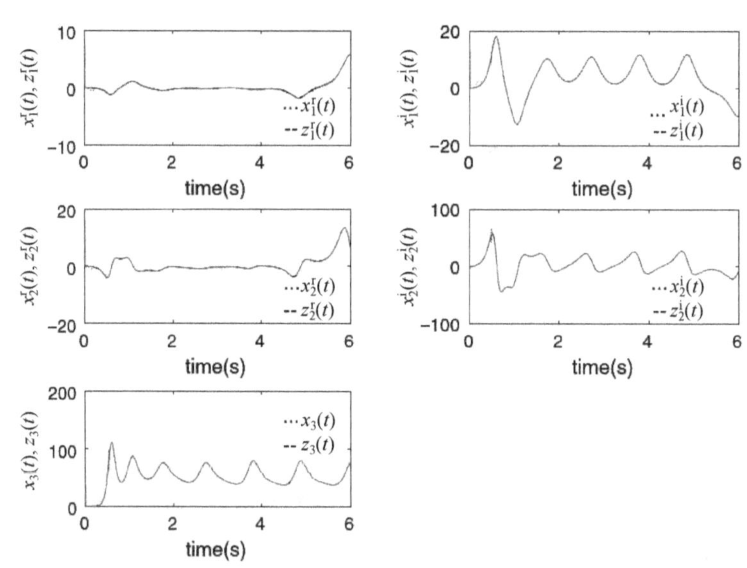

图 6.2 系统（6.4.1）与参考信号式（6.4.2）的状态变量跟踪图（参数 $\boldsymbol{B}$ 已知）

参数 $\boldsymbol{A}$ 的辨识过程如图 6.4 所示。在 $t=6\mathrm{s}$ 时，其估计值 $\hat{\boldsymbol{A}}$ 收敛至$(26.8779,22.9820,0.9737)^{\mathrm{T}}$，与真实值十分接近。

根据式（6.3.2）可得

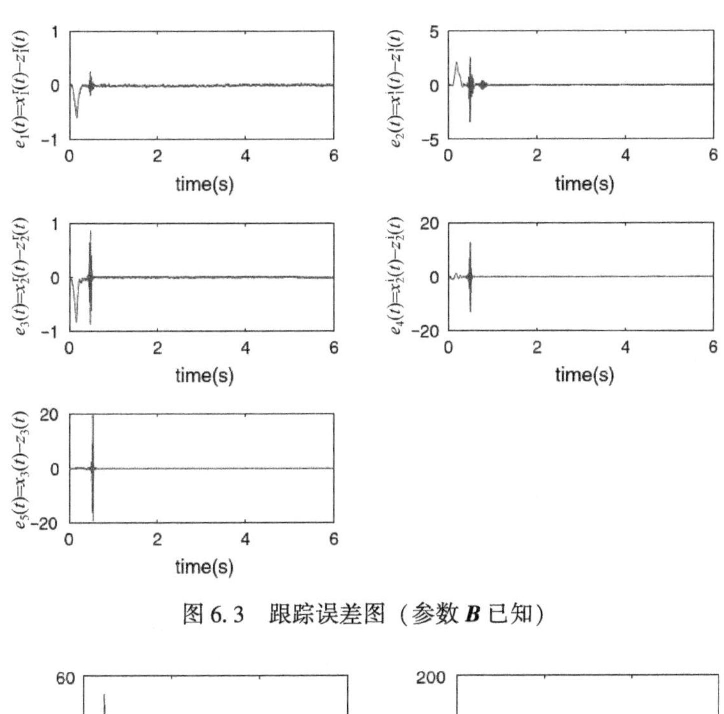

图 6.3　跟踪误差图（参数 ***B*** 已知）

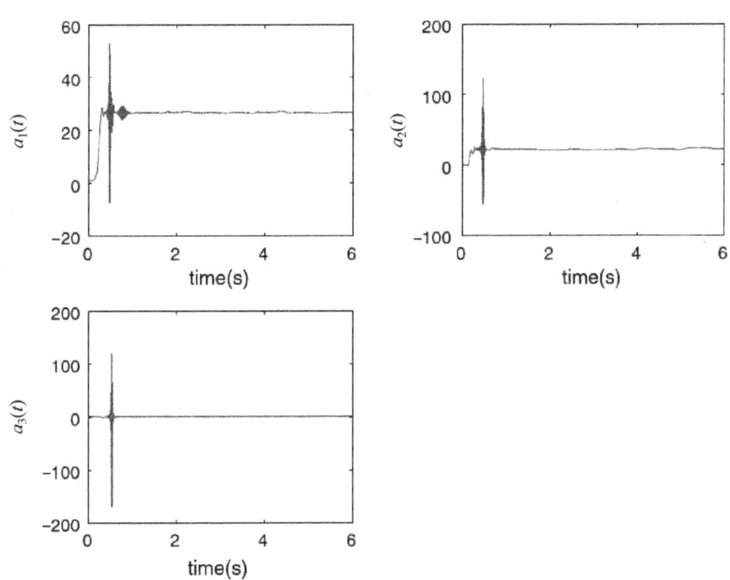

图 6.4　参数 ***A*** 的辨识过程（参数 ***B*** 已知）

$$(x_2-x_1)(a_1-\hat{a}_1)\to 0$$
$$-x_1(a_1-\hat{a}_1)+(x_2+x_1)(a_2-\hat{a}_2)\to 0$$
$$-x_3(a_3-\hat{a}_3)\to 0$$

因为复函数集$\{x_2-x_1\}$是线性独立的，$\{-x_1,x_2+x_1\}$、$\{-x_3\}$也都是线性独立的，则有相应的$\hat{a}_1\to a_1$、$\hat{a}_2\to a_2$、$\hat{a}_3\to a_3$。

当 $n=3$、$m=3$ 时，其必要条件为

$$\boldsymbol{\Phi}(\boldsymbol{x})=(\boldsymbol{F}^{\mathrm{r}}(\boldsymbol{x}),\boldsymbol{F}^{\mathrm{i}}(\boldsymbol{x}))^{\mathrm{T}}=\begin{vmatrix} x_2^{\mathrm{r}}-x_1^{\mathrm{r}} & 0 & 0 & x_2^{\mathrm{i}}-x_1^{\mathrm{i}} & 0 & 0 \\ -x_1^{\mathrm{r}} & x_2^{\mathrm{r}}+x_1^{\mathrm{r}} & 0 & -x_1^{\mathrm{i}} & x_2^{\mathrm{i}}+x_1^{\mathrm{i}} & 0 \\ 0 & 0 & -x_3 & 0 & 0 & 0 \end{vmatrix}^{\mathrm{T}}$$

是持续激励的。这表明仿真结果与6.3节提出的理论分析相一致。

6.4.2 所有参数都未知的复 Lorenz 混沌系统

若参考信号中的参数都是未知的，则根据定理6.2设计控制器。因为参数 $\boldsymbol{B}$ 是未知的，故控制器中利用 $\hat{\boldsymbol{B}}$ 替代 $\boldsymbol{B}$，具体形式和式（6.4.3）完全一致。估计参数 $\dot{\hat{\boldsymbol{A}}}$ 的更新规律和动态控制强度与式（6.4.4）和式（6.4.5）完全一致，估计参数 $\dot{\hat{\boldsymbol{B}}}$ 的更新规律为

$$\dot{\hat{\boldsymbol{B}}}=\begin{vmatrix} \dot{\hat{b}}_1 \\ \dot{\hat{b}}_2^{\mathrm{r}} \\ \dot{\hat{b}}_2^{\mathrm{i}} \\ \dot{\hat{b}}_3^{\mathrm{r}} \\ \dot{\hat{b}}_3^{\mathrm{i}} \\ \dot{\hat{b}}_4 \end{vmatrix}=\begin{vmatrix} -\tau_1[(z_2-z_1)^{\mathrm{r}}e_1^{\mathrm{r}}+(z_2-z_1)^{\mathrm{i}}e_1^{\mathrm{i}}] \\ -\tau_2(z_1^{\mathrm{r}}e_2^{\mathrm{r}}+z_1^{\mathrm{i}}e_2^{\mathrm{i}}) \\ -\tau_2((j*z_1)^{\mathrm{r}}e_2^{\mathrm{r}}+(j*z_1)^{\mathrm{i}}e_2^{\mathrm{i}}) \\ -\tau_3(z_2^{\mathrm{r}}e_2^{\mathrm{r}}+z_2^{\mathrm{i}}e_2^{\mathrm{i}}) \\ \tau_3((j*z_2)^{\mathrm{r}}e_2^{\mathrm{r}}+(j*z_2)^{\mathrm{i}}e_2^{\mathrm{i}}) \\ \tau_4(z_3e_3) \end{vmatrix} \tag{6.4.6}$$

这里采用 $\hat{\boldsymbol{B}}(0)=(1,1,1,1)^{\mathrm{T}}$ 作为初值。其他条件和6.4.1节的条件完全相同。当 $\eta_1=\eta_2=\eta_3=50$，$\tau_1=\tau_2=\tau_3=\tau_4=50$，$\tau_1'=\tau_2'=\tau_3'=\tau_4'=50$，以及 $\gamma_1=\gamma_2=\gamma_3=200$ 时，系统（6.4.1）与参考信号式（6.4.2）的状态变量跟踪图如图6.5所示。跟踪误差产生一定振动后迅速趋近于零，如图6.6所示，也可以选择较小的收敛因子，缓慢收敛以避免振荡。

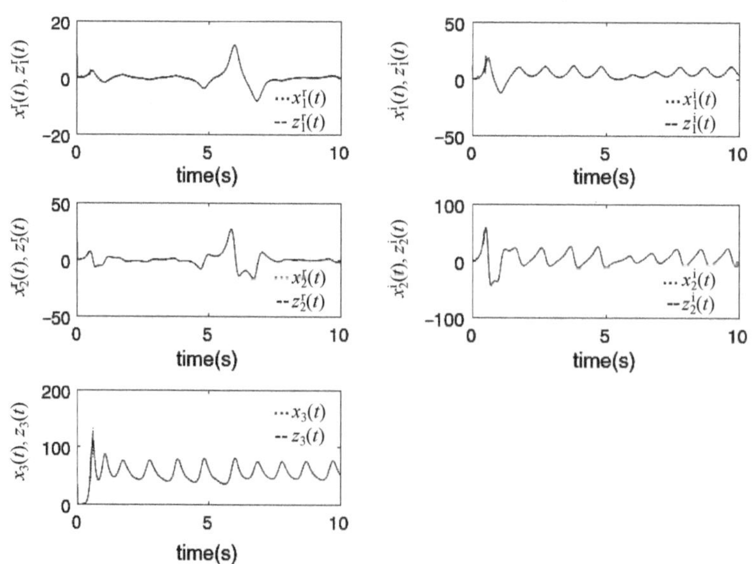

图6.5 系统（6.4.1）与参考信号式（6.4.2）的状态变量跟踪图（参数 $\boldsymbol{B}$ 未知）

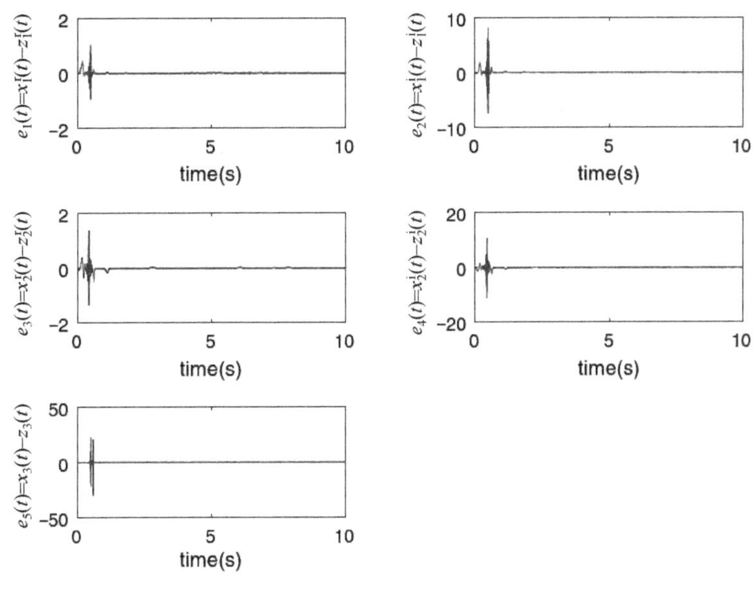

图 6.6　跟踪误差图（参数 $\boldsymbol{B}$ 未知）

参数 $\boldsymbol{A}$ 和 $\boldsymbol{B}$ 辨识的过程分别如图 6.7 和图 6.8 所示。它们的估计参数向量 $\hat{\boldsymbol{A}}$ 和 $\hat{\boldsymbol{B}}$ 分别逼近于 $(17.6705, 29.3098, -188.7968)^{\mathrm{T}}$ 和 $(-7.1331, 77.4234+0.0232\mathrm{i}, -4.3420-0.0672\mathrm{i}, -189.0080)^{\mathrm{T}}$。除 b_2^{i} 和 b_3^{i} 接近真实值外，其他估计值都没有收敛到真实值。b_2^{i} 和 b_3^{i} 的值之所以接近真实值，而不是真实值，是由于 b_2^{i} 和 b_3^{i} 的绝对值本身很小，其辨识过程在一定程度上受到干扰和噪声的影响造成的。下一节仿真中去除干扰和噪声，参数就被精准识别，如图 6.9 所示。

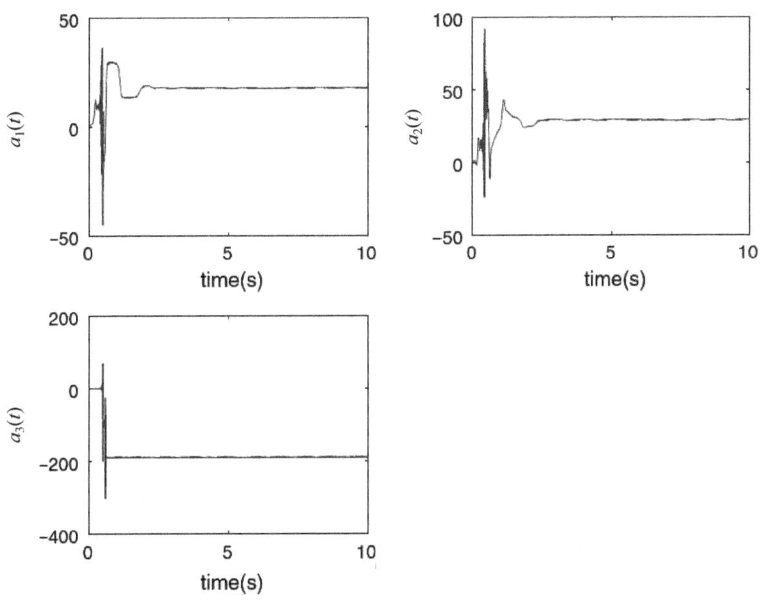

图 6.7　参数 $\boldsymbol{A}$ 的辨识过程（参数 $\boldsymbol{B}$ 未知）

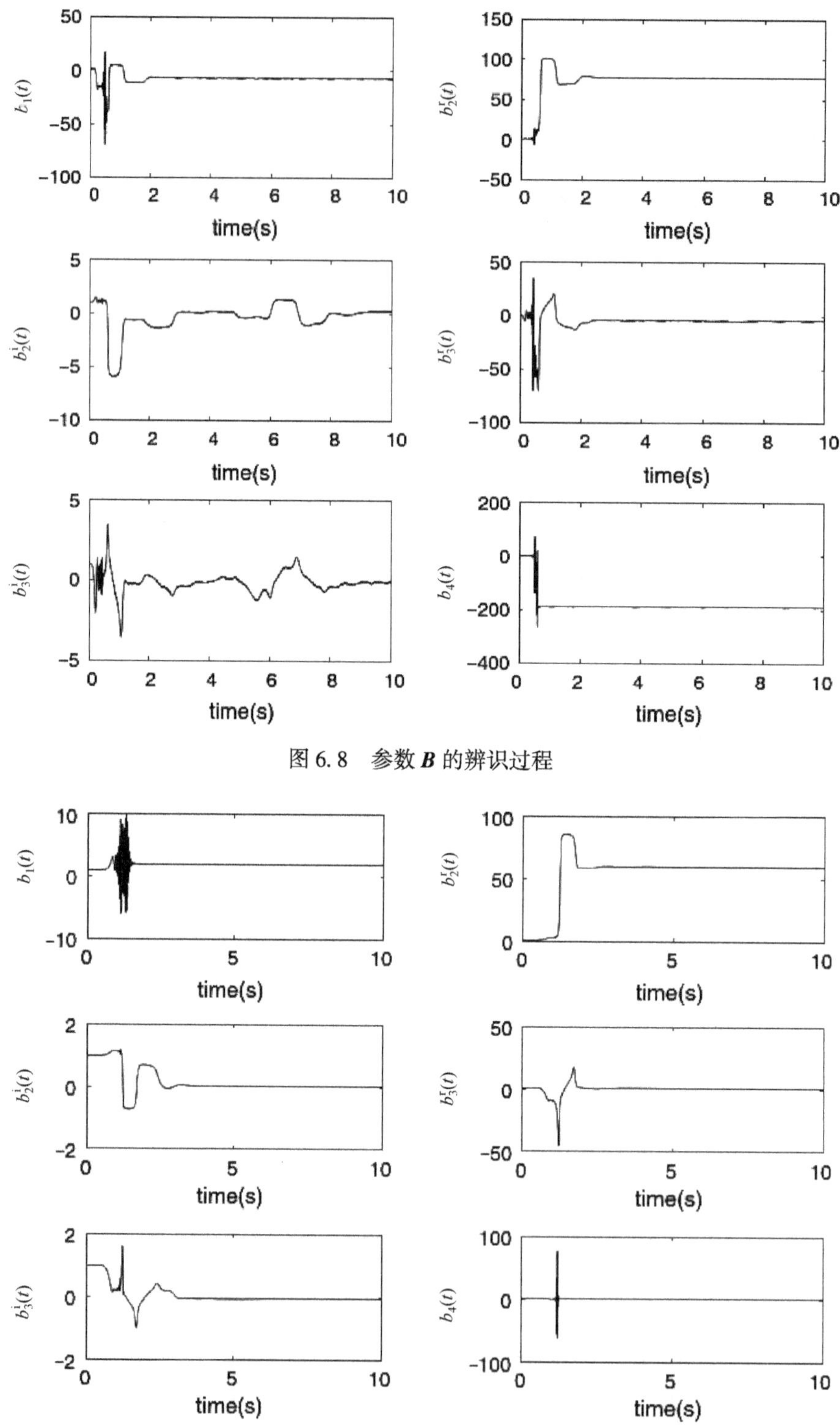

图 6.8　参数 $\boldsymbol{B}$ 的辨识过程

图 6.9　观测器中参数 $\boldsymbol{B}$ 的辨识过程（无干扰噪声）

从式（6.3.7）可知

$$(x_2-x_1)(a_1-\hat{a}_1)-(z_2-z_1)(b_1-\hat{b}_1)\to 0$$

$$-x_1(a_1-\hat{a}_1)+(x_2+x_1)(a_2-\hat{a}_2)-z_1(b_2-\hat{b}_2)+z_2(b_3-\hat{b}_3)\to 0$$

$$-x_3(a_3-\hat{a}_3)+z_3(b_4-\hat{b}_4)\to 0$$

随着 $\boldsymbol{x}\to\boldsymbol{z}$，上述方程被转化为

$$(z_2-z_1)[(a_1-\hat{a}_1)-(b_1-\hat{b}_1)]\to 0$$

$$z_1[(a_2-\hat{a}_2)-(a_1-\hat{a}_1)-(b_2-\hat{b}_2)]+z_2[(a_2-\hat{a}_2)+(b_3-\hat{b}_3)]\to 0$$

$$-z_3[(a_3-\hat{a}_3)-(b_4-\hat{b}_4)]\to 0$$

根据复线性相关性的定义，可得

$$(a_1-\hat{a}_1)\to(b_1-\hat{b}_1)$$

$$(a_2-\hat{a}_2)-(a_1-\hat{a}_1)-(b_2-\hat{b}_2)^{\mathrm{r}}\to 0$$

$$(a_2-\hat{a}_2)+(b_3-\hat{b}_3)^{\mathrm{r}}\to 0$$

$$(b_2-\hat{b}_2)^{\mathrm{i}}\to 0,(b_3-\hat{b}_3)^{\mathrm{i}}\to 0$$

$$(a_3-\hat{a}_3)\to(b_4-\hat{b}_4)$$

因此可得$a_1-\hat{a}_1=b_1-\hat{b}_1$、$(a_2-\hat{a}_2)=(a_1-\hat{a}_1)+(b_2-\hat{b}_2)^{\mathrm{r}}$、$b_2^{\mathrm{i}}=\hat{b}_2^{\mathrm{i}}$、$(a_2-\hat{a}_2)=-(b_3-\hat{b}_3)^{\mathrm{r}}$、$b_3^{\mathrm{i}}=\hat{b}_3^{\mathrm{i}}$、$a_3-\hat{a}_3=b_4-\hat{b}_4$，估计参数趋近于某个常数，这与仿真实验结果一致。

6.4.3　收敛到真实值的观测器仿真

在 6.4.2 节中，由于复 Lorenz 混沌系统含有未知参数，可整理成式（6.2.8）的形式，根据式（6.3.20）设计如下观测系统

$$\begin{cases}\dot{w}_1=\hat{b}_1(w_2-w_1)+v_1\\ \dot{w}_2=\hat{b}_2\,w_1-\hat{b}_3\,w_2-w_1w_3+v_2\\ \dot{w}_3=-\hat{b}_4w_3+(1/2)(\overline{w}_1w_2+w_1\overline{w}_2)+v_3\end{cases}\tag{6.4.7}$$

根据式（6.3.21）~式（6.3.23）设计出控制器和估计参数 $\hat{\boldsymbol{B}}$ 的更新规律。当 $\tau_1=\tau_2=\tau_3=\tau_4=50$、$\gamma_1=\gamma_2=\gamma_3=200$ 时，参数 $\boldsymbol{B}$ 的辨识过程如图 6.9 所示。此时 $\hat{\boldsymbol{B}}$ 收敛到 $(2.0000,60.0000+0.0200\mathrm{j},1.0000-0.0600\mathrm{j},0.8000)^{\mathrm{T}}$，所有参数分量都准确收敛到真实值。

从复线性相关性和式（6.4.2）、式（6.4.7）可得

$$(z_2-z_1)(b_1-\hat{b}_1)\to 0$$

$$z_1(b_2-\hat{b}_2)+z_2(b_3-\hat{b}_3)\to 0$$

$$-z_3(b_4-\hat{b}_4)\to 0$$

则可得 $b_1=\hat{b}_1$、$b_2=\hat{b}_2$、$b_3=\hat{b}_3$ 及 $b_4=\hat{b}_4$，即估计参数收敛到真实值。以上理论分析和仿真结果一致，验证了控制器和参数辨识方案的有效性。

6.4.4 一个简单的目标信号仿真

为了观察复 Chen 混沌系统可以跟踪任意有界信号，这里选择参考信号为固定点$(z_1,z_2,z_3)=(1,1+j,1)^{\mathrm{T}}$，初始条件与 6.4.1 节中的条件完全相同，同时在仿真中添加了幅值为$[-1,1]$的随机干扰。当 $\eta_1=\eta_2=\eta_3=50$、$\gamma_1=\gamma_2=\gamma_3=200$ 时，复 Chen 混沌系统稳定到固定点$(1,1+j,1)^{\mathrm{T}}$，如图 6.10 所示。参数 $\boldsymbol{A}$ 的辨识过程如图 6.11 所示，估计参数向量 $\hat{\boldsymbol{A}}$ 在 $t=100$ 时收敛到$(26.8341,22.9483,0.9909)^{\mathrm{T}}$，接近真实值，这是因为干扰对固定点的影响相对较大，参数辨识的精度有一定降低，但能够满足大多数实际应用的要求。

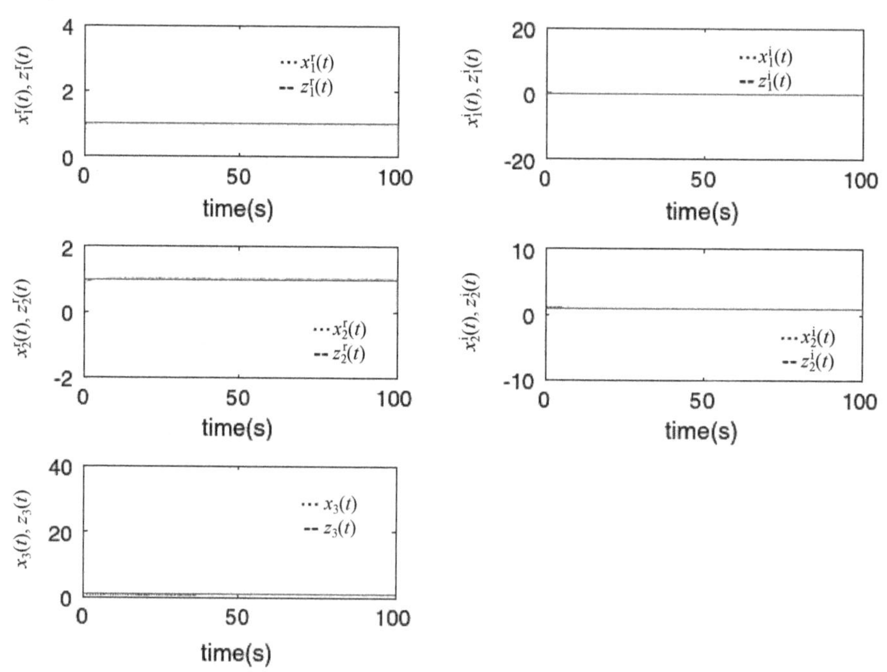

图 6.10 复 Chen 混沌系统稳定到固定点$(1,1+j,1)^{\mathrm{T}}$

当 $\boldsymbol{x}\to\boldsymbol{z}$ 时，由式（6.3.2）可得

$$j(a_1-\hat{a}_1)\to 0$$

$$-(a_1-\hat{a}_1)+(2+j)(a_2-\hat{a}_2)\to 0$$

$$-(a_3-\hat{a}_3)\to 0$$

因此估计参数向量 $\hat{\boldsymbol{A}}\to\boldsymbol{A}$，这与理论分析一致。仿真实验结果表明了控制器和参数辨识方案的正确性。

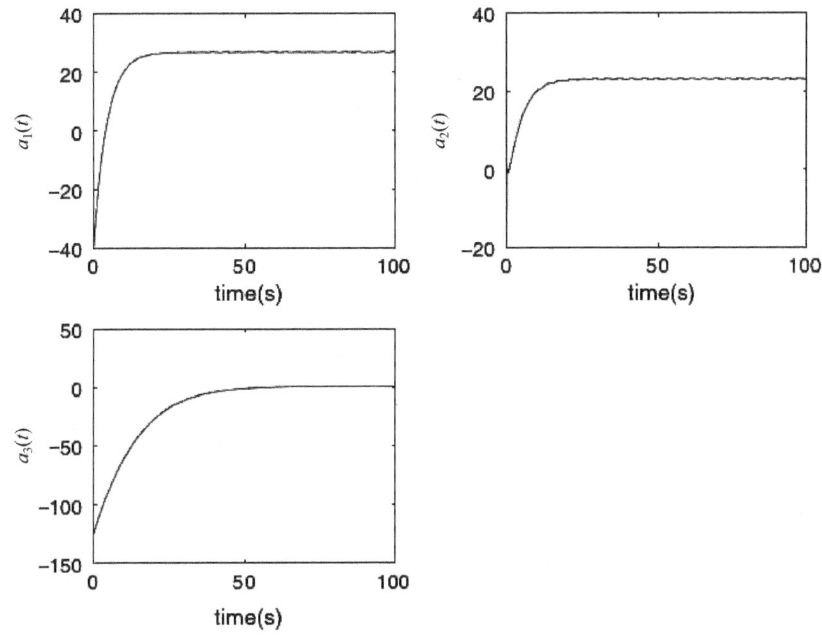

图 6.11　参数 $\boldsymbol{A}$ 的辨识过程（跟踪不动点）

6.5　本章小结

本章针对具有复参数的复变量混沌系统提出了跟踪控制方法和参数辨识方案。首先，针对任意两个有界复变量混沌系统设计一个自适应跟踪控制器，采用动态控制强度和收敛因子来增强控制器的适应性，调整收敛速度。其次，根据持续激励和线性相关性分别提出了使未知复参数收敛到真值的充分条件和必要条件，并将线性相关性从实数域推广到复数域，给出了复线性相关的定义和推论，提出了一个观测器方案，确保所有的未知参数都能收敛到真值。最后，在有干扰和随机噪声的情况下，对所提出的方案进行了仿真实验。结果证明了方案的鲁棒性和有效性。

第 7 章 结论和展望

混沌与工程技术的联系日益紧密。随着复 Lorenz 方程的提出，复混沌系统在物理学的众多领域发挥了重要作用，尤其是混沌通信系统。复变量增加了所传输信息的内容和安全性。因此，本书围绕复动力系统的混沌控制与同步及其在通信中的应用展开了研究，介绍了一系列理论结果。主要工作和结论概括如下。

(1) 介绍了几种典型的整数阶复混沌系统和分数阶复混沌系统，如复 Lorenz 混沌系统、复 Lü 混沌系统、复 Chen 混沌系统、分数阶复 Lorenz 混沌系统、分数阶复 Lü 混沌系统、分数阶复 Chen 混沌系统，提出了混合阶混沌系统的定义，详细描述了混合阶实 Lorenz 系统的特性，并介绍了其他几种典型混合阶混沌系统，提出了混合度，最低阶数和总维数等概念，并给出了它们之间关系的假说。

(2) 本书总结了各种典型的同步类型及各同步之间的归属关系，并给出了相应的同步控制方法，然后归纳出 N 系统组合函数投影同步（NCOFPS），目前几乎所有同步类型都属于 NCOFPS，最后由此提出了复时滞函数投影同步（TDFPS）。

(3) 本书从两个复函数相减的角度提出了复修正差函数同步，并设计了复修正差函数同步控制器，将其应用到整数阶和分数阶复混沌系统中，同时提出了基于复修正差函数同步的通信方案。该通信方案本质上仍是混沌掩盖，但所传输的信号是信息信号和混沌信号之和的导数。当驱动复混沌系统的状态（作为除数）输出接近于零时，复修正函数投影同步方法恢复信息信号易产生较大误差；但复修正差函数同步避免了这一问题。

(4) 考虑现实中不可避免的时滞问题，本书研究了单时滞复 Chen 混沌系统的特性及其自时滞同步控制，双时滞复 Lorenz 混沌系统的动态特性及其自时滞同步控制。单时滞复 Lorenz 混沌系统是其特殊情况。研究了多时滞耦合复混沌系统的完全同步及其在混沌通信中的应用，将误差反馈推广到具有多时滞的耦合复混沌系统。同时，考虑通信过程中存在信号传输的滞后特性，研究了复混沌系统的滞后同步及其通信方案。

(5) 针对任意两个有界复变量混沌系统设计一个自适应跟踪控制器，采用动态控制强度和收敛因子增强了控制器的适应性。根据持续激励和线性相关性分别提出了使未知复参数收敛到真值的充分条件和必要条件，并将线性相关性从实数域推广到复数域，给出了复线性相关的定义和推论。提出了一个观测器方案，确保所有的未知参数都能收敛到真值，并在有干扰和随机噪声的情况下对所提出的方案进行了仿真实验。仿真结果证明了方案的鲁棒性和有效性，实现了含有未知参数的复混沌系统的跟踪控制和参数辨识。

综上所述，本书在复动力系统的混沌特性和时滞特性、同步控制等方面开展了一系列的研究，取得了一些成果，展示出复混沌系统应用于保密通信的优势，促进了复动力系统的发展，为进一步加强通信安全奠定了理论基础。但由于作者学识有限，本书仅对该课题的某些方面进行了研究，对一些重要问题的研究深度可能还不够，关于混沌系统及其同步应用仍有许多理论问题和研究工作尚需完善。

（1）复混沌系统特性研究。

复混沌系统可以描述很多实际现象，如液体的热对流现象、发电机等，尤其是分数阶复混沌系统，可以描述复数介电常数、电磁波等。因此，结合一定的物理背景研究复混沌系统的特性及其同步，将具有更重要的研究意义和应用价值，这仍是近几年的一个研究热点。

（2）分数阶复混沌系统的稳定性理论。

目前，对于非齐次分数阶系统，很难对整个系统设计统一的 Lyapunov 函数及进行一次性分数阶微分，而且分数阶 Lyapunov 稳定定理不能直接应用于非齐次系统。尽管出现了非齐次分数阶线性系统的稳定定理，但关于非齐次分数阶非线性系统的稳定性尚待深入研究。另外，分数阶非线性系统的 Lyapunov 稳定性判定理论，现在只限于单变量，而对于多变量的情况，还没有相应的稳定性理论结果，这是目前制约分数阶非线性系统同步与控制理论发展的重要因素。因此，深入研究分数阶非线性系统的 Lyapunov 稳定性理论，是迫切需要解决的问题。

（3）Lyapunov 指数的计算。

Lyapunov 指数是研究非线性动力系统的一个重要的参数指标，是相空间中相近轨道的平均收敛性或平均发散性的一种度量。它定量地刻画了吸引子轨道之间相互吸引和分离的速度，表征了系统各态运动的统计特征。Lyapunov 指数的大小表明了相空间中相近轨道的平均收敛和发散的指数率。最大 Lyapunov 指数是一个最重要的参数指标，它表征了运动轨道覆盖整个吸引子的快慢。Lyapunov 指数的计算，对于整数阶混沌系统通常根据 Wolf 定义（复混沌通过实部虚部分离转为实系统）来计算，而分数阶混沌系统的 Lyapunov 指数的计算一直没有统一的有效方法，是一个有待解决的问题。

（4）时滞复混沌系统。

时滞广泛存在于现实系统中，影响了系统的动态特性。时滞复混沌系统通常具有更复杂且难以预测的动力学行为，但它的很多混沌特性还没有被研究过，特别是时滞因数与时滞复混沌系统的特性之间的关系，需要更深入地从原理层面上讨论并进行完整的数学证明。

（5）混沌通信应用。

目前关于混沌系统应用的一个热点是混沌通信，不过多数文献仅从理论方面提出了复混沌系统的通信方案，考虑实际通信方案的各项性能指标及电路实现等问题的文献相对较少。除了混沌掩盖，也可以通过混沌调制、混沌键控和混沌密码系统等设计更加实用的通信方案，尤其是复混沌系统和时滞复混沌系统更进一步提高了通信保密性能。

（6）混沌忆阻器。

忆阻器全称记忆电阻，最早是由中国科学家蔡少棠先生于 1971 年提出的。忆阻器顾名思义，就是电阻的变化是有记忆性的，其电阻会随着通过的电流的变化而变化，而且假使电流突然消失了，它的电阻仍然会保留之前的值，直到受到反向电流才会继续改变。因此，通过测定忆阻器的阻值，便可知道流经它的电荷量，从而具有记忆电荷的作用。由于忆阻器的非线性和记忆性质，可以产生混沌电路，从而扩展了混沌系统的实际应用。

(7) 复 Chua's 电路研究。

近年来，实数域中基于 Chua's 电路和分段线性函数的混沌及其同步的物理实现已经取得了很多成果，但复数域中这方面的研究几乎是空白的。

这些内容都是一些需要解决且非常重要的新问题，因此希望本书能够起到一个抛砖引玉的作用，热切地希望有兴趣的同行们积极地参与到这方面的研究中，使复混沌系统理论及其应用逐步完善。

参考文献

[1] A. C. Fowler, J. D. Gibbon, M. J. McGuinness. The complex Lorenz equations [J]. Physica D, 1982, 4(2): 139–163.

[2] A. C. Fowler, J. D. Gibbon, M. J. McGuinness. The real and complex Lorenz equations and their relevance to physical systems [J]. Physica D, 1983, 7(1–3): 126–134.

[3] C. Z. Ning, H. Haken. Detuned lasers and the complex Lorenz equations: Subcritical and supercritical Hopf bifurcations [J]. Physical Review A, 1990, 41(7): 3826–3837.

[4] A. Rauh, L. Hannibal, N. B. Abraham. Global stability properties of the complex Lorenz model [J]. Physica D, 1996, 99(1): 45–58.

[5] J. D. Gibbon, M. J. McGuinness. The real and complex Lorenz equations in rotating fluids and lasers [J]. Physica D, 1982, 5(1): 108–122.

[6] H. Richter. Controlling the Lorenz system: combining global and local schemes [J]. Chaos Solitons & Fractals, 2001, 12(13): 2375–2380.

[7] R. Dilao, R. AlvesPires. Nonlinear dynamics in particle accelerators [M]. Singapore: World Scientific, 1996.

[8] G. M. Mahmoud, T. Bountis, E. E. Mahmoud. Active control and global synchronization of complex Chen and Lü systems [J]. International Journal of Bifurcation & Chaos, 2007, 17(12): 4295–4308.

[9] R. Hifer. Applications of Fractional Calculus in Physics [M]. New Jersey: World Scientific, 2000.

[10] T. T. Hartley, C. F. Lorenzo, H. K. Qammer. Chaos in a fractional order Chua's system [J]. IEEE Transactions oh Circuits ahd Systems I, 1995, 42(8): 485–490.

[11] X. J. Wu, S. L. Shen. Chaos in the fractional-order Lorenz system [J]. International Journal of Computer Mathematics, 2009, 86(7): 1274–1282.

[12] I. Grigorenko, E. Grigorenko. Chaotic dynamics of the fractional Lorenz system [J]. Physical Review Letters, 2003, 91(3): 034101.

[13] C. G. Li, G. R. Chen. Chaos in the fractional order Chen system and its control [J]. Chaos, Solitons & Fractals, 2004, 22(3): 549–554.

[14] X. J. Wu, Y. Lu. Generalized projective synchronization of the fractional-order Chen hyperchaotic system [J]. Nonlinear Dynamics, 2009, 57(1): 25–35.

[15] C. G. Li, G. R. Chen. Chaos and hyperchaos in the fractional-order Rössler equations [J]. Physica A, 2004, 341: 55–61.

[16] B. Ross. Fractional calculus and its applications: proceedings of the international conference held at the University of New Haven, June, 1974 [M]. Springer, 1975.

[17] J. A. Stratton. Electromagnetic theory [M]. Wiley. com, 2007.

[18] T. Y. Li, J. A. Yorke. Period three implies chaos [J]. The American Mathematical Monthly, 1975, 82(10): 985–992.

[19] R. L. Devaney. An introduction to chaotic dynamical systems [M]. New York: Addison-Wesley Publishing

Company, 1989.
[20] 闵富红. 混沌系统同步控制的有关问题研究 [D]. 南京：南京理工大学，2007.
[21] 张化光，王智良，黄伟. 混沌系统的控制理论 [M]. 沈阳：东北大学出版社，2003.
[22] 王兴元. 复杂非线性系统中的混沌 [M]. 北京：电子工业出版社，2003.
[23] 关新平，范正平，陈彩莲，等. 混沌控制及其在保密通信中的应用 [M]. 北京：国防工业出版社，2002.
[24] L. M. Pecora. T. L. Carroll. Synchronization in chaotic systems [J]. Physical Review Letters, 1990, 64(8): 821-824.
[25] L. Glass, M. C. Mackay. From clocks to chaos: the rhythms of life [M]. Princeton NJ: Princeton University Press, 1988.
[26] J. Q. Lu, J. D. Cao. Adaptive complete synchronization of two identical or different chaotic (hyperchaotic) systems with fully unknown parameters [J]. Chaos, 2005, 15(4): 043901.
[27] C. M. Kim, S. Rim, W. H. Kye, J. W. Ryu, Y. J. Park. Anti-synchronization of chaotic oscillators [J]. Physics Letters A, 2003, 320(1): 39-46.
[28] J. Hu, S. H. Chen. L. Chen. Adaptive control for anti-synchronization of Chua's chaotic system [J]. Physics Letters A, 2005, 339(6): 455-460.
[29] R. Mainieri, J. Rehacek. Projective synchronization in three-dimensional chaotic systems [J]. Physical Review Letters, 1999, 82(15): 3042-3045.
[30] L. Guo, Z. Xu. Projective Synchronization in Drive-Response Networks via Impulsive Control [J]. Chinese Physics Letters, 2008, 25: 2816-2819.
[31] L. Guo, Z. Xu. Adaptive projective synchronization with different scaling factors in networks [J]. Chinese Physics B, 2008, 17: 4067-4072.
[32] J. H. Park. Adaptive control for modified projective synchronization of a four-dimensional chaotic system with uncertain parameters [J]. Journal of Computational and Applied Mathematics, 2008, 213(1): 288-293.
[33] G. Li. Modified projective synchronization of chaotic system [J]. Chaos, Solitons & Fractals, 2007, 32(5): 1786-1790.
[34] G. L. Wen, D. Xu. Nonlinear observer control for full-state projective synchronization in chaotic continuous-time systems [J]. Chaos, Solitons and Fractals, 2005, 26: 71-77.
[35] M. F. Hu, Z. Y. Xu, R. Zhang. Parameters identification and adaptive full state hybrid projective synchronization of chaotic (hyper-chaotic) systems [J]. Physics Letters A, 2007, 361(3): 231-237.
[36] M. F. Hu, Z. Y. Xu, R. Zhang. Adaptive full state hybrid projective synchronization of chaotic systems with the same and different order [J]. Physics Letters A, 2007, 365: 315-327.
[37] M. F. Hu, Z. Y. Xu, R. Zhang. Full state hybrid projective synchronization in continuous-time chaotic (hyperchaotic) systems [J]. Communications in Nonlinear Science and Numerical Simulation, 2008, 13(2): 456-464.
[38] K. S. Sudheer, Sabir M. Adaptive modified function projective synchronization between hyperchaotic Lorenz system and hyperchaotic Lu system with uncertain parameters [J]. Physics Letters A, 2009, 373(41): 3743-3748.
[39] H. Y. Du, Q. S. Zeng, C. H. Wang. Modified function projective synchronization of chaotic system [J]. Chaos Solitons & Fractals 2009, 42(4): 2399-2404.
[40] S. Zheng, G. G. Dong, Q. S. Bi. Adaptive modified function projective synchronization of hyperchaotic systems with unknown parameters [J]. Communications in Nonlinear Science and Numerical Simulation, 2010,

15(11): 3547-3556.

[41] G. Y. Fu. Robust adaptive modified function projective synchronization of different hyperchaotic systems subject to external disturbance [J]. Communications in Nonlinear Science and Numerical Simulation, 2012, 17(6): 2602- 2608.

[42] Y. G. Yu, H. X. Li. Adaptive generalized function projective synchronization of uncertain chaotic systems [J]. Nonlinear Analysis: Real World Applications, 2010, 11(4): 2456-2464.

[43] X. J. Wu, H. Wang, H. T. Lu. Hyperchaotic secure communication via generalized function projective synchronization [J]. Nonlinear Analysis: Real World Applications, 2011, 12(2): 1288-1299.

[44] Z. B. Li, X. S. Zhao. Generalized function projective synchronization of two different hyperchaotic systems with unknown parameters [J]. Nonlinear Analysis: Real World Applications, 2011, 12(5): 2607-2615.

[45] N. F. Rulkov, M. M. Sushchik, L. S. Tsimring, et al. Generalized synchronization of chaos in directionally coupled chaotic systems [J]. Physical Review E, 1995, 51(2): 980-994.

[46] L. Kocarev, U. Parlitz. Generalized synchronization, predictability, and equivalence of unidirectionally coupled dynamical systems [J]. Physical Review Letters, 1996, 76: 1816-1819.

[47] H. D. Abarbanel, N. F. Rulkov, M. M. Sushchik. Generalized synchronization of chaos: The auxiliary system approach [J]. Physical Review E, 1996, 53: 4528-4535.

[48] M. Zhan, X. G. Wang, X. F. Gong, et al. Complete synchronization and generalized synchronization of one-way coupled time-delay systems [J]. Physical Review E, 2003, 68: 036208.

[49] E. M. Shahverdiev, S. Sivaprakasam, K. A. Shore. Lag synchronization in time - delayed systems [J]. Physics Letters A, 2002, 292(6): 320-324.

[50] S. Taherion, Y. C. Lai. Observability of lag synchronization of coupled chaotic oscillators [J]. Physical Review E, 1999, 59(6): 6247-6250.

[51] C. D. Li, X. F. Liao. Lag synchronization of Rössler system and Chua circuit via a scalar signal [J]. Physics Letters A, 2004, 329(4-5), 301-308.

[52] M. G. Rosenblum, A. S. Pikovsky, J. Kurths. From phase to lag synchronization in coupled chaotic oscillators [J]. Physical Review Letters, 1997, 78(22): 4193-4196.

[53] M. G. Rosenblum, A. S. Pikovsky, J. Kurths. Phase Synchronization of Chaotic Oscillators [J]. Physical Review Letters, 1996, 76(11): 1804-1807.

[54] B. Blasius, A. Huppert, L. Stone. Complex dynamics and phase synchronization in spatially extended ecological systems [J]. Nature, 1999, 399(6734): 354-359.

[55] U. Parlitz, L. Junge, W. Lauterborn. Experimental observation of phase synchronization [J]. Physical Review E, 1996, 54: 2115-2117.

[56] F. Zhang, K. Sun, Y. Chen, et al. Parameters identification and adaptive tracking control of uncertain complex-variable chaotic systems with complex parameters [J]. Nonlinear Dynamics, 2019, 95(4): 3161-3176.

[57] E. Ott, C. Grebogi, J. A. Yorke. Controlling chaos [J]. Physical Review Letters, 1990, 64(11): 1196-1199.

[58] Y. Zhang, M. Dai, et al. Digital communication by active-passive-decomposition synchronization in hyperchaotic systems [J]. Physical Review E, 1998, 58(3): 3022-3027.

[59] K. Pyragad. Continuous control of chaos by self-controlling feedback [J]. Physical Letter A, 1992, 170: 421-428.

[60] K. Pyragad, Tamasevicius. Experimental control of chaos by delayed self-controlling feedback [J]. Physics

Letters A, 1993, 180: 99-102.

[61] K. Pyragad. Control of chaos via extended delay feedback [J]. Physics Letters A, 1995, 206: 323-330.

[62] A. L. Panas, T. Yanag, et al. Experimental result of impulsive syncharonization between two Chua's circuits [J]. International Journal of Bifurcation & Chaos, 1998, 8(3): 639-644.

[63] M. Itoh, T. Yang, L. O. Chua. Conditions for impulsive synchronization of chaotic and hyperchaotic systems [J]. International journal of bifurcation & chaos, 2001, 11: 551-560.

[64] D. Chen, J. Sun, C. Huang. Impulsive control and synchronization of general chaotic system [J]. Chaos Solitons & Fractals, 2006, 28: 213-218.

[65] N. Henk, M. Y. Iven. An observer looks at synchronization [J]. IEEE Transaction on Circuits and System-I, 1997, 44: 882-889.

[66] X. F. Wang, Z. Q. Wang. Synchronizing chaos and hyperchaos with any scalar transmitted signal [J]. IEEE Transaction on Circuits and System, 1998, 45: 1101-1103.

[67] G. Giuseppe, M. Saverio. Synchronization of highdimensional chaos generators by observer design [J]. International journal of bifurcation & chaos, 1999, 9: 1175-1180.

[68] T. L. Liao, S. H. Tsai. Adaptive synchronization of chaotic systems and its application to secure communications [J]. Chaos, Solitons & Fractals, 2000, 11: 1387-1396.

[69] U. E. Vincent, A. N. Njah, J. A. Laoye. Controlling chaos and deterministic directed transport in inertia ratchets using backstepping control [J]. Physica D, 2007, 231: 130-136.

[70] H. Zhang, X. K. Ma, M. Li. Controlling and tracking hyperchaotic Rossler system via active backstepping design [J]. Chaos, Solitions & Fractals, 2005, 26: 353-361.

[71] B. A. Huberman, E. Lumer. Dynamics of adaptive systems [J]. IEEE Transaction on Circuits and Systems, 1990, 37(4): 547-550.

[72] D. Huang. Stabilizing Near-Nonhyperbolic Chaotic Systems with Applications [J]. Physical Review Letters, 2004, 93: 214101.

[73] R. W. Guo. A simple adaptive controller for chaos and hyperchaos synchronization [J]. Physics Letters A, 2008, 372: 5593-5597.

[74] W. Lin. Adaptive chaos control and synchronization in only locally Lipschitz systems [J]. Physics Letters A, 2008, 372: 3195-3200.

[75] D. Huang. Simple adaptive-feedback controller for identical chaos synchronization [J]. Physical Review E, 2005, 71(3): 037203.

[76] G. X. Chen. A simple adaptive feedback control method for chaos and hyperchaos control [J]. Applied Mathematics and Computation, 2011, 217(17): 7258-7264.

[77] K. Hirasawa, X. F. Wang, J. Murata, J. L. Hu, C. Z. Jin. Universal learning network and its application to chaos control [J]. Neural Networks, 2000, 13(2): 239-253.

[78] E. R. Weeks, J. M. Burgess. Evolving artificial neural networks to control chaotic systems [J]. Physical Review E, 1997, 56: 1531-1540.

[79] O. Calvo, J. H. E. Cartwright. Fuzzy control of chaos [J]. International Journal of Bifurcation and Chaos, 1998, 8(8): 1743-1747.

[80] K. Tanaka, T. Ikeda, H. O. Wang. A unified approach to controlling chaos via an LMI-Based fuzzy control system design [J]. IEEE Transaction on Circuits and System I, 1998, 45: 1021-1040.

[81] L. Chen, G. R. Chen. Fuzzy modeling, prediction, and control of uncertain chaotic systems based on time series [J]. IEEE Transaction on Circuits and System I, 2000, 47: 1527-1531.

[82] Y. Hung, T. Liao, J. Yan. Adaptive variable structure control for chaos suppression of unified chaotic systems [J]. Applied Mathematics and Computation, 2009, 209(2): 391-398.

[83] N. J. Corron, S. D. Pethel, B. A. Hopper. Controlling Chaos with Simple Limiters [J]. Physical Review Letters, 2000, 84: 3835-3838.

[84] L. X. Li, H. P. Peng, H. B. Lu, X. P. Guan. Control and synchronization of Henon chaotic system [J]. Acta Physica Sinica, 2001, 50(4): 629-632.

[85] X. Y. Wang, Q. J. Shi. Tracking control and synchronization of the Rossler' s chaotic system [J]. Acta Physica Sinica, 2005, 54(12): 5591-5596.

[86] L. Chen, D. S. Wang. Adaptive tracking control of the Chen system [J]. Acta Physica Sinica, 2007, 56(10): 5662-5664.

[87] F. H. Min, Z. Q. Wang. Generalized projective synchronization and tracking control of complex dynamos systems [J]. Acta Physica Sinica, 2008, 57(1): 31-36.

[88] F. H. Min, Y. Yu, C. J. Ge. Circuit implementation and tracking control of the fractional-order hyper-chaotic Lü system [J]. Acta Physica Sinica, 2009, 58(3): 1456-1461.

[89] J. B. Hu, Y. Han, L. D. Zhao. Adaptive synchronization between different fractional hyperchaotic systems with uncertain parameters [J]. Acta Physica Sinica, 2009, 58(3): 1441-1445.

[90] L. D. Zhao, J. B. Hu, X. H. Liu. Adaptive tracking control and synchronization of fractional hyper-chaotic Lorenz system with unknown parameters [J]. Acta Physica Sinica 2010, 59(4): 2305-2309.

[91] N. Li, J. F. Li, Y. P. Liu. Tracking control and parameters identification of a class of chaotic system with unkown parameters [J]. Acta Physica Sinica. 2011, 60(5): 050507.

[92] G. M. Mahmoud. Approximate solutions of a class of complex nonlinear dynamical systems [J]. Physica A, 1998, 253(1): 211-222.

[93] L. Cveticanin. Analytic approach for the solution of the complex-valued strongly nonlinear differential equation of Duffing type [J]. Physica A, 2001, 297(3-4): 348-360.

[94] L. Cveticanin. Approximate analytical solutions to a class of nonlinear equations with complex functions [J]. Journal of Sound and Vibration, 1992, 157(2): 289-302.

[95] G. M. Mahmoud, T. Bountis. The dynamics of systems of complex nonlinear oscillators: a review [J]. International Journal of Bifurcation and Chaos, 2004, 14(11): 3821-3846.

[96] G. M. Mahmoud, A. A. Mohamed, S. A. Aly. Strange attractors and chaos control in periodically forced complex Duffing' s oscillators [J]. Physica A, 2001, 292(1): 193-206.

[97] G. M. Mahmoud, M. A. Al-Kashif, S. A. Aly. Basic properties and chaotic synchronization of complex Lorenz system [J]. International Journal of Modern Physics C, 2007, 18(2): 253-265.

[98] G. M. Mahmoud, T. Bountis, E. E. Mahmoud. Active control and global synchronization of the complex Chen and Lü systems [J]. International Journal of Bifurcation and Chaos, 2007, 17(12): 4259-4308.

[99] G. M. Mahmoud, T. Bountis, G. M. AbdEI-Latif, E. E. Mahmoud. Chaos synchronization of two different chaotic complex Chen and Lü systems [J]. Nonlinear Dynamics, 2009, 55(1): 43-53.

[100] G. M. Mahmoud, S. A. Aly, M. A. Al-Kashif. Dynamical properties and chaos synchronization of a new chaotic complex nonlinear system [J]. Nonlinear Dynamics, 2008, 51(1): 171-181.

[101] E. E. Mahmoud. Dynamics and synchronization of new hyperchaotic complex Lorenz system [J]. Mathematical and Computer Modelling, 2012, 55(7-8): 1951-1962.

[102] G. M. Mahmoud, M. E. Ahmed, E. E. Mahmoud. Analysis of hyperchaotic complex Lorenz systems [J]. International Journal of Modern Physics C, 2008, 19(10): 1477-1494.

[103] G. M. Mahmoud, E. E. Mahmoud, M. E. A hmed. A hyperchaotic complex Chen system and its dynamics [J]. International Journal of Applied Mathematics and Statistics, 2007, 12(D07): 90-100.

[104] G. M. Mahmoud, E. E. Mahmoud, M. E. Ahmed. On the hyperchaotic complex Lü system [J]. Nonlinear Dynamics, 2009, 58(4): 725-738.

[105] G. M. Mahmoud, E. E. Mahmoud. Complete synchronization of chaotic complex nonlinear systems with uncertain parameters [J]. Nonlinear Dynamics, 2010, 62(4): 875-882.

[106] S. T. Liu, P. Liu. Adaptive anti-synchronization of chaotic complex nonlinear systems with unknown parameters [J]. Nonlinear Analysis: Real World Applications, 2011, 12(6): 3046-3055.

[107] P. Liu, S. T. Liu. Anti-synchronization between different chaotic complex systems [J]. Physica Scripta, 2011, 83(6): 065006.

[108] G. M. Mahmoud, E. E. Mahmoud. Phase and antiphase synchronization of two identical hyperchaotic complex nonlinear systems [J]. Nonlinear Dynamics, 2010, 61(1-2): 141-152.

[109] G. M. Mahmoud, E. E. Mahmoud. Synchronization and control of hyperchaotic complex Lorenz system [J]. Mathematics and Computers in Simulation, 2010, 80(12): 2286-2296.

[110] G. M. Mahmoud, E. E. Mahmoud. Lag synchronization of hyperchaotic complex nonlinear systems [J]. Nonlinear Dynamics, 2012, 67(2): 1613-1622.

[111] G. M. Mahmoud, T. Bountis, E. E. Mahmoud. Active control and global synchronization of complex Chen and Lü systems [J]. International Journal of Bifurcation and Chaos, 2007, 17(12): 4295-4308.

[112] P. Liu, S. T. Liu. Robust adaptive full state hybrid synchronization of chaotic complex systems with unknown parameters and external disturbances [J]. Nonlinear Dynamics, 2012, 70(1): 585-599.

[113] P. Liu, S. T. Liu, X. Li. Adaptive modified function projective synchronization of general uncertain chaotic complex systems [J]. Physica Scripta, 2012, 85(3): 035005.

[114] C. Luo, X. Y. Wang. Hybrid modified function projective synchronization of two different dimensional complex nonlinear systems with parameters identification [J]. Journal of the Franklin Institute, 2013, 350(9): 2646-2663.

[115] C. Luo, X. Y. Wang. Adaptive modified function projective lag synchronization of hyperchaotic complex systems with fully uncertain parameters [J]. Journal of Vibration and Control, 2014, 20(12): 1831-1845.

[116] E. E. Mahmoud. Complex complete synchronization of two nonidentical hyperchaotic complex nonlinear systems [J]. Mathematical Methods in the Applied Sciences, 2014, 37(3): 321-328.

[117] Z. Y. Wu, J. Q. Duan, X. C. Fu. Complex projective synchronization in coupled chaotic complex dynamical systems [J]. Nonlinear Dynamics, 2012, 69(3): 771-779.

[118] F. F. Zhang, S. T. Liu, W. Y. Yu. Modified projective synchronization with complex scaling factors of uncertain real chaos and complex chaos [J]. Chinese Physics B, 2013, 22(12): 120505.

[119] F. F. Zhang, S. T. Liu. Full state hybrid projective synchronization and parameters identification for uncertain chaotic (hyperchaotic) complex systems [J]. Journal of Computational and Nonlinear Dynamics, 2014, 9(2): 021009.

[120] G. M. Mahmoud, E. E. Mahmoud. Complex modified projective synchronization of two chaotic complex nonlinear systems [J]. Nonlinear Dynamics, 2013, 73(4): 2231-2240.

[121] J. Liu, S. T. Liu, C. H. Yuan. Adaptive complex modified projective synchronization of complex chaotic (hyperchaotic) systems with uncertain complex parameters [J]. Nonlinear Dynamics, 2015, 79(2): 1035-1047.

[122] J. Liu, S. T. Liu, F. F. Zhang. A novel four-wing hyperchaotic complex system and its complex modified hybrid projective synchronization with different dimensions [J]. Abstract and Applied Analysis, 2014, 2014: 1-16.

[123] S. T. Liu, F. F. Zhang. Complex function projective synchronization of complex chaotic system and its applications in secure communication [J]. Nonlinear Dynamics, 2014, 76(2): 1087-1097.

[124] F. F. Zhang, S. T. Liu. Self-time-delay synchronization of time-delay coupled complex chaotic system and its applications to communication [J]. International Journal of Modern Physics C, 2014, 25 (03): 1350102.

[125] F. F. Zhang. Lag synchronization of complex Lorenz system with applications to communication [J]. Entropy, 2015, 17(7): 4974-4985.

[126] F. F. Zhang. Complete synchronization of coupled multiple-time-delay complex system with applications to secure communication [J]. Acta Physica Polonica B, 2015, 46(8): 1473-1486.

[127] G. M. Mahmoud, E. E. Mahmoud, A. A. Arafa. On projective synchronization of hyperchaotic complex nonlinear systems based on passive theory for secure communications [J]. Physica Scripta, 2013, 87 (5): 055002.

[128] C. Luo. Hybrid delayed synchronizations of complex chaotic systems in modulus-phase spaces and its application [J]. Journal of Computational and Nonlinear Dynamics, 2016, 11(4): 041010.

[129] R. Z. Luo, Y. L. Wang, S. C. Deng. Combination synchronization of three classic chaotic systems using active backstepping design [J]. Chaos, 2011, 21(4): 043114.

[130] Z. Y. Wu, X. C. Fu. Combination synchronization of three different order nonlinear systems using active backstepping design [J]. Nonlinear Dynamics, 2013, 73(3): 1863-1872.

[131] J. W. Sun, Y. Shen, G. D. Zhang, et al. Combination-combination synchronization among four identical or different chaotic systems [J]. Nonlinear Dynamics, 2013, 73(3): 1211-1222.

[132] A. L. Wu, J. N. Zhang. Compound synchronization of fourth-order memristor oscillator [J]. Advances in Difference Equations, 2014, 2014(1): 1-16.

[133] P. Arena, R. Caponetto, L. Fortuna, et al. Chaos in a fractional order Duffing system [C]. Proceedings ECCTD, Budapest, 1997, 1259-1262.

[134] C. G. Li, X. F. Liao, J. B. Yu. Synchronization of fractional order chaotic systems [J]. Physical Review E, 2003, 68(6): 067203.

[135] Z. M. Odibat, N. Corson, M. A. Aziz-Alaoui, et al. Synchronization of chaotic fractional-order systems via linear control [J]. International Journal of Bifurcation and Chaos, 2010, 20(01): 81-97.

[136] B. G. Xin, T. Chen, Y. Q. Liu. Projective synchronization of chaotic fractional-order energy resources demand-supply systems via linear control [J]. Communications in Nonlinear Science and Numerical Simulation, 2011, 16(11): 4479-4486.

[137] L. P. Chen, Y. Chai, R. C. Wu. Lag projective synchronization in fractional-order chaotic (hyperchaotic) systems [J]. Physics Letters A, 2011, 375(21): 2099-2110.

[138] G. J. Peng, Y. L. Jiang, F. Chen. Generalized projective synchronization of fractional order chaotic systems [J]. Physica A, 2008, 387(14): 3738-3746.

[139] H. Taghvafard, G. H. Erjaee. Phase and anti-phase synchronization of fractional order chaotic systems via active control [J]. Communications in Nonlinear Science and Numerical Simulation, 2011, 16(10): 4079-4088.

[140] M. S. Tavazoei, M. Haeri. Synchronization of chaotic fractional-order systems via active sliding mode con-

troller [J]. Physica A, 2008, 387(1): 57-70.

[141] T. C. Lin, T. Y. Lee. Chaos synchronization of uncertain fractional-order chaotic systems with time delay based on adaptive fuzzy sliding mode control [J]. IEEE Transactions on Fuzzy Systems, 2011, 19(4): 623-635.

[142] A. S. Hegazi, A. E. Matouk. Dynamical behaviors and synchronization in the fractional order hyperchaotic Chen system [J]. Applied Mathematics Letters, 2011, 24(11): 1938-1944.

[143] D. Cafagna, G. Grassi. Observer-based projective synchronization of fractional systems via a scalar signal: application to hyperchaotic Rössler systems [J]. Nonlinear Dynamics, 2012, 68(1): 117-128.

[144] S. Bhalekar, V. Daftardar-Gejji. Synchronization of different fractional order chaotic systems using active control [J]. Communications in Nonlinear Science and Numerical Simulations, 2010, 15(11): 3536-3546.

[145] X. Gao, J. B. Yu. Chaos in the fractional order periodically forced complex Duffing' s oscillators [J]. Chaos, Solitons & Fractals, 2005, 24(4): 1097-1104.

[146] A. M. A. El-Sayed, E. Ahmed. H. A. A. El-Saka. Dynamic properties of the fractional-order logistic equation of complex variables [J]. Abstract and Applied Analysis, 2012, 2012: 1-12.

[147] C. Luo, X. Y. Wang. Chaos in the fractional-order complex Lorenz system and its synchronization [J]. Nonlinear Dynamics, 2013, 71(1-2): 241-257.

[148] C. Luo, X. Y. Wang. Chaos generated from the fractional-order complex Chen system and its application to digital secure communication [J]. International Journal of Modern Physics C, 2013, 24(4): 1350025.

[149] X. J. Liu, L. Hong, L. X. Yang. Fractional-order complex T system: bifurcations, chaos control, and synchronization [J]. Nonlinear Dynamics, 2014, 75(3): 589-602.

[150] J. Liu, Z. Wang, F. Zhang, et al. Special Characteristics and Synchronizations of Multi Hybrid-Order Chaotic Systems [J]. Entropy, 2020, 22 (6): 664.

[151] L. F. Alexander, Y. P. Alexander. Speed gradient control of chaotic continuous-time systems [J]. IEEE Transactions on circuits and systems-I: Fundamental theory and applications, 1996, 43(11): 907-913.

[152] H. K. Khalil. 非线性系统（第三版）[M]. 朱义胜，董辉，李作洲，等译．北京：电子工业出版社，2005. 7.

[153] G. Tao. A simple alternative to the Barbalat lemma [J]. IEEE Transactions on Automatic Control, 1997, 42(5): 698.

[154] 方能文．一类弱对角占优矩阵特征值的性质及其应用 [J]. 安徽大学学报（自然科学版），1995, 1: 18-22.

[155] H. C. Wei, X. C. Zheng. The matrix theory in Engineering [M]. Dongying: China University Of Petroleum press, 1999.

[156] V. Lakshmikautham, D. Trigiante. Theory of Difference Equation: Numerical Methods and Applications [M]. Boston: Academic Press Inc., 1988.

[157] J. Hale. Theory of Functional Differential Equations (3) [M]. Berlin: Springer-Verlag, 1977.

[158] I. Podlubny. Fractional differential equations [M]. New York: Academic Press, 1999.

[159] N. Aguila-Camacho, M. A. Duarte-Mermoud, J. A. Gallegos. Lyapunov functions for fractional order systems [J]. Communications in Nonlinear Science and Numerical Simulation, 2014, 19(9): 2951-2957.

[160] S. Liang, R. C. Wu, L. P. Chen. Adaptive pinning synchronization in fractional-order uncertain complex dynamical networks with delay [J]. Physica A, 2016, 444: 49-62.

[161] D. Matignon. Stability results for fractional differential equations with applications to control processing [M]. Lille: IMACS, IEEE-SMC, 1996.

[162] W. H. Deng, C. P. Li, J. H. Lü. Stability analysis of linear fractional differential system with multiple time delays [J]. Nonlinear Dynamics, 2007, 48(4): 409-416.

[163] Y. Li, Y. Q. Chen, I. Podlubny. Mittag-Leffier stability of fractional order nonlinear dynamic systems [J]. Automatica, 2009, 45(8): 1965-1969.

[164] Y. Li, Y. Q. Chen, I. Podlubny. Stability of fractional-order nonlinear dynamic systems: Lyapunov direct method and generalized Mittag-Leffier stability [J]. Computers & Mathematics with Applications, 2010, 59(5): 1810-1821.

[165] K. Diethelm, N. J. Ford, A. D. Freed. A predictor - corrector approach for the numerical solution of fractional differential equations [J]. Nonlinear Dynamics, 2002, 29(1-4): 3-22.

[166] V. A. Rozhanskii, L. D. Tsendin. Transport Phenomenain Partially Ionized Plasma [M]. London: Taylor Francis, 2001.

[167] A. Wolf, J. B. Swift, H. L. Swinney, J. A. Vastano. Determining Lyapunov exponents from a time series [J]. Physica D, 1985, 16: 285-317.

[168] 孙克辉. 混沌保密通信原理与技术 [M]. 北京: 清华大学出版社, 2015.

[169] C. M. Jiang, S. T. Liu, C. Luo. A new fractional-order chaotic complex system and its anti-synchronization [J]. Abstract and Applied Analysis, 2014: 326354.

[170] I. Aranson, N. Rulkov. Nontrivial structure of synchronization zones in multidimensional systems [J]. Physics Letters A, 1989, 139(8): 375-378.

[171] A. Volkovskii, N. Rulkov. Experimental study of bifurcations at the threshold for stochastic locking [J]. Sov. Tech. Phys. Lett., 1989, 15: 249-251.

[172] H. Fujisaka, T. Yamada. Stability Theory of Synchronized Motion in Coupled-Oscillator Systems [J]. Progress of theoretical physics, 1983(1): 32-47.

[173] S. Sivaprakasam, I. Pierce, P. Rees, et al. Inverse synchronization in semiconductor laser diodes [J]. Physical Review A, 2001, 64(1): 013805.

[174] J. Liu, C. Ye, S. Zhang, et al. Anti-phase synchronization in coupled map lattices [J]. Physics Letters A, 2000, 274(1-2): 27-29.

[175] G. Hu, Y. Zhang, H. Cerdeira, et al. From low-dimensional synchronous chaos to high-dimensional desynchronous spatiotemporal chaos in coupled systems [J]. Phys. Rev. Lett, 2000, 85(16): 3377.

[176] H. Yang. Phase synchronization of diffusively coupled Rössler oscillators with funnel attractors [J]. Physical Review E, 2001, 64(2): 026206.

[177] M. Ho, Y. Hung, C. Chou. Phase and anti-phase synchronization of two chaotic systems by using active control [J]. Physics Letters A, 2002, 296(1): 43-48.

[178] E. Mahmoud, K. Abualnaja. Complex lag synchronization of two identical chaotic complex nonlinear systems [J]. Central European Journal of Physics, 2014, 12(1): 63-69.

[179] E. Mahmoud, F. Abood. A New Nonlinear Chaotic Complex Model and Its Complex Antilag Synchronization [J]. Complexity, 2017, 2017: 1-13.

[180] Q. Jia. Projective synchronization of a new hyperchaotic Lorenz system [J]. Physics Letters A, 2007, 370(1): 40-45.

[181] R. Li. A special full-state hybrid projective synchronization in symmetrical chaotic systems [J]. Applied Mathematics & Computation, 2008, 200(1): 321-329.

[182] Y. Xu, W. Zhou, J. Fang. Hybrid dislocated control and general hybrid projective dislocated synchronization for the modified Lü chaotic system [J]. Chaos, Solitons & Fractals, 2009, 42(3): 1305-1315.

[183] G. Mahmoud, M. Ahmed. Modified projective synchronization and control of complex Chen and Lü systems [J]. Journal of Vibration and Control, 2011, 17(8): 1184-1194.

[184] G. Mahmoud, E. Mahmoud. Modified projective lag synchronization of two nonidentical hyperchaotic complex nonlinear systems [J]. International Journal of Bifurcation and Chaos, 2011, 21(08): 2369-2379.

[185] X. Wang, N. Wei. Modified function projective lag synchronization of hyperchaotic complex systems with parameter perturbations and external perturbations [J]. Journal of Vibration and Control, 2015, 21(16): 3266-3280.

[186] Z. Wu, G. Chen, X. Fu. Synchronization of a network coupled with complex-variable chaotic systems [J]. Chaos: An Interdisciplinary Journal of Nonlinear Science, 2012, 22(2): 023127.

[187] Y. Zhang, J. Jiang. Nonlinear dynamic mechanism of vocal tremor from voice analysis and model simulations [J]. Journal of sound and vibration, 2008, 316(1-5): 248-262.

[188] J. Liu. Complex modified hybrid projective synchronization of different dimensional fractional-order complex chaos and real hyper-chaos [J]. Entropy, 2014, 16(12): 6195-6211.

[189] Z. Li, T. Xia, C. Jiang. Synchronization of fractional-order chaotic complex systems Based on Observers [J]. Entropy, 2019, 21(5), 481.

[190] C. Jiang, S. Liu, F. Zhang. Complex modified projective synchronization for fractional-order chaotic complex systems [J]. International Journal of Automation and Computing. 2018, 15(5): 603-615.

[191] Y. Chen, X. Li. Function projective synchronization between two identical chaotic systems [J]. International Journal of Modern Physics C, 2007, 18(05): 883-888.

[192] Y. Xu, W. Zhou, J. Fang, et al. Adaptive synchronization of uncertain chaotic systems with adaptive scaling function [J]. Journal of the Franklin Institute, 2011, 348(9): 2406-2416.

[193] G. Li. Projective lag synchronization in chaotic systems [J]. Chaos, Solitons & Fractals, 2009, 41(5): 2630-2634.

[194] T. Lee, J. Park. Adaptive functional projective lag synchronization of a hyperchaotic Rössler system [J]. Chinese Physics Letters, 2009, 26(9): 090507.

[195] C. Luo, X. Wang. Hybrid modified function projective synchronization of two different dimensional complex nonlinear systems with parameters identification [J]. Journal of the Franklin Institute, 2013, 350(9): 2646-2663.

[196] J. Liu, S. Liu. Complex modified function projective synchronization of complex chaotic systems with known and unknown complex parameters [J]. Applied Mathematical Modelling, 2017, 48: 440-450.

[197] J. Liu, S. Liu, J. Sprott. Adaptive complex modified hybrid function projective synchronization of different dimensional complex chaos with uncertain complex parameters [J]. Nonlinear Dynamics, 2016, 83(1-2): 1109-1121.

[198] Y. Liu, P. Davis. Dual synchronization of chaos [J]. Physical Review E, 2000, 61(3): R2176.

[199] R. Luo, Y. Zeng. The equal combination synchronization of a class of chaotic systems with discontinuous output [J]. Chaos: An Interdisciplinary Journal of Nonlinear Science, 2015, 25(11): 113102.

[200] J. Sun, Y. Shen, Q. Yin, et al. Compound synchronization of four memristor chaotic oscillator systems and secure communication [J]. Chaos: An Interdisciplinary Journal of Nonlinear Science, 2013, 23

(1): 013140.

[201] J. Sun, W. Yan, Y. Wang, et al. Compound-combination synchronization of five chaotic systems via nonlinear control [J]. Optik, 2016, 127(8): 4136-4143.

[202] J. Sun, S. Jiang, G. Cui, et al. Dual combination synchronization of six chaotic systems [J]. Journal of Computational and Nonlinear Dynamics, 2016, 11(3).

[203] G. Mahmoud, T. Abed-Elhameed, A. Farghaly. Double compound combination synchronization among eight n-dimensional chaotic systems [J]. Chinese Physics B, 2018, 27(8): 080502.

[204] J. Sun, J. Fang, Y. Wang, et al. Function combination synchronization of three chaotic complex systems [J]. Optik, 2016, 127(20): 9504-9516.

[205] J. Sun, Y. Shen, G. Zhang, et al. Combination - combination synchronization among four identical or different chaotic systems [J]. Nonlinear Dynamics, 2013, 73(3): 1211-1222.

[206] J. Sun, G. Cui, Y. Wang, et al. Combination complex synchronization of three chaotic complex systems [J]. Nonlinear dynamics, 2015, 79(2): 953-965.

[207] Z. Jin-E. Combination-Combination Hyperchaos Synchronization of Complex Memristor Oscillator System [J]. Mathematical Problems in Engineering, 2014, (2014-5-29): 1-13.

[208] C. Jiang, S. Liu. Generalized combination complex synchronization of new hyperchaotic complex Lü-like systems [J]. Advances in Difference Equations, 2015, 2015(1): 1-17.

[209] J. Sun, Y. Shen, G. Cui. Compound Synchronization of Four Chaotic Complex Systems [J]. Advances in Mathematical Physics, 2015, 2015: 1-11.

[210] Y. Chen, H. Zhang, F. Zhang. Difference function projective synchronization for secure communication based on complex chaotic systems [C]. 2018 5th IEEE International Conference on Cyber Security and Cloud Computing (CSCloud), 2018 4th IEEE International Conference on Edge Computing and Scalable Cloud (EdgeCom), 2018: 52-57.

[211] I. Olga, A. Alexey, E. Alexander. Generalized synchronization of chaos for secure communication: Remarkable stability to noise [J]. Physics Letters A, 2010, 374(29): 2925-2931.

[212] I. Podlubny. Geometric and Physical Interpretation of Fractional Integration and Fractional Differentiation [J]. Fractional Calculus & Applied Analysis, 2001, 5(4): 230-237.

[213] X. Wu, H. Wang, H. Lu. Modified generalized projective synchronization of a new fractional-order hyperchaotic system and its application to secure communication [J]. Nonlinear Analysis: Real World Applications, 2012, 13(3): 1441-1450.

[214] P. Muthukumar, P. Balasubramaniam, K. Ratnavelu. Fast projective synchronization of fractional order chaotic and reverse chaotic systems with its application to an affine cipher using date of birth (DOB) [J]. Nonlinear Dynamics, 2015, 80(4): 1883-1897.

[215] A. Mohammadzadeh, S. Ghaemi. Synchronization of uncertain fractional - order hyperchaotic systems by using a new self-evolving non-singleton type-2 fuzzy neural network and its application to secure communication [J]. Nonlinear Dynamics, 2017, 88(1): 1-19.

[216] 张芳芳, 刘树堂, 余卫勇. 时滞复 Lorenz 混沌系统特性及其自时滞同步 [J]. 物理学报, 2013, (22): 220505-9.

[217] L. Li, H. Peng, Y. Yang, et al. On the chaotic synchronization of Lorenz systems with time-varying lags [J]. Chaos, Solitons & Fractals, 2009, 41(2): 783-794.

[218] E. Mahmoud. Lag synchronization of hyperchaotic complex nonlinear systems via passive control [J]. Applied Mathematics & Information Sciences, 2013, 7(4): 1429.

[219] Q. Zhang, J. Zhao. Projective and lag synchronization between general complex networks via impulsive control [J]. Nonlinear Dynamics, 2012, 67(4): 2519–2525.

[220] Z. Li, D. Xu. A secure communication scheme using projective chaos synchronization [J]. Chaos, Solitons & Fractals, 2004, 22(2): 477–481.

[221] C. Chee, D. Xu. Secure digital communication using controlled projective synchronisation of chaos [J]. Chaos, Solitons & Fractals, 2005, 23(3): 1063–1070.

[222] T. Hoang, M. Nakagawa. A secure communication system using projective – lag and/or projective – anticipating synchronizations of coupled multidelay feedback systems [J]. Chaos, Solitons & Fractals, 2008, 38(5): 1423–1438.

[223] G. Zheng, D. Boutat, T. Floquet, J. Barbot. Secure communication based on multi–input multi–output chaotic system with large message amplitude [J]. Chaos Soliton Fractals 2008, 41(3): 1510–1517.

[224] O. Moskalenko, A. Koronovskii, A. Hramov. Generalized synchronization of chaos for secure communication: Remarkable stability to noise [J]. Physics Letters A, 2010, 374(29): 2925–2931.

[225] X. Wang, Y. Gao. A switch–modulated method for chaos digital secure communication based on user–defined protocol [J]. Communications in Nonlinear Science and Numerical Simulation, 2010, 15(1): 99–104.

[226] X. Wang, B. Xu, H. Zhang. A multi–ary number communication system based on hyperchaotic system of 6th–order cellular neural network [J]. Communications in nonlinear science and numerical simulation, 2010, 15(1): 124–133.

[227] H. Liu, X. Wang, Q. Zhu. Asynchronous anti–noise hyper chaotic secure communication system based on dynamic delay and state variables switching [J]. Physics Letters A, 2011, 375(30–31): 2828–2835.

[228] Y. Zhang, X. Wang. A parameter modulation chaotic secure communication scheme with channel noises [J]. Chinese Physics Letters, 2011, 28(2): 020505.

[229] M. Eisencraft, R. Fanganiello, J. Grzybowski, et al. Chaos – based communication systems in non – ideal channels [J]. Communications in Nonlinear Science and Numerical Simulation, 2012, 17(12): 4707–4718.

[230] X. Wang, C. Luo. Hybrid modulus–phase synchronization of hyperchaotic complex systems and its application to secure communication [J]. International Journal of Nonlinear Sciences and Numerical Simulation, 2013, 14(7–8): 533–542.

[231] L. Antonio, Z. Arturo. Adaptive tracking control of chaotic systems with applications to synchronization [J]. IEEE Transactions on Circuits and Systems I: Regular Papers, 2007, 54(9): 2019–2029.

[232] X. Mu, L. Pei. Synchronization of the near–identical chaotic systems with the unknown parameters [J]. Applied mathematical modelling, 2010, 34(7): 1788–1797.

[233] F. Zhang, S. Liu. Adaptive complex function projective synchronization of uncertain complex chaotic systems [J]. Journal of Computational and Nonlinear Dynamics, 2016, 11(1).

[234] 同济大学数学系. 线性代数（第五版）[M]. 北京：高等教育出版社, 2007.

反侵权盗版声明